台受験
リーズ

カルキュール
数学Ⅱ・B

改訂版

[基礎力・計算力アップ問題集]

上田惇巳・楠本　正・阪本敦子　共著

問題編

駿台文庫

カルキュール
数学Ⅱ・B 改訂版

［基礎力・計算力アップ問題集］

は じ め に

数学を学ぶとき，教科書を開くと多くの定理・公式が並んでいます．中には一見しただけでは何を意味しているのか，どのように使うのかわかりにくいものもあります．これは，定理・公式がさまざまな問題に適用することができるよう抽象的に表現されているからです．したがって，それらを理解するために，最初はどんな定理・公式でも具体的な問題で繰り返し使ってみることが大切です．学習はスポーツや楽器の演奏に似たところがあり，正しいフォームを身につけ，それに習熟するには反復練習が必要なのです．

この『カルキュール』は，教科書の学習だけではどうしても不足しがちな計算練習を補充することを目的に編集されました．「カルキュール」とはフランス語で「計算」を意味します．本書には基本的な計算問題が数多く収録されています．この計算にはゲーム感覚で取り組んでみることをお勧めします．また，「習うより慣れろ」という諺(ことわざ)もあります．最初はわからない部分があっても，頑張って計算練習を続けてみてください．きっと，いつのまにか教科書の内容が理解できるようになり，数学のおもしろさもわかってくることでしょう．

みなさんが本書を活用して十分な効果を上げ，さらに勉学にいそしんでくれることを願っています．なお，本書の出版にあたっては駿台文庫の方々に大変お世話になりました．紙面を借りて御礼申し上げます．

上田　惇巳
楠本　正
阪本　敦子

本書の特長と利用法

特長

1　いつでも，どこでも，時間がなくても始められる

数学 II・B の確率分布と統計的推測を除く分野を 27 セクションに分割し，それぞれ独立した構成としてあります．したがって，どこからでも始めることができます．また，時間に余裕がないときには，問題番号の頭に * を記したものだけに取り組んでも十分効果が得られるよう配慮してあります．

2　レベルに合わせた計算練習ができる

239 の問題を「基本問題」「標準問題」の 2 レベルに分けてあります．

3　計算の経過がわかる

「解答・解説編」では，計算の経過を詳細に，わかりやすく記してあります．

4　答え合わせがすぐできる

答は一覧にして問題巻末に収録してあります．

5　基本事項のまとめがついている

必要な計算法則などは「基本事項のまとめ」として各セクションのはじめに掲載してあります．

利用法

1　高校の教科書と一緒に使用するとき

「基本問題」は教科書の練習問題レベル，「標準問題」はこれよりやや難しいレベルです．自分に必要なレベルの問題に取り組んでください．

2　受験対策の初歩として使用するとき

はじめから「全部やろう」などと考えないで，できそうなところから始めていきましょう．

休まず・あせらず・急がず進めましょう！

目　次

§1　3次式の計算，二項定理

基本事項のまとめ

▶3次式の展開と因数分解

$(a+b)^3=a^3+3a^2b+3ab^2+b^3$　$(a-b)^3=a^3-3a^2b+3ab^2-b^3$

$(a+b)(a^2-ab+b^2)=a^3+b^3$　$(a-b)(a^2+ab+b^2)=a^3-b^3$

$(a+b+c)(a^2+b^2+c^2-bc-ca-ab)=a^3+b^3+c^3-3abc$

▶パスカルの三角形

${}_1C_0\ \ {}_1C_1$	1　1	$\leftarrow (a+b)^1$の係数
${}_2C_0\ \ {}_2C_1\ \ {}_2C_2$	1　2　1	$\leftarrow (a+b)^2$の係数
${}_3C_0\ \ {}_3C_1\ \ {}_3C_2\ \ {}_3C_3$	1　3　3　1	$\leftarrow (a+b)^3$の係数
${}_4C_0\ \ {}_4C_1\ \ {}_4C_2\ \ {}_4C_3\ \ {}_4C_4$	1　4　6　4　1	$\leftarrow (a+b)^4$の係数
${}_5C_0\ \ {}_5C_1\ \ {}_5C_2\ \ {}_5C_3\ \ {}_5C_4\ \ {}_5C_5$	1　5　10　10　5　1	$\leftarrow (a+b)^5$の係数
…………	…………	

$$\left({}_nC_r=\frac{n!}{r!(n-r)!},\quad {}_nC_0={}_nC_n=1\right)$$

▶二項定理

$$(a+b)^n={}_nC_0a^n+{}_nC_1a^{n-1}b+{}_nC_2a^{n-2}b^2+\cdots\cdots$$
$$\cdots\cdots+{}_nC_ra^{n-r}b^r+\cdots\cdots+{}_nC_{n-1}ab^{n-1}+{}_nC_nb^n$$

（${}_nC_ra^{n-r}b^r$ を展開式の**一般項**という）

$(a+b+c)^n$ の展開式の一般項　$\dfrac{n!}{p!q!r!}a^pb^qc^r$　$(p+q+r=n)$

基本問題

1 次の式を展開せよ．

(1)　$(3x+2y)^3$　　(2)　$(4a-3b)(16a^2+12ab+9b^2)$

2 次の式を因数分解せよ．

(1)　$x^3-9x^2+27x-27$　　(2)　$8a^3+125b^3$

(3)　$a^3b^3-64c^3$　　(4)　x^6-y^6

3 次の各式を二項定理を用いて展開せよ．

*(1)　$(x+2y)^4$　　(2)　$(x-3y)^5$　　(3)　$(1-2a)^6$

4　次の展開式における [ ] 内に指定された項の係数を求めよ．

*(1)　$(2a+3)^5$　$[a^2]$　　(2)　$(2x-3y)^6$　$[x^2y^4]$

5　二項定理を用いて次の式の値を求めよ．

(1)　${}_{10}\mathrm{C}_0+{}_{10}\mathrm{C}_1+{}_{10}\mathrm{C}_2+{}_{10}\mathrm{C}_3+\cdots\cdots+{}_{10}\mathrm{C}_8+{}_{10}\mathrm{C}_9+{}_{10}\mathrm{C}_{10}$

(2)　${}_{10}\mathrm{C}_0-{}_{10}\mathrm{C}_1+{}_{10}\mathrm{C}_2-{}_{10}\mathrm{C}_3+\cdots\cdots+{}_{10}\mathrm{C}_8-{}_{10}\mathrm{C}_9+{}_{10}\mathrm{C}_{10}$

標準問題

6　次の式を展開せよ．

(1)　$(2ab-1)^3$　　(2)　$(a+b)^3(a^2-ab+b^2)^3$

7　次の式を因数分解せよ．

(1)　$(2x+5)^3+(x-2)^3$　　(2)　x^6+63x^3-64

(3)　$(x+2)^3-9(x+2)^2+27(x+1)$　(4)　$a^3+8b^3+27-18ab$

***8**　次の展開式における [ ] 内に指定された項の係数を求めよ．

(1)　$\left(x^2-\dfrac{1}{x}\right)^9$　$[x^3]$　　(2)　$(x+2y+3)^6$　$[xy^2]$

9　m，n を自然数とする．$(1+x)^m+(1+x)^n$ の展開式における x^2，x の係数をそれぞれ a，b とする．

(1)　$m=8$，$n=7$ のとき，a，b の値を求めよ．

(2)　$a=18$，$b=9$ のとき，m，n の値を求めよ．

***10**　n を自然数とする．次の等式が成り立つことを証明せよ．

(1)　${}_n\mathrm{C}_0+2{}_n\mathrm{C}_1+2^2{}_n\mathrm{C}_2+\cdots\cdots+2^r{}_n\mathrm{C}_r+\cdots\cdots+2^n{}_n\mathrm{C}_n=3^n$

(2)　${}_n\mathrm{C}_0-2{}_n\mathrm{C}_1+2^2{}_n\mathrm{C}_2+\cdots\cdots+(-2)^r{}_n\mathrm{C}_r+\cdots\cdots+(-2)^n{}_n\mathrm{C}_n=(-1)^n$

***11**　n は 2 以上の自然数とする．次の不等式が成り立つことを証明せよ．

$$\left(1+\frac{1}{n}\right)^n>2$$

§2 整式の割り算，分数式

基本事項のまとめ

▶商と余りの関係

整式 $A(x)$ を整式 $B(x)$ $(\neq 0)$ で割ったときの商が $Q(x)$，余りが $R(x)$ のとき

$A(x) = B(x)Q(x) + R(x)$

ただし，$R(x) = 0$ または $(R(x)$ の次数$) < (B(x)$ の次数$)$

▶分数式の計算

分数と同じように計算する．

$$\frac{A}{B} = \frac{AC}{BC},\quad \frac{A}{B} = \frac{A \div C}{B \div C} \quad (C \neq 0)$$

$$\frac{A}{C} + \frac{B}{C} = \frac{A+B}{C},\quad \frac{A}{C} - \frac{B}{C} = \frac{A-B}{C}$$

$$\frac{A}{B} \times \frac{C}{D} = \frac{AC}{BD},\quad \frac{A}{B} \div \frac{C}{D} = \frac{A}{B} \times \frac{D}{C} = \frac{AD}{BC}$$

▶部分分数分解

$$\frac{1}{a(a+b)} = \frac{1}{b}\left(\frac{1}{a} - \frac{1}{a+b}\right)$$

（例）$\dfrac{1}{x(x+1)} = \dfrac{1}{x} - \dfrac{1}{x+1},\quad \dfrac{2x+1}{x(x+1)} = \dfrac{1}{x} + \dfrac{1}{x+1}$

基本問題

12 次の計算をせよ．

*(1) $(x^2 - 3x + 1) \div (x + 1)$　　(2) $(3a^2 + 2a + 1) \div (3a - 4)$

*(3) $(2x^3 - 8x + 5) \div (2x^2 + 4x - 1)$　　(4) $(2x^4 + x^3 + x) \div (2x^2 + 3x + 1)$

13 次の整式を求めよ．

*(1) $x^2 + 2x - 1$ で割ると商が $x + 2$ で余りが $2x - 3$ である整式

(2) $2x^2 - 3x - 1$ で割ると商が $x - 1$ で余りが $5x - 4$ である整式

14 次の式を約分して既約分数式にせよ．

(1) $\dfrac{x+2}{2x^2-8}$　　*(2) $\dfrac{2x^2-11x+15}{2x^2-x-10}$　　*(3) $\dfrac{3a+6b}{a^3+8b^3}$

15 次の式を計算せよ．

*(1) $\dfrac{x+2}{x^2+x}-\dfrac{3}{x^2-x-2}$　　(2) $\dfrac{3}{x^2+x-2}-\dfrac{2}{x^2-1}$

*(3) $\dfrac{x^2-2x-8}{x^2+4x+4}\times\dfrac{x^2-x-6}{x^2-5x+6}$　　*(4) $\dfrac{x^2-3x+2}{x^2-4x-5}\div\dfrac{x^2-4x+3}{x^2-8x+15}$

16 次の式を部分分数に分解せよ．

(1) $\dfrac{1}{(x-1)(x-2)}$　　(2) $\dfrac{2}{x^2-1}$

標準問題

17 次のような整式を求めよ．

*(1) 整式 x^3-2x^2+3x+2 を割ると商が $x+1$ で余りが -4 である整式

(2) 整式 $4x^3+6x^2-3x+5$ を割ると商が $2x^2-x+1$ で余りが $-x+1$ である整式

18 次の式を計算せよ．

(1) $\dfrac{x-2}{x^2-3x+2}+\dfrac{x+3}{x^2+x-6}+\dfrac{x+4}{x^2+5x+4}$

*(2) $\dfrac{1}{x+2}-\dfrac{1}{x+3}-\dfrac{1}{x+4}+\dfrac{1}{x+5}$

*(3) $\dfrac{x+6}{x+5}-\dfrac{x+8}{x+3}+\dfrac{x+7}{x+2}-\dfrac{x+1}{x}$

*(4) $\dfrac{x+1}{x^2-2x}\div\dfrac{x^2+2x+1}{x^3-8}\times\dfrac{x}{x^2+2x+4}$

19 次の式を計算せよ．

(1) $\dfrac{x-1}{x-\dfrac{2}{x+1}}$　　*(2) $\dfrac{x+1-\dfrac{3}{x+3}}{x-1-\dfrac{5}{x+3}}$

20 次の式を計算せよ．

*(1) $\dfrac{1}{x(x+1)}+\dfrac{1}{(x+1)(x+2)}+\dfrac{1}{(x+2)(x+3)}$

(2) $\dfrac{1}{x(x-3)}+\dfrac{1}{(x-3)(x-6)}+\dfrac{1}{(x-6)(x-9)}$

§3　等式・不等式の証明

基本事項のまとめ

▶恒等式

$ax^2+bx+c=0$ が x の恒等式 $\iff$ $a=b=c=0$

$ax+by+cz=0$ が x，y，z の恒等式 $\iff$ $a=b=c=0$

▶a，b，c が実数のとき

$|a|^2=a^2$，$|ab|=|a||b|$，$|a| \geqq a$，$|a| \geqq -a$

$a^2+ab+b^2 \geqq 0$，$a^2-ab+b^2 \geqq 0$，$a^2+b^2+c^2 \geqq bc+ca+ab$

$a>0$，$b>0$ のとき

$a>b \iff a^2>b^2$，　$a \geqq b \iff a^2 \geqq b^2$

▶重要な不等式

$|a|+|b| \geqq |a+b|$　（等号成立は $ab \geqq 0$ のとき）（三角不等式）

$a>0$，$b>0$ のとき　$\dfrac{a+b}{2} \geqq \sqrt{ab}$　（等号成立は $a=b$ のとき）

（相加平均と相乗平均の関係）

基本問題

21 次の等式がつねに成り立つように定数 a，b，c の値を定めよ．

*(1)　$a(x-1)^2+b(x-1)+c=x^2+x$

(2)　$\dfrac{1}{2x^2-x-1}=\dfrac{a}{2x+1}+\dfrac{b}{x-1}$

22 次の等式を証明せよ．

*(1)　$a^2+b^2+c^2-bc-ca-ab=\dfrac{1}{2}\{(a-b)^2+(b-c)^2+(c-a)^2\}$

(2)　$\left(a-\dfrac{a-b}{2}\right)^2+\left(b+\dfrac{a-b}{2}\right)^2=a^2+b^2-2\left(\dfrac{a-b}{2}\right)^2$

****23*** $a+b+c=0$ のとき，$(a+b)(b+c)(c+a)+abc=0$ を証明せよ．

24 次の不等式を証明せよ．また，等号が成立するのはどのようなときか．

(1) $9x^2-6x+1 \geqq 0$ *(2) $x^2+y^2-2x-4y+5 \geqq 0$

*(3) $|a-b| \leqq |a|+|b|$

25 次の不等式を証明せよ．また，等号が成立するのはどのようなときか．ただし，文字はすべて正の数とする．

(1) $a+b+\dfrac{1}{a+b} \geqq 2$ *(2) $\left(\dfrac{a}{b}+\dfrac{c}{d}\right)\left(\dfrac{b}{a}+\dfrac{d}{c}\right) \geqq 4$

標準問題

26 次の等式が x の恒等式となるように定数 a，b，c，d の値を求めよ．

*(1) $x^3+x^2+x+1=ax(x-1)(x-2)+bx(x-1)+cx+d$

*(2) $\dfrac{2}{x(x+1)(x+2)}=\dfrac{a}{x}+\dfrac{b}{x+1}+\dfrac{c}{x+2}$

(3) $\dfrac{x}{(2x+1)(3x^2+1)}=\dfrac{a}{2x+1}+\dfrac{bx+c}{3x^2+1}$

27 $4x^3+ax^2-6x+2$ が x^2+bx+1 で割り切れるような a，b の値と，そのときの商を求めよ．

28 次の等式を証明せよ．

(1) $(a^2-b^2)(c^2-d^2)=(ac+bd)^2-(ad+bc)^2$

*(2) $x+y+z=0$ のとき $x^2-yz=y^2-zx=z^2-xy$

*(3) $\dfrac{a}{b}=\dfrac{c}{d}$ のとき (i) $\dfrac{pa+qc}{pb+qd}=\dfrac{a}{b}$ (ii) $\dfrac{a^2-ac+c^2}{b^2-bd+d^2}=\dfrac{a^2}{b^2}$

29 次の不等式を証明せよ．

*(1) a，b，c が実数のとき $\dfrac{a^2+b^2+c^2}{3} \geqq \left(\dfrac{a+b+c}{3}\right)^2$

(2) $a>0$，$b>0$ のとき $\sqrt{a}+\sqrt{b}>\sqrt{a+b}$

30 次の不等式を証明せよ．また，等号が成立するのはどのようなときか．ただし，文字はすべて正の数とする．

*(1) $\dfrac{b+c}{a}+\dfrac{c+a}{b}+\dfrac{a+b}{c} \geqq 6$ (2) $a+b+\dfrac{1}{\sqrt{ab}} \geqq 2\sqrt{2}$

§4　複素数と 2 次方程式

基本事項のまとめ

a，b，c，d を実数とする．

▶ $i^2=-1$，　$\sqrt{-a}=\sqrt{a}\,i\ (a>0)$，　$\sqrt{-1}=i$

▶ 複素数 $a+bi$ $\begin{cases} \text{実数 } (b=0) \cdots\cdots \text{ 有理数，無理数} \\ \text{虚数 } (b \neq 0) \end{cases}$

$a+bi$，$a-bi$ を**互いに共役な複素数**という．

$a+bi=c+di \iff a=c,\ b=d$

$a+bi=0 \iff a=b=0$

▶ **複素数の四則計算**

$(a+bi)\pm(c+di)=(a\pm c)+(b\pm d)i$　（複号同順）

$(a+bi)(c+di)=(ac-bd)+(ad+bc)i$

$$\frac{a+bi}{c+di}=\frac{ac+bd}{c^2+d^2}+\frac{bc-ad}{c^2+d^2}i$$

▶ **2 次方程式**　$ax^2+bx+c=0$（a，b，c は実数，$a \neq 0$）

判別式を $D=b^2-4ac$，2 つの解（重解も 2 解とする）を α，β とする．

解の公式　$x=\dfrac{-b\pm\sqrt{D}}{2a}$

解の判別　$D>0 \iff$ 異なる 2 つの実数解をもつ

$D=0 \iff$ 実数の重解をもつ

$D<0 \iff$ 異なる（共役な）2 つの虚数解をもつ

解と係数の関係　$\alpha+\beta=-\dfrac{b}{a}$，$\alpha\beta=\dfrac{c}{a}$

解の符号　$\alpha>0,\ \beta>0 \iff D\geqq 0,\ \alpha+\beta>0,\ \alpha\beta>0$

$\alpha<0,\ \beta<0 \iff D\geqq 0,\ \alpha+\beta<0,\ \alpha\beta>0$

α，β が異符号 $\iff \alpha\beta<0$

基本問題

***31**　次の計算をせよ．

(1)　i^3+i^2+i+1　　(2)　$(4-3i)-(3-4i)$

(3)　$(3+4i)(2+i)$　　(4)　$(3-i)^2$

32 次の 2 次方程式の 2 つの解を α, β とする．このとき [ ] 内の値を求めよ．

(1) $x^2+3x-4=0$ $[\alpha^2\beta+\alpha\beta^2,\ \alpha^2+\beta^2]$

*(2) $3x^2-5x+4=0$ $[(\alpha-\beta)^2,\ (\alpha+1)(\beta+1)]$

標準問題

***33** 次の計算をせよ．

(1) $\dfrac{5+2i}{3-3i}+\dfrac{5-2i}{3+3i}$ (2) $\dfrac{4+3i+2i^2+i^3}{1+2i+3i^2+4i^3}$

34 $x=3+\sqrt{3}\,i$, $y=3-\sqrt{3}\,i$ のとき，次の式の値を求めよ．

*(1) $x+y$ *(2) xy *(3) x^2+xy+y^2 (4) x^3+y^3

35 次の等式を満たす実数 a, b の値を求めよ．

(1) $(2+i)a+3i-b=i$ *(2) $(2+3i)(a+bi)=1$

(3) $\dfrac{-31+24i}{a+bi}=2+5i$ (4) $(a+bi)^2=2i$

36 次の 2 次方程式を解け．

(1) $\sqrt{2}\,x^2-(2+\sqrt{6})x+2\sqrt{3}=0$ *(2) $(2+\sqrt{3})x^2-2x+2-\sqrt{3}=0$

*(3) $(x-2)(x-4)=-2$ *(4) $3(x-1)^2+3(x-1)+1=0$

37 次の 2 次方程式の解を判別せよ．ただし，a, b は実数の定数とする．

*(1) $x^2-2(a-1)x+a^2-1=0$ (2) $x^2-ax+4=0$

***38** $x^2+5x+3=0$ の 2 つの解を α, β とするとき，次の 2 数を 2 つの解とする 2 次方程式を 1 つ作れ．

(1) $\alpha+2$, $\beta+2$ (2) α^2, β^2 (3) $\dfrac{\beta}{\alpha}$, $\dfrac{\alpha}{\beta}$

39 2 次方程式 $x^2-2(p+2)x+2p+7=0$ が次のような異なる 2 つの解をもつように定数 p の値の範囲を定めよ．

*(1) ともに正 (2) ともに負 *(3) 異符号

§5　因数定理，高次方程式

基本事項のまとめ

▶剰余の定理

整式 $P(x)$ を $x-\alpha$ で割ったときの余りは $P(\alpha)$ である．

整式 $P(x)$ を $ax+b\ (a \neq 0)$ で割ったときの余りは $P\left(-\dfrac{b}{a}\right)$ である．

▶因数定理

整式 $P(x)$ が $x-\alpha$ で割り切れる条件は $P(\alpha)=0$ である．

整式 $P(x)$ が $ax+b\ (a \neq 0)$ で割り切れる条件は $P\left(-\dfrac{b}{a}\right)=0$ である．

▶組立除法

$P(x)=a_0x^3+a_1x^2+a_2x+a_3$ を $x-\alpha$ で割るとき

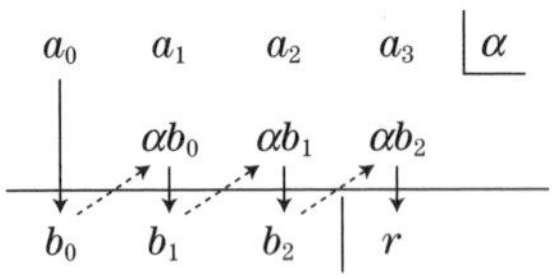

$b_0=a_0$　　商　$b_0x^2+b_1x+b_2$

$b_1=a_1+\alpha b_0$　　余り　r

$b_2=a_2+\alpha b_1$

$r\ =a_3+\alpha b_2$

▶$x^3=1 \iff x=1,\ \omega,\ \omega^2$　　$\left(\omega=\dfrac{-1+\sqrt{3}\,i}{2}\right)$

ω，ω^2 を 1 の**虚数立方根**といい，$\omega^3=1$，$\omega^2+\omega+1=0$ が成り立つ．

▶係数が実数である n 次方程式が複素数 $\alpha=a+bi$ （a，b は実数）を解にもつとき，その共役な複素数 $\overline{\alpha}=a-bi$ も，この方程式の解である．

基本問題

40 次の $P(x)$ を $Q(x)$ で割ったときの余りを求めよ．

*(1)　$P(x)=-x^3+x^2+5$　　$Q(x)=x+2$

(2)　$P(x)=2x^3+x^2-7x-6$　　$Q(x)=2x+3$

41 次の式を因数分解せよ．

(1)　x^3+2x^2+2x+1　　*(2)　x^3-2x^2-5x+6

*(3)　$x^3-19x-30$　　(4)　$4x^3-3x+1$

42 次の方程式を解け．

*(1) $x^6-1=0$

(2) $x^4-5x^2-36=0$

*(3) $x^4-3x^2+1=0$

*(4) $x^3+5x^2+2x-8=0$

(5) $3x^3+x^2-8x+4=0$

(6) $(x-3)(x-1)(x+1)=48$

標準問題

*43 次の $P(x)$ が $Q(x)$ で割り切れるような定数 a，b の値を求めよ．

(1) $P(x)=x^3+ax^2-3x+1$　　$Q(x)=x+2$

(2) $P(x)=ax^3+x^2+bx-4$　　$Q(x)=(x-1)(x+2)$

44 次の問いに答えよ．

*(1) 整式 $P(x)$ は $x-1$ で割ると 4 余り，$2x-1$ で割ると 3 余る．$P(x)$ を $2x^2-3x+1$ で割ったときの余りを求めよ．

(2) 整式 $P(x)$ を $2x^2-x-3$ で割ると $-2x+1$ 余る．$P(x)$ を $x+1$，$2x-3$ で割ったときの余りをそれぞれ求めよ．

45 次の方程式を解け．

*(1) $2x^3+x^2-4x-3=0$

(2) $2x^3+3x^2-4x+1=0$

*(3) $x^4-4x^3+7x^2-8x+4=0$

*(4) $(x^2+x)^2-6(x^2+x)+8=0$

*(5) $(x+1)(x+3)(x-5)(x-7)+63=0$

*46 $x^3=1$ の 1 つの虚数解を ω とするとき，次の式の値を求めよ．

(1) $\omega^6+\omega^3+1$

(2) $\dfrac{1}{\omega^2}+\dfrac{1}{\omega}+1$

47 a, b を実数の定数とする．方程式 $x^3+ax^2+x+b=0$ の 1 つの解が $1-\sqrt{2}i$ であるとき，a，b の値とこの方程式の他の解を求めよ．

*48 x に関する方程式 $x^3-(2a-1)x^2-2(a-1)x+2=0$ が異なる 3 つの実数解をもつとき，定数 a の値の範囲を求めよ．

§6 点，直線

基本事項のまとめ

$A(x_1, y_1)$，$B(x_2, y_2)$，$C(x_3, y_3)$ とする．

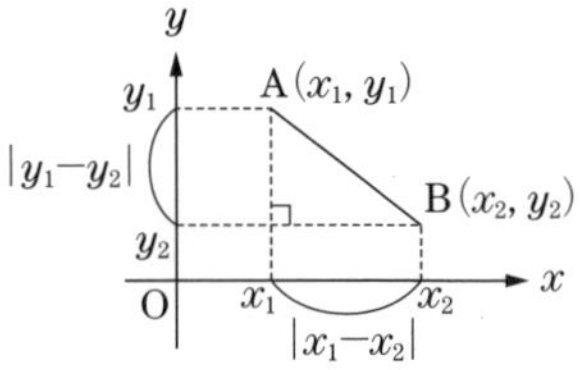

▶2 点間の距離

$$AB = \sqrt{(x_1 - x_2)^2 + (y_1 - y_2)^2}$$

O を原点とするとき　$OA = \sqrt{{x_1}^2 + {y_1}^2}$

▶内分点，外分点

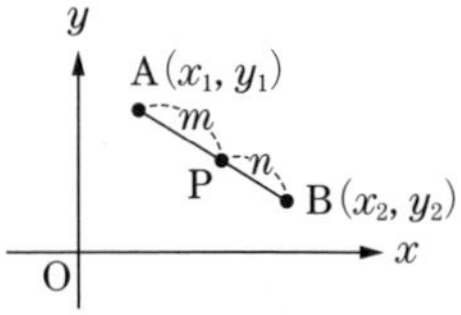

線分 AB を $m : n$ に内分する点 P の座標は

$$\left(\frac{nx_1 + mx_2}{m+n}, \frac{ny_1 + my_2}{m+n}\right)$$

線分 AB を $m : n$ に外分する点 Q の座標は

$$\left(\frac{-nx_1 + mx_2}{m-n}, \frac{-ny_1 + my_2}{m-n}\right)$$

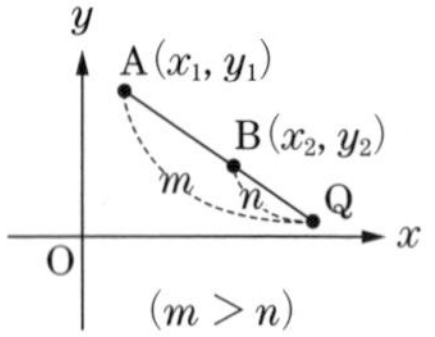

線分 AB の中点の座標は

$$\left(\frac{x_1 + x_2}{2}, \frac{y_1 + y_2}{2}\right)$$

▶三角形の重心

$\triangle ABC$ の重心の座標は $\left(\dfrac{x_1 + x_2 + x_3}{3}, \dfrac{y_1 + y_2 + y_3}{3}\right)$

▶直線の方程式

点 (x_1, y_1) を通り，傾き m の直線の方程式

$$y - y_1 = m(x - x_1)$$

2 点 (x_1, y_1)，(x_2, y_2) を通る直線の方程式

$$y - y_1 = \frac{y_2 - y_1}{x_2 - x_1}(x - x_1) \qquad (x_1 \neq x_2)$$

$$x = x_1 \qquad (x_1 = x_2)$$

▶2 直線 $l_1 : y = m_1 x + n_1$，$l_2 : y = m_2 x + n_2$ について

平行：$m_1 = m_2$，$n_1 \neq n_2$　垂直：$m_1 m_2 = -1$

▶点と直線の距離

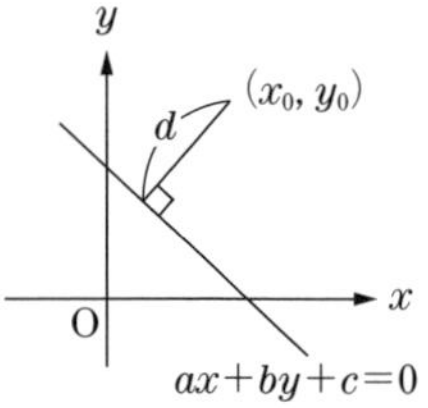

点 (x_0, y_0) と直線 $ax + by + c = 0$ の距離 d は

$$d = \frac{|ax_0 + by_0 + c|}{\sqrt{a^2 + b^2}}$$

基本問題

49 A$(-4,6)$，B$(6,9)$ のとき，線分 AB の中点，および線分 AB を $1:3$ に内分する点と外分する点の座標を求めよ．また，線分 AB の長さを求めよ．

***50** 次の 2 点を通る直線の方程式を求めよ．

(1) $(3,0)$，$(0,2)$　(2) $(3,2)$，$(4,3)$　(3) $(-3,2)$，$(-3,-4)$

***51** 次の点 P と直線 l の距離を求めよ．

(1) P$(3,1)$，$l: 2x-3y+1=0$　(2) P$(-1,2)$，$l: x=3$

***52** k を定数とし，直線 l を $l:(k+2)x-(3k+1)y+3k-4=0$ とする．

(1) l は k の値に関係なく定点を通ることを示し，その定点の座標を求めよ．

(2) l が点 $(1,1)$ を通るように k の値を定め，そのときの l の方程式を求めよ．

図形と方程式

標準問題

53 次の 3 点を頂点とする △ABC の形状を調べよ．

*(1) A$(1,0)$，B$(-2,4)$，C$(5,3)$　(2) A$(2,5)$，B$(4,-4)$，C$(-2,3)$

***54** 次の点 A に関して，点 B と対称な点の座標を求めよ．

(1) A$(2,3)$，B$(1,-1)$　(2) A$(1,3)$，B$(-1,4)$

55 次の点の座標を求めよ．

(1) 3 点 $(1,9)$，$(-2,4)$，$(3,1)$ から等距離にある点

(2) 三角形の各辺の中点の座標が $(1,1)$，$(-1,0)$，$(3,-1)$ であるとき，この三角形の 3 頂点と三角形の重心

*(3) 3 点 A$(2,1)$，B$(-2,3)$，C が正三角形の 3 頂点になるとき，頂点 C

56 次の 3 点が同一直線上にあるとき，a の値を求めよ．

*(1) $(-1,1)$，$(1,-3)$，$(a,3)$　(2) $(6,-1)$，$(0,a)$，$(a,1)$

57 点 A を通り，直線 l に平行な直線，垂直な直線の方程式をそれぞれ求めよ．

*(1) A$(2,-1)$，$l: y=2x+3$　(2) A$(3,1)$，　$l: 2x+3y+4=0$

***58** 3 点 $(-1,1)$，$(2,5)$，$(3,2)$ を頂点とする三角形の面積を求めよ．

§7 円の方程式

基本事項のまとめ

▶**中心 $(\boldsymbol{a}, \boldsymbol{b})$，半径 $\boldsymbol{r}$ の円の方程式**　　$(x-a)^2+(y-b)^2=r^2$

中心が原点，半径 $\boldsymbol{r}$ のときは　　$x^2+y^2=r^2$

▶$x^2+y^2+lx+my+n=0$ $(l^2+m^2-4n>0)$ は

中心 $\left(-\dfrac{l}{2}, -\dfrac{m}{2}\right)$，半径 $\dfrac{\sqrt{l^2+m^2-4n}}{2}$

の円（円周）を表す．

▶**2 円の位置関係**

2 円の半径を r，R $(R>r)$，中心間の距離を d とする．

分離　$d>R+r$

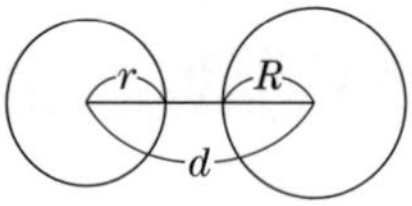

外接　$d=R+r$

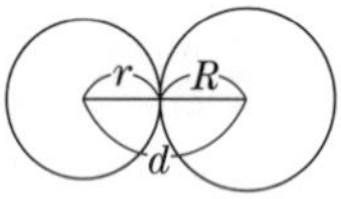

交わる　$R-r<d<R+r$

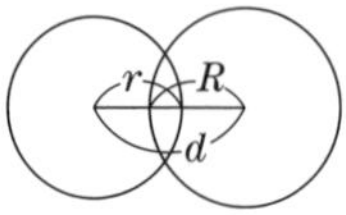

内接　$d=R-r$ かつ $R \fallingdotseq r$

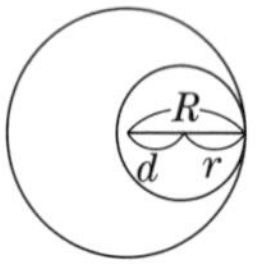

包含　$d<R-r$ かつ $R \fallingdotseq r$

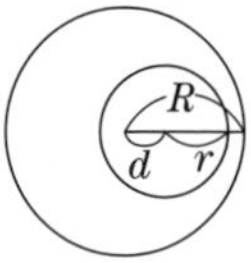

一致　$d=0$ かつ $R=r$

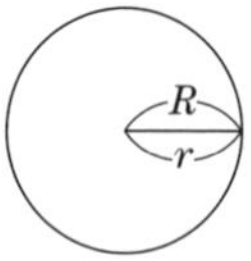

基本問題

59 次の条件を満たす円の方程式を求めよ．

*(1)　中心が $(1, 2)$ で，半径 3　　(2)　中心が $(-3, 1)$ で，半径 2

*(3)　中心が $(-1, 2)$ で，点 $(3, 3)$ を通る

(4)　2 点 $(-1, -3)$，$(5, 1)$ を直径の両端とする

*(5)　3 点 $(8, 4)$，$(3, -1)$，$(6, 8)$ を通る

60 次の円の中心，半径を求めよ．

*(1) $x^2+y^2+2y-4=0$

(2) $x^2+y^2-6x=0$

(3) $x^2+y^2-2x+2y-2=0$

*(4) $x^2+y^2+4x-6y+11=0$

(5) $x^2+y^2-6x+4y=0$

標準問題

61 次の条件を満たす円の方程式を求めよ．

(1) 円 $x^2+y^2+2x-4y=0$ と中心が同じで，半径が 2 倍

*(2) 円 $x^2+y^2-6x+8y+5=0$ と中心が同じで，原点を通る

*(3) 中心 $(-2,-4)$ で，y 軸に接する

(4) 中心が第 1 象限にあり，半径が 2 で x 軸，y 軸に接する

(5) 点 $(-1,8)$ を通り x 軸，y 軸に接する

(6) x 軸上に中心があり，2 点 $(-1,2)$，$(4,-3)$ を通る

*(7) 中心が直線 $y=x$ 上にあり，半径が $\sqrt{10}$ で点 $(-1,-5)$ を通る

62 次の 2 円の位置関係を調べよ．

(1) $(x-1)^2+(y+1)^2=4$，$(x+2)^2+y^2=1$

(2) $x^2+y^2=3$，$x^2+y^2-2x-2y+1=0$

*(3) $x^2+y^2-4x-6y+5=0$，$2x^2+2y^2+2x-2y-3=0$

(4) $x^2+y^2=45$，$x^2+y^2-4x+2y-15=0$

*(5) $x^2+y^2+2x-2y+1=0$，$x^2+y^2-4x-10y+13=0$

63 次の条件を満たす円の方程式を求めよ．

(1) 中心が $(-4,3)$ で，円 $x^2+y^2=4$ に外接する

*(2) 円 $x^2+y^2=4$ に外接し，点 $(5,5\sqrt{3})$ を通り，半径が 4 である

(3) 半径が 4 で，中心が直線 $y=x+1$ 上にあり，点 $(5,10)$ を通る

*(4) 中心が直線 $y=2x-9$ 上にあり，2 点 $(-1,-1)$，$(4,4)$ を通る

64 3 直線 $x+3y-7=0$，$x-3y-1=0$，$x-y+1=0$ の囲む三角形の外接円の方程式を求めよ．

§8　円と直線

基本事項のまとめ

▶円の接線の方程式

円 $x^2+y^2=r^2$ 上の点 (x_1, y_1) における接線の方程式は

$$x_1x+y_1y=r^2$$

▶円と直線の位置関係

円の半径を r，円の中心と直線の距離を d とする．

交わる　$d<r$　　　接する　$d=r$　　　共有点はない　$d>r$

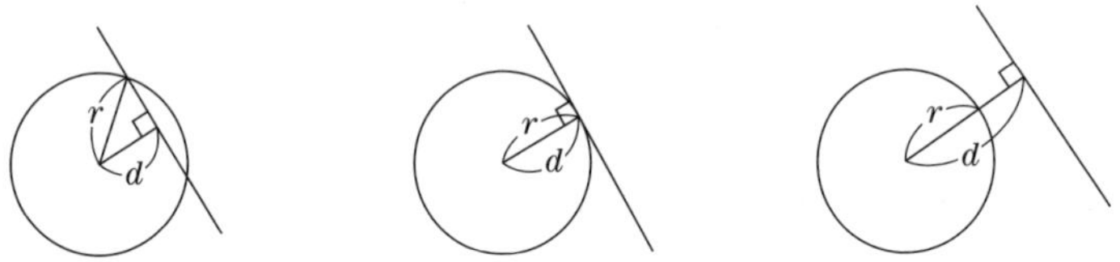

▶2 直線の交点を通る直線

2 直線　$ax+by+c=0$，$a'x+b'y+c'=0$ の交点を通る直線は

$$ax+by+c+k(a'x+b'y+c')=0$$

で表される（ただし，直線 $a'x+b'y+c'=0$ は除く）．

▶2 円 $x^2+y^2+ax+by+c=0$，$x^2+y^2+a'x+b'y+c'=0$ の共有点を通る円または直線（円 $x^2+y^2+a'x+b'y+c'=0$ を除く）は

$$x^2+y^2+ax+by+c+k(x^2+y^2+a'x+b'y+c')=0$$

で表される（$k=-1$ のときは直線，$k \neq -1$ のときは円）．

基本問題

65　次の円周上の与えられた点における接線の方程式を求めよ．

*(1)　$x^2+y^2=25$　$(4, -3)$　　　(2)　$(x-2)^2+(y-3)^2=10$　$(-1, 4)$

*(3)　$x^2+y^2+6x-4y-21=0$　$(2, 5)$

****66***　次の円と直線の位置関係を調べよ．

(1)　$x^2+y^2=2$，$x-2y-3=0$　　　(2)　$x^2+y^2=9$，$\sqrt{3}x+y-6=0$

(3)　$x^2+y^2-2x+2y+1=0$，$3x-y+1=0$

標準問題

67 次の条件を満たす円の接線の方程式を求めよ．

*(1)　円 $x^2+y^2-4x+4y+3=0$ の接線で傾きが 2 のもの

(2)　円 $x^2+y^2-8x+3=0$ の接線で傾きが $\dfrac{2}{3}$ のもの

68 次の点 A を通る円 C の接線の方程式を求めよ．

*(1)　A(1, 2),　　$C : x^2+y^2=1$

*(2)　A(0, 0),　　$C : (x-3)^2+(y-1)^2=1$

69 次の条件を満たすような定数 k の値，または k の範囲を求めよ．

(1)　円 $x^2+y^2-2x=0$ と直線 $y=\dfrac{1}{2}x+k$ が接する

*(2)　円 $x^2+y^2=5$ と直線 $y=2x+k$ が異なる 2 点で交わる

(3)　円 $x^2+y^2-4y+2=0$ と直線 $y=kx+4$ が共有点をもたない

70 次の円 C が直線 l から切り取る線分の長さを求めよ．

(1)　$C : x^2+y^2=5$,　　$l : x+y=1$

*(2)　$C : x^2+y^2-4x-2y+2=0$,　　$l : 2x+y-3=0$

71 円 $C : x^2+y^2-2x-4y+4=0$ が直線 $l : y=mx+1$ から切り取る線分の長さが $\sqrt{2}$ であるとき，定数 m の値を求めよ．

72 次の方程式を求めよ．

*(1)　点 (3, 4) を中心とし，直線 $3x-y+5=0$ に接する円

*(2)　2 直線 $x+3y-1=0$，$2x-y+5=0$ の交点と点 (1, 3) を通る直線

*(3)　2 円 $x^2+y^2-4x+2y+3=0$，$x^2+y^2+2x+4y-1=0$ の 2 交点を通る直線

*(4)　2 円 $x^2+y^2=25$，$x^2+y^2-2x-4y-15=0$ の 2 交点と原点を通る円

(5)　2 円 $x^2+y^2=25$，$x^2+y^2-14x-7y+45=0$ の 2 交点と点 (1, 0) を通る円

§9　軌跡，領域

基本事項のまとめ

▶軌跡の求め方

・動点 $P(x, y)$ の座標 x，y を用いて条件を式で表し，式を整理して軌跡の方程式を求める．

・動点 $P(x, y)$ の座標 x，y を媒介変数（パラメータ）t の式で表す．ついで，t を消去し，x，y の関係式を求める．

▶領域

$y > f(x)$……$y = f(x)$ の上方

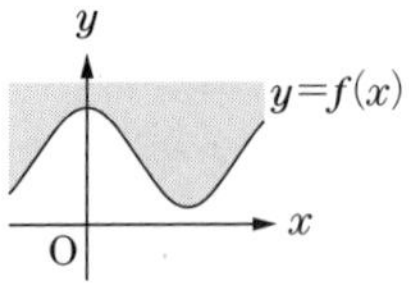

$y < f(x)$……$y = f(x)$ の下方

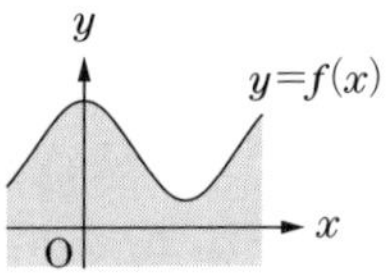

$x^2 + y^2 < r^2$……円の内部

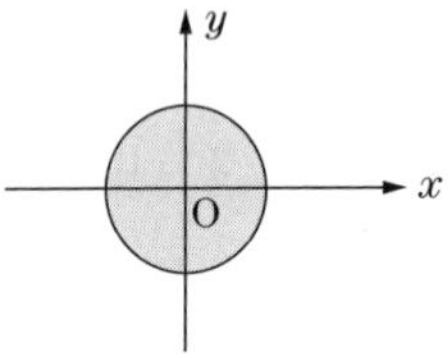

$x^2 + y^2 > r^2$……円の外部

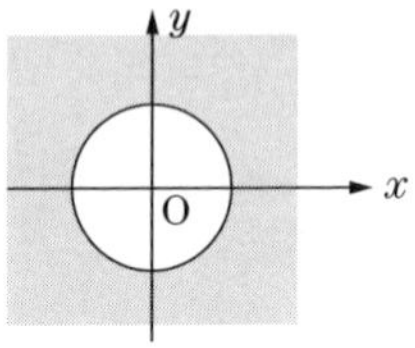

基本問題

73 次の点 P の軌跡の方程式を求めよ．

(1)　2 点 $A(-2, 0)$，$B(1, -1)$ から等距離にある点 P

*(2)　2 点 $A(-3, 0)$，$B(3, 0)$ からの距離の比が 1：2 である点 P

*(3)　2 点 $A(1, 0)$，$B(-1, 0)$ からの距離の平方の和が 10 である点 P

(4)　2 点 $A(-1, 1)$，$B(3, 2)$ について，$AP^2 - BP^2 = 1$ を満たす点 P

(5)　点 $A(2, 1)$ と直線 $x - 2y = 3$ 上の点 Q を結ぶ線分 AQ の中点 P

*(6)　点 $A(1, 1)$ と放物線 $y = (x-2)^2$ 上の点 Q を結ぶ線分 AQ の中点 P

74 t が [ ] の値をとるとき，点 (x, y) はどのような図形上にあるか．

(1) $\begin{cases} x = t - 2 \\ y = 3t + 1 \end{cases}$ [t：任意の実数]　(2) $\begin{cases} x = 2t + 1 \\ y = 4t^2 + 2t + 1 \end{cases}$ $[0 \leqq t \leqq 1]$

75 次の不等式の表す領域を図示せよ．

(1) $x + 2y < 1$　(2) $y > -2x^2 + 3x$

*(3) $y \geqq 2x^2 + x - 3$　*(4) $x^2 + y^2 - 4x + 1 < 0$

標準問題

76 次の点 P の軌跡の方程式を求めよ．

(1) 2 直線 $2x - y - 3 = 0$，$x + 2y - 4 = 0$ から等距離にある点 P

*(2) a の値が変化するとき，放物線 $y = x^2 + 2ax + a - 2$ の頂点 P

(3) k の値が変化するとき，放物線 $y = x^2 - (k+5)x + k$ の頂点 P

(4) 直線 $y = 2x + k$ が円 $x^2 + y^2 = 5$ と異なる 2 点 Q，R で交わるとき，線分 QR の中点 P

*(5) 直線 $y = m(x - 1)$ と放物線 $y = x^2$ が異なる 2 点 A，B で交わるとき，線分 AB の中点 P

***77** 円 $C : (x-1)^2 + (y-1)^2 = 4$ と 2 点 A(5, 1)，B(3, 4) がある．点 P が円 C 上を動くとき，△ABP の重心 G の軌跡を求めよ．

78 次の不等式の表す領域を図示せよ．

(1) $\begin{cases} y \leqq x \\ 2x + 3y \leqq 12 \end{cases}$　*(2) $\begin{cases} x^2 + y^2 < 9 \\ 2x - y > 3 \end{cases}$

(3) $(x + 2y - 4)(x - y + 1) \geqq 0$　(4) $(x + y - 2)(x^2 + y^2 - 4) > 0$

*(5) $|x| + |y| \leqq 1$

***79** 連立不等式

$$3x - y \geqq 0,\ x - 2y \leqq 0,\ x + 3y - 10 \leqq 0$$

の表す領域 D を図示せよ．また点 (x, y) が領域 D を動くとき $-x + y$ のとる値の最大値と最小値を求めよ．

80 $x^2 + y^2 + 2x - 4y + 4 < 0$ ならば $2x - y - 1 < 0$ を示せ．

§10　三角関数の性質

基本事項のまとめ

▶π (ラジアン) $= 180°$,　1 (ラジアン) $= \dfrac{180°}{\pi}$,　$1° = \dfrac{\pi}{180}$ (ラジアン)

(弧度法ではラジアンを省略することが多い.)

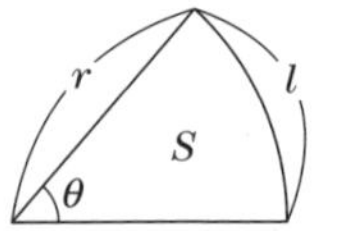

▶**弧の長さ**　$l = r\theta$

扇形の面積　$S = \dfrac{1}{2}r^2\theta = \dfrac{1}{2}rl$

▶角 θ を表す動径上の点を $\mathrm{P}(x, y)$, $\mathrm{OP} = r$ $(r > 0)$ とするとき

$\sin\theta = \dfrac{y}{r}$,　$\cos\theta = \dfrac{x}{r}$,　$\tan\theta = \dfrac{y}{x}$ $(x \neq 0)$

とくに, $r = 1$ とすると

$\sin\theta = y$,　$\cos\theta = x$,　$\tan\theta = \dfrac{y}{x}$ $(x \neq 0)$

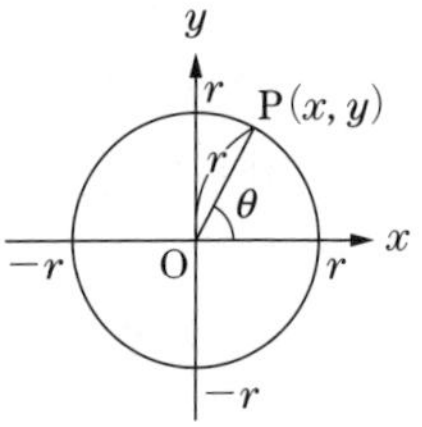

▶$\sin(\theta + 2n\pi) = \sin\theta$, $\cos(\theta + 2n\pi) = \cos\theta$, $\tan(\theta + n\pi) = \tan\theta$

$\sin(-\theta) = -\sin\theta$, $\cos(-\theta) = \cos\theta$, $\tan(-\theta) = -\tan\theta$

$\sin(\pi \pm \theta) = \mp\sin\theta$, $\cos(\pi \pm \theta) = -\cos\theta$, $\tan(\pi \pm \theta) = \pm\tan\theta$

$\sin\left(\dfrac{\pi}{2} \pm \theta\right) = \cos\theta$, $\cos\left(\dfrac{\pi}{2} \pm \theta\right) = \mp\sin\theta$, $\tan\left(\dfrac{\pi}{2} \pm \theta\right) = \mp\dfrac{1}{\tan\theta}$

(n は整数, 複号同順)

▶$\tan\theta = \dfrac{\sin\theta}{\cos\theta}$,　$\sin^2\theta + \cos^2\theta = 1$,　$1 + \tan^2\theta = \dfrac{1}{\cos^2\theta}$

基本問題

81 次の角について, 度はラジアンに, ラジアンは度に直せ. また, それぞれ第何象限の角か答えよ.

(1)　$45°$　　*(2)　$300°$　　*(3)　$-\dfrac{13}{6}\pi$　　(4)　$\dfrac{14}{3}\pi$

82 θ が次の値をとるとき, $\sin\theta$, $\cos\theta$, $\tan\theta$ の値を求めよ.

*(1)　$\dfrac{8}{3}\pi$　　(2)　$\dfrac{7}{2}\pi$　　*(3)　$-\dfrac{11}{6}\pi$　　(4)　$-\dfrac{17}{4}\pi$

83 次の式の値を求めよ．

*(1) $\cos\dfrac{10}{3}\pi\cdot\sin\dfrac{13}{3}\pi+\sin\left(-\dfrac{5}{3}\pi\right)\cdot\cos\dfrac{7}{3}\pi+\cos\left(-\dfrac{5}{4}\pi\right)\cdot\sin\left(-\dfrac{7}{4}\pi\right)$

(2) $\tan\left(-\dfrac{5}{6}\pi\right)\cdot\sin\dfrac{7}{3}\pi+\cos\left(-\dfrac{4}{3}\pi\right)\cdot\sin\dfrac{13}{6}\pi+\tan\dfrac{11}{4}\pi\cdot\cos\left(-\dfrac{2}{3}\pi\right)$

84 次の値を求めよ．

*(1) θ が第 2 象限の角で $\cos\theta=-\dfrac{2}{3}$ のとき，$\sin\theta$，$\tan\theta$

(2) θ が第 4 象限の角で $\tan\theta=-3$ のとき，$\sin\theta$，$\cos\theta$

85 次の式を簡単にせよ．

*(1) $(\sin\theta+\cos\theta)^2+(\sin\theta-\cos\theta)^2$　　(2) $\dfrac{\cos\theta}{1-\sin\theta}-\tan\theta$

三角関数

標準問題

****86*** $\sin\dfrac{\pi}{9}=a$ のとき，次の値を a を用いて表せ．

(1) $\cos\left(-\dfrac{7}{18}\pi\right)$　　(2) $\sin\left(-\dfrac{29}{18}\pi\right)$　　(3) $\tan\dfrac{25}{18}\pi$

87 次の等式を証明せよ．

(1) $(1+\sin\theta+\cos\theta)^2=2(1+\sin\theta)(1+\cos\theta)$

(2) $\dfrac{\sin\theta}{1-\cos\theta}-\dfrac{1}{\sin\theta}=\dfrac{1}{\sin\theta}-\dfrac{\sin\theta}{1+\cos\theta}$

****88*** 次の値を求めよ．

(1) $\sin\theta+\cos\theta=\dfrac{1}{3}$ のとき，$\sin\theta\cos\theta$，$\tan\theta+\dfrac{1}{\tan\theta}$

(2) θ が第 3 象限の角で $\sin\theta\cos\theta=\dfrac{3}{8}$ のとき，$\sin\theta+\cos\theta$，$\dfrac{\sin^2\theta}{\cos\theta}+\dfrac{\cos^2\theta}{\sin\theta}$

89 次の式を簡単にせよ．

*(1) $\sin\left(\dfrac{\pi}{2}+\theta\right)\cos(\pi+\theta)-\cos\left(\dfrac{\pi}{2}-\theta\right)\sin(\pi-\theta)$

(2) $\left(1+\tan\theta-\dfrac{1}{\cos\theta}\right)\left(1+\dfrac{1}{\tan\theta}+\dfrac{1}{\sin\theta}\right)$

§11 三角関数のグラフと三角方程式，不等式

基本事項のまとめ

▶ $y=\sin\theta$，$y=\cos\theta$，$y=\tan\theta$ のグラフ

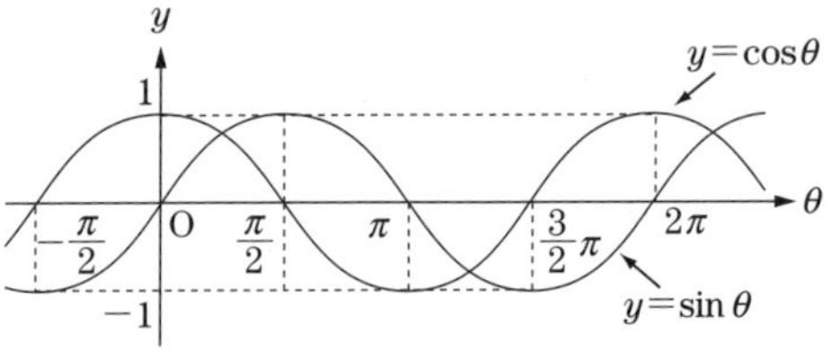

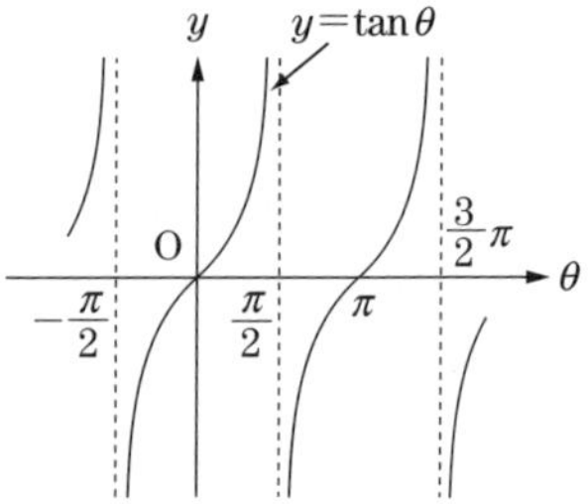

▶**周期関数**

$f(x+p)=f(x)$ となる関数．周期は p $(p \neq 0)$

(p のうち正の最小のものが基本周期．単に**周期**ということが多い)

周期（基本周期）…… $\sin\theta$，$\cos\theta$ は 2π，$\tan\theta$ は π

▶ $\sin\theta=\sin\alpha \iff \theta=\alpha+2n\pi,\ (\pi-\alpha)+2n\pi$

$\cos\theta=\cos\alpha \iff \theta=\pm\alpha+2n\pi$

$\tan\theta=\tan\alpha \iff \theta=\alpha+n\pi$ （n は整数）

▶三角方程式・不等式は，単位円やグラフを考えるとよい．

▶ $-1 \leqq \sin\theta \leqq 1$，$-1 \leqq \cos\theta \leqq 1$，$\tan\theta$ は任意の実数値をとり得る．

基本問題

***90** 次の関数のグラフをかき，$y=\sin x$ のグラフとの位置関係をいえ．

(1) $y=\sin x+1$　(2) $y=3\sin x$　(3) $y=\sin\dfrac{x}{2}$

91 $0 \leqq \theta < 2\pi$ のとき，次の等式を満たす θ の値を求めよ．また，θ が一般角のときの値を求めよ．

(1) $\sin\theta=1$　(2) $\cos\theta=0$　*(3) $\sin\theta=-\dfrac{1}{2}$

*(4) $\cos\theta=-\dfrac{\sqrt{3}}{2}$　*(5) $\tan\theta=\dfrac{1}{\sqrt{3}}$　(6) $\tan\theta=-1$

92 次の不等式を満たす θ の値の範囲を求めよ．ただし $0 \leqq \theta < 2\pi$ とする．

(1) $\sin\theta < 0$　*(2) $\sin\theta > -\dfrac{1}{2}$　(3) $\cos\theta \geqq \dfrac{\sqrt{3}}{2}$

*(4) $\cos\theta \leqq -\dfrac{1}{\sqrt{2}}$　(5) $\tan\theta < \dfrac{1}{\sqrt{3}}$　*(6) $\tan\theta \geqq -1$

標準問題

93 次の関数のグラフをかけ．また，その周期をいえ．

*(1) $y = 3\sin\dfrac{1}{2}x$　(2) $y = 2\cos 2x$

*(3) $y = -3\cos\dfrac{1}{2}x + 2$　(4) $y = 2\sin\left(x - \dfrac{\pi}{2}\right)$

*(5) $y = -\tan\left(x + \dfrac{\pi}{4}\right)$　(6) $y = \sin\left(3x + \dfrac{\pi}{2}\right)$

94 次の等式を満たす θ の値を求めよ．ただし，$0 \leqq \theta < 2\pi$ とする．

(1) $\sin 2\theta = \dfrac{\sqrt{3}}{2}$　*(2) $\cos 2\theta = -\dfrac{1}{\sqrt{2}}$

*(3) $\sin\left(\theta - \dfrac{\pi}{3}\right) = \dfrac{1}{2}$　(4) $\cos\left(\theta + \dfrac{\pi}{6}\right) = 1$

*(5) $\sin\left(2\theta - \dfrac{\pi}{6}\right) = -\dfrac{1}{2}$　(6) $\cos\left(\dfrac{\theta}{3} - \dfrac{\pi}{4}\right) = \dfrac{1}{\sqrt{2}}$

(7) $2\cos^2\theta + 5\sin\theta - 4 = 0$　*(8) $2\sin^2\theta - 9\cos\theta - 6 = 0$

95 次の不等式を満たす θ の値の範囲を求めよ．ただし $0 \leqq \theta < 2\pi$ とする．

(1) $\sin 2\theta > \dfrac{1}{2}$　*(2) $\tan\dfrac{\theta}{2} \leqq \sqrt{3}$

(3) $\cos\left(\theta + \dfrac{\pi}{6}\right) \leqq \dfrac{1}{2}$　*(4) $\sin\left(\theta + \dfrac{\pi}{3}\right) > \dfrac{1}{\sqrt{2}}$

*(5) $2\cos^2\theta + 5\sqrt{2}\cos\theta - 6 < 0$　(6) $1 + \sin\theta \geqq 2\cos^2\theta$

96 次の関数の最大値，最小値を求めよ．また，そのときの x の値を求めよ．ただし，$0 \leqq x < 2\pi$ とする．

*(1) $y = \cos^2 x + \sin x + 1$　(2) $y = \sin^2 x - \sqrt{3}\cos x$

三角関数

§12　加法定理

基本事項のまとめ

▶加法定理

$\sin(\alpha \pm \beta) = \sin\alpha\cos\beta \pm \cos\alpha\sin\beta$

$\cos(\alpha \pm \beta) = \cos\alpha\cos\beta \mp \sin\alpha\sin\beta$

$\tan(\alpha \pm \beta) = \dfrac{\tan\alpha \pm \tan\beta}{1 \mp \tan\alpha\tan\beta}$　　（複号同順）

▶2 直線のなす角

2 直線 $y = m_1x + n_1$，$y = m_2x + n_2$ のなす鋭角 θ は，
$m_1 = \tan\theta_1$，$m_2 = \tan\theta_2$ とすると $\tan\theta = |\tan(\theta_1 - \theta_2)|$ を満たす．

▶2 倍角の公式

$\sin 2\alpha = 2\sin\alpha\cos\alpha$

$\cos 2\alpha = \cos^2\alpha - \sin^2\alpha = 2\cos^2\alpha - 1 = 1 - 2\sin^2\alpha$

$\tan 2\alpha = \dfrac{2\tan\alpha}{1 - \tan^2\alpha}$

▶半角の公式

$\sin^2\dfrac{\alpha}{2} = \dfrac{1 - \cos\alpha}{2}$，　$\cos^2\dfrac{\alpha}{2} = \dfrac{1 + \cos\alpha}{2}$，　$\tan^2\dfrac{\alpha}{2} = \dfrac{1 - \cos\alpha}{1 + \cos\alpha}$

▶三角関数の合成

$a\sin\theta + b\cos\theta = \sqrt{a^2 + b^2}\sin(\theta + \alpha)$

$\left(\sin\alpha = \dfrac{b}{\sqrt{a^2 + b^2}},\ \cos\alpha = \dfrac{a}{\sqrt{a^2 + b^2}}\right)$
ただし，$a = b = 0$ ではない．

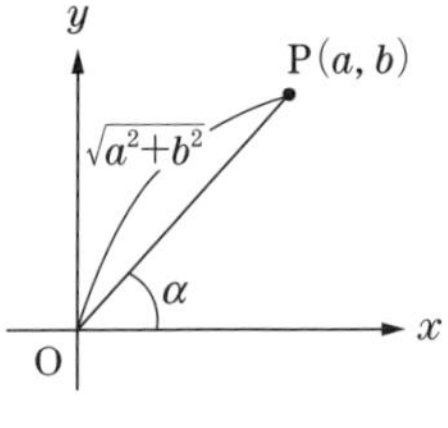

基本問題

97 次の値を求めよ．

(1)　$\sin\dfrac{7}{12}\pi$　　(2)　$\cos\left(-\dfrac{\pi}{12}\right)$　　(3)　$\tan\dfrac{11}{12}\pi$

(4)　$\sin\dfrac{\pi}{8}$　　(5)　$\cos\dfrac{5}{8}\pi$　　(6)　$\tan\dfrac{\pi}{12}$

98 次の値を求めよ．

(1) $\sin\theta=\dfrac{3}{5}\ \left(0<\theta<\dfrac{\pi}{2}\right)$ のとき，$\sin 2\theta$，$\cos 2\theta$，$\sin\dfrac{\theta}{2}$，$\cos\dfrac{\theta}{2}$

(2) $\tan\theta=2\ \left(0<\theta<\dfrac{\pi}{2}\right)$ のとき，$\tan 2\theta$，$\cos\dfrac{\theta}{2}$

99 次の式を $r\sin(\theta+\alpha)$ の形に変形せよ．ただし，$r>0$，$-\pi<\alpha<\pi$ とする．

*(1) $\sqrt{3}\cos\theta+\sin\theta$　(2) $\sqrt{2}\sin\theta-\sqrt{6}\cos\theta$

標準問題

100 次の値を求めよ．

(1) $0<\alpha<\dfrac{\pi}{2}$，$\dfrac{\pi}{2}<\beta<\pi$ で，$\sin\alpha=\dfrac{3}{5}$，$\sin\beta=\dfrac{5}{13}$ のとき
$\sin(\alpha+\beta)$，$\cos(\alpha+\beta)$

(2) $0<\alpha<\dfrac{\pi}{2}$，$\pi<\beta<\dfrac{3}{2}\pi$ で，$\sin\alpha=\dfrac{3}{\sqrt{10}}$，$\cos\beta=-\dfrac{1}{\sqrt{5}}$ のとき
$\tan(\alpha+\beta)$，$\tan(\alpha-\beta)$

(3) $\pi<\alpha<\dfrac{3}{2}\pi$ で，$\sin\alpha=-\dfrac{4}{5}$ のとき $\sin 2\alpha$，$\sin\dfrac{\alpha}{2}$，$\tan\dfrac{\alpha}{2}$

101 次の関数の最大値，最小値を求めよ．ただし，$0\leqq\theta<2\pi$ とする．

(1) $3\sin\theta-2\cos\theta$　*(2) $3\sin\theta+4\cos\theta+1$

102 次の方程式，不等式を解け．ただし，$0\leqq\theta<2\pi$ とする．

*(1) $\sqrt{3}\sin\theta-\cos\theta=\sqrt{2}$　(2) $3\cos\theta+1=\cos 2\theta$

(3) $\sqrt{3}\cos\theta+\sin\theta\geqq 0$　(4) $\sin\theta<\sin 2\theta$

103 次の 2 直線のなす角 θ を求めよ．ただし，$0\leqq\theta<\dfrac{\pi}{2}$ とする．

*(1) $y=\dfrac{1}{3}x+2$，$y=-\dfrac{1}{2}x+1$　(2) $2x+\sqrt{3}y=5$，$5x-\sqrt{3}y=6$

104 次の関数の最大値，最小値を求めよ．また，そのときの x の値を求めよ．ただし，$0\leqq x<2\pi$ とする．

(1) $y=\cos 2x-2\sqrt{3}\cos x$　*(2) $y=\cos^2 x+\cos 2x-3\sin x$

§13　指数・対数の計算

基本事項のまとめ

▶指数の定義，指数法則

$a^0 = 1$，　$a^{-n} = \dfrac{1}{a^n}$　（$a \fallingdotseq 0$，n：正の整数）

$a^{\frac{m}{n}} = \sqrt[n]{a^m}$，　$a^{-r} = \dfrac{1}{a^r}$　（$a > 0$，m，n：正の整数，r：正の有理数）

$a^r a^s = a^{r+s}$，　$\dfrac{a^r}{a^s} = a^{r-s}$，　$(a^r)^s = a^{rs}$

$(ab)^r = a^r b^r$，　$\left(\dfrac{a}{b}\right)^r = \dfrac{a^r}{b^r}$　（$a > 0$，$b > 0$，r，s：実数）

▶対数の定義

$c = \log_a b \iff b = a^c$

$a^{\log_a b} = b$　（$a > 0$，$a \fallingdotseq 1$，$b > 0$）

▶対数の計算

$\log_a xy = \log_a x + \log_a y$，　$\log_a x^p = p \log_a x$

$\log_a \dfrac{x}{y} = \log_a x - \log_a y$，　$\log_a b = \dfrac{\log_c b}{\log_c a}$

（$a > 0$，$a \fallingdotseq 1$，$b > 0$，$c > 0$，$c \fallingdotseq 1$，$x > 0$，$y > 0$，p は実数）

基本問題

105　次の値を求めよ．

(1)　$2^{-2} \times 2^3 \div 2^2$　　*(2)　$2^{-3} \times 3^{-2} \times 6^4$　　*(3)　$2^{\frac{1}{4}} \div 2^{-\frac{3}{4}}$

(4)　$(\sqrt[3]{3})^6$　　(5)　$\sqrt[3]{3} \times \sqrt[3]{9}$　　*(6)　$(\sqrt[3]{2})^6 \times \sqrt[5]{32^2}$

106　次の等式をそれぞれ $r = \log_a R$ の形に書き直せ．

*(1)　$2^4 = 16$　　(2)　$81^{\frac{1}{4}} = 3$　　*(3)　$5^{-1} = 0.2$　　(4)　$9^0 = 1$

107　次の等式をそれぞれ $a^r = R$ の形で表せ．

(1)　$\log_2 8 = 3$　　*(2)　$\log_4 1 = 0$　　*(3)　$\log_{\sqrt{3}} 27 = 6$

108 次の値を求めよ．

(1) $6^3 \times 9^{-2} \times 2^{-3} \div 3^{-2}$　　*(2) $3^3 \div 2^{-2} \times 3^{-2} \times 2^3$

*(3) $\left(\dfrac{1}{5}\right)^{-1} \times 3^0 \div 2^{-3}$　　(4) $(3^{\frac{1}{2}} \times 3^{\frac{3}{2}} \times 4^{-\frac{1}{3}} \times 4^{-\frac{5}{3}})^{\frac{1}{2}}$

(5) $\sqrt{162} \times \sqrt[3]{54} \div (2\sqrt{27} \times \sqrt[6]{32})$　　*(6) $(\sqrt[4]{5^3} \times \sqrt{6^3})^{\frac{4}{3}}$

109 次の値を求めよ．

(1) $\log_2 12 + \dfrac{1}{2}\log_2 36 - 2\log_2 6$　　*(2) $3\log_5 \dfrac{2}{\sqrt{5}} + \log_5 \dfrac{5}{6} - \log_5 \dfrac{4}{3}$

*(3) $\log_2 \sqrt{3} + 3\log_2 \sqrt{2} - \log_2 \sqrt{6}$　　(4) $\log_2 24 + \log_2 6 - 2\log_2 3\sqrt{2}$

(5) $\log_2 \sqrt[5]{8} + \log_3 \sqrt[4]{27}$　　*(6) $\log_3 2 \times \log_8 3$

(7) $\log_{2\sqrt{2}} 32\sqrt[5]{4}$　　*(8) $\log_2 6 \times \log_3 6 - \log_3 2 - \log_2 3$

標準問題

110 次の式を簡単にせよ．

(1) $\dfrac{1}{a^2} \div \dfrac{1}{a^{-3}} \times \left(\dfrac{1}{a^{-4}}\right)^2$　　*(2) $(a^2b^{-3})^4 \div (ab^{-2})^2$

(3) $\left(\dfrac{b}{a^2}\right)^3 \times \left(\dfrac{b^2}{a}\right)^{-1} \div \left(\dfrac{b}{a}\right)^2$　　*(4) $\dfrac{\sqrt[4]{a^3} \times \sqrt[6]{a^5}}{\sqrt[12]{a^7}}$

(5) $\sqrt{a^3b} \times \sqrt[6]{a^5b} \div \sqrt[3]{a^4b^2}$　　(6) $(\sqrt[3]{a} - 1)(\sqrt[3]{a^2} + \sqrt[3]{a} + 1)$

*(7) $(a^{\frac{1}{2}} - b^{\frac{1}{2}})(a^{\frac{1}{2}} + b^{\frac{1}{2}})(a + b)$

111 次の値を求めよ．

*(1) $\log_{10} 2\sqrt{125} + \dfrac{1}{\log_{\sqrt{2}} 10}$

(2) $(\log_2 9 + \log_8 3)(\log_3 16 + \log_9 4)$

*(3) $(\log_a b)(\log_b c)(\log_c a)$

(4) $(\log_a b)\left(\log_b c^2\right)\left(\log_c a^3\right)$

*(5) $10^{2\log_{10} 3}$

(6) $10^{\log_{100} 5}$

112 $\log_2 3 = a$，$\log_3 5 = b$ のとき，$\log_2 10$，$\log_{15} 40$ を a，b を用いて表せ．

§14 指数関数・対数関数のグラフ，常用対数

基本事項のまとめ

▶$y=a^x$，$y=\log_a x$ のグラフ

$a>1$ のとき

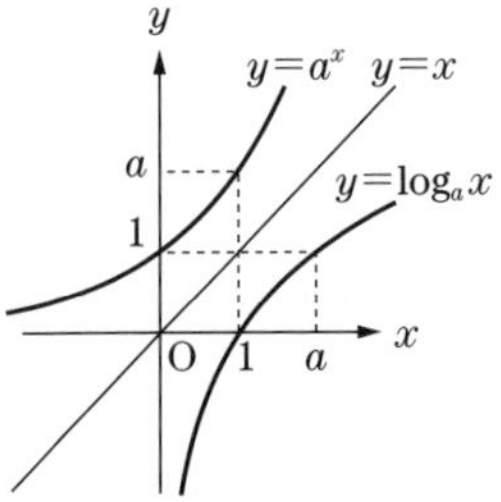

$0<a<1$ のとき

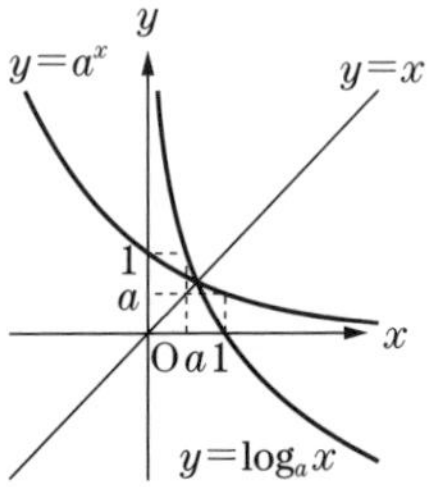

$y=a^x$ と $y=\log_a x$ とは互いに逆関数（直線 $y=x$ に関して対称）

▶**常用対数と桁数**

1 以上の数 A の整数部分が n 桁なら

$$10^{n-1} \leqq A < 10^n \iff n-1 \leqq \log_{10} A < n$$

1 より小さい正の小数 B が小数点以下 n 桁目に初めて 0 でない数が現れるなら

$$10^{-n} \leqq B < 10^{-(n-1)} \iff -n \leqq \log_{10} B < -(n-1)$$

基本問題

113 次の関数のグラフをかけ．また，$y=2^x$ のグラフとの位置関係をいえ．

(1) $y=2^x+1$　　(2) $y=2^{-x}$

*(3) $y=2^{x+1}$　　*(4) $y=2^{x-1}-1$

114 次の関数のグラフをかけ．また，$y=\log_2 x$ のグラフとの位置関係をいえ．

(1) $y=\log_2 2x$　　*(2) $y=\log_2(-x)$

(3) $y=\log_2(x-2)$　　*(4) $y=\log_{\frac{1}{2}}(x+1)$

115 $\log_{10} 2=0.3010$，$\log_{10} 3=0.4771$ とするとき，次の値を求めよ．

(1) $\log_{10} 0.4$　　*(2) $\log_{10} \sqrt{72}$　　(3) $\log_{10} \sqrt[3]{135}$

標準問題

116 次の関数のグラフをかき，$y=3^x$ のグラフとの位置関係をいえ．

(1) $y=\left(\dfrac{1}{3}\right)^{x-1}$　　(2) $y=\log_{\frac{1}{3}}(x-1)$

117 次の数を大小の順に並べよ．

*(1) 2^{36}，3^{24}，6^{12}　　(2) $\sqrt[4]{3}$，$\sqrt[6]{5}$，$\sqrt[7]{7}$

*(3) $2\log_2 3$，$3\log_4 3$，$5\log_8 3$　　(4) $\log_3 2$，$\log_7 4$，$\dfrac{2}{3}$

118 次の関数の最大値，最小値を求めよ．

(1) $y=\log_3 x\ \left(\dfrac{1}{3}\leqq x\leqq\sqrt{3}\right)$　　(2) $y=\log_{\frac{1}{4}} x\ (1\leqq x\leqq 8)$

***119** 次の関数について，(1)，(2) は最小値，(3)，(4) は最大値を求めよ．

(1) $y=4^x-2^{x+1}+2$　　(2) $y=\dfrac{2}{3}(\log_4 x)^2+\log_4\dfrac{x^2}{2}$

(3) $y=\log_2(x-2)+\log_2(18-x)$　　(4) $y=\left(\log_3\dfrac{9}{x}\right)\left(\log_3 3x\right)$

120 次の問いに答えよ．ただし，$\log_{10}2=0.3010$，$\log_{10}3=0.4771$ とする．

*(1) 3^{12} は何桁の整数か．また，3^{-9} は小数点以下第何位に初めて 0 でない数字が現れるか．

(2) $x=2^{32}$ とするとき，$\sqrt{x}$ は何桁の整数か．また，$\dfrac{1}{x}$ は小数点以下第何位に初めて 0 でない数字が現れるか．

*(3) 18^{35} は何桁の整数か．また，18^{35} の最高位の数字を求めよ．

*(4) $4000<\left(\dfrac{5}{4}\right)^n<5000$ を満たす整数 n を求めよ．

(5) 1.6^n の整数部分が 3 桁となる整数 n をすべて求めよ．

(6) ある細菌は 30 分間に 1 回分裂して，2 倍の個数に増加する．この細菌 100 個が 1 億個以上になるのは何時間後か．

§15 指数・対数の方程式，不等式

基本事項のまとめ

▶$a>0$，$a \neq 1$ のとき

$$a^x = a^y \iff x = y, \quad \log_a x = \log_a y \iff x = y > 0$$

▶$a>1$ のとき

$$a^x > a^y \iff x > y, \quad \log_a x > \log_a y \iff x > y > 0$$

$0<a<1$ のとき

$$a^x > a^y \iff x < y, \quad \log_a x > \log_a y \iff 0 < x < y$$

基本問題

121 次の方程式，不等式を解け．

(1) $16^x = 8$　(2) $3^x = \dfrac{1}{27}$　*(3) $\left(\dfrac{1}{3}\right)^x = \dfrac{1}{81}$

(4) $2^x > 8$　*(5) $2^x \leqq \dfrac{1}{16}$　*(6) $\left(\dfrac{1}{9}\right)^x < 27$

122 次の方程式，不等式を解け．

(1) $9^{2x-1} = 243$　*(2) $3^{2x} = 9^{1-2x}$　(3) $2^{x-1} = 0.5^{x+1}$

*(4) $3^{2x+1} > 27$　(5) $0.2^{x-2} \geqq 1$　*(6) $\left(\dfrac{1}{2}\right)^x < 4^{x+1}$

123 次の方程式，不等式を解け．

*(1) $\log_3 x = 4$　(2) $\log_{\frac{1}{3}} x = 2$　*(3) $\log_2(x-1) = 1$

(4) $\log_2 x > 3$　*(5) $\log_{\frac{1}{2}} x \leqq 4$　(6) $\log_5 x < -1$

(7) $\log_3(x+1) > 2$　*(8) $\log_{\frac{1}{2}}(x-2) \leqq 1$

124 次の方程式，不等式を解け．

(1) $\log_x 64 = 3$　*(2) $\log_{10} x^2 = 4$

*(3) $\log_3(x+1) < \log_3(-x+1)$　(4) $\log_{\frac{1}{2}}(x-1) > \log_{\frac{1}{2}}(3x-2)$

標準問題

125　次の方程式, 不等式を解け.

(1)　$9^x + 3^x = 12$

*(2)　$4^{x+1} - 7 \cdot 2^{x+2} - 32 = 0$

(3)　$2^{2x} + 3 \cdot 2^{x-1} - 1 = 0$

*(4)　$2^{2x} - 3 \cdot 2^x + 2 < 0$

(5)　$3^{2x} - 3^{x+1} - 4 \geqq 0$

*(6)　$\left(\dfrac{1}{4}\right)^x - \left(\dfrac{1}{2}\right)^x - 12 \geqq 0$

126　次の方程式, 不等式を解け.

*(1)　$2(\log_2 x)^2 - 17\log_2 x + 8 = 0$

(2)　$\log_3 x + \log_x 27 = 4$

*(3)　$\log_3(x^2 + 6x + 5) - \log_3(x + 3) = 1$

(4)　$\log_2 x - \log_4(x + 6) = 0$

(5)　$(\log_3 x)^2 - \log_3 x - 6 \geqq 0$

*(6)　$\log_2(x + 2) + \log_2(x - 5) \leqq 3$

*(7)　$2\log_{\frac{1}{2}}(x - 1) \geqq \log_{\frac{1}{2}}(x + 3)$

127　次の連立方程式を解け.

*(1)　$\begin{cases} 8^{x-1} = 4^y \\ 9^x = 3^{y+3} \end{cases}$

(2)　$\begin{cases} 2^x + 5^y = 5 \\ 2^{x+1}5^y = 12 \end{cases}$

(3)　$\begin{cases} \log_2 x + \log_2(y - 1) = 3 \\ 2x - y = 5 \end{cases}$

*(4)　$\begin{cases} \log_2 \sqrt[3]{16x} + \log_4 y = 4 \\ 3\log_8 x - \log_2 \sqrt{y} = 0 \end{cases}$

128　次の不等式を解け.

(1)　$\left(\dfrac{1}{2}\right)^{2x} \leqq \dfrac{2^x}{8} \leqq \left(\dfrac{1}{2}\right)^x$

*(2)　$-1 < \log_2(3x - 2) - \log_2(x + 3) < 1$

(3)　$-1 < \log_2\left(x^2 - \dfrac{1}{2}x - 1\right) < 2$

***129**　方程式 $2(4^x + 4^{-x}) - 9(2^x + 2^{-x}) + 14 = 0$　……①

について, 次の問いに答えよ.

(1)　$t = 2^x + 2^{-x}$ とおくとき, ①を t の方程式に直せ.

(2)　①を満たす x の値を求めよ.

§16 導関数

基本事項のまとめ

▶**平均変化率**（$x=a$ から $x=b$ までの）

$$\frac{f(b)-f(a)}{b-a}$$

微分係数（変化率）

$$f'(a)=\lim_{b\to a}\frac{f(b)-f(a)}{b-a}=\lim_{h\to 0}\frac{f(a+h)-f(a)}{h}$$

▶**導関数**

$$f'(x)=\lim_{h\to 0}\frac{f(x+h)-f(x)}{h}\left(=y'=\frac{dy}{dx}=\frac{d}{dx}f(x)\right)\text{（定義）}$$

$y=c$（定数）のとき $y'=0$，　$y=x^n$ のとき $y'=nx^{n-1}$

$y=(ax+b)^n$ のとき $y'=an(ax+b)^{n-1}$　（n は正の整数）

$\{kf(x)\}'=kf'(x)$，　$\{f(x)\pm g(x)\}'=f'(x)\pm g'(x)$（複号同順）

基本問題

130 次の $f(x)$ において a，b を次のように定めるとき，$x=a$ から $x=b$ までの平均変化率を求めよ．

(1)　$f(x)=x^2-2x$　　　$a=-1$，$b=2$

(2)　$f(x)=-2x^2+3x-1$　　　$a=1$，$b=3$

131 次の関数 $f(x)$ の与えられた値における微分係数を定義に従って求めよ．

*(1)　$f(x)=x^2-x$　$(x=2)$

(2)　$f(x)=-x^2+2x+1$　$(x=-1)$

*(3)　$f(x)=x^3-4x-2$　$(x=1)$

132 導関数の定義に従って，次の関数を微分せよ．

(1)　$y=2x^2$

(2)　$y=(2x-1)^2$

*(3)　$y=x^3+3x$

133 次の関数を微分せよ.

(1) $y=2x+1$
*(2) $y=-3x+2$
(3) $y=x^2-6x+1$
*(4) $y=-2x^2+x-3$
*(5) $y=x^3-5x^2+3x-1$
(6) $y=2x^4-3x^3+4$

標準問題

134 次の関数を微分せよ.

(1) $y=(x+1)(2x-1)$
*(2) $y=(3x-2)(x-1)$
(3) $y=(2x-3)^2$
*(4) $y=(3x+2)^2$
(5) $y=(x+1)(x^2-3x+3)$
*(6) $y=(x-1)(x^2+2x-1)$
(7) $y=(-2x+3)(x-1)(x+2)$
*(8) $y=(x-1)(2x-1)(2-3x)$
*(9) $y=(2x+3)^3$
(10) $y=(3-x)^4$

135 次の値を求めよ.

(1) $f(x)=x^3+2x^2+x+1$ において, $f'(x)=0$ となる x
*(2) $f(x)=(1+2x)(1-2x)(1-x)$ において, $f'(x)=3$ となる x

136 関数 $f(x)$ において, 次の条件が成立するとき, 定数 a, b, c の値を求めよ.

*(1) $f(x)=ax^2+bx+c$ において, $f'(0)=-3$, $f'(1)=1$, $f(2)=3$
(2) $f(x)=x^3+ax^2+bx+c$ において, $f'(3)=10$, $f(1)=-3$, $f(3)=1$

137 次の問いに答えよ.

(1) 2次関数 $f(x)$ が $f'(0)=3$, $f'(1)=-1$ を満たすとき, $f'(2)$ を求めよ.
(2) 3次関数 $f(x)$ が $f(1)=1$, $f(2)=1$, $f'(1)=-2$, $f'(2)=3$ を満たすとき, $f'(0)$ を求めよ.
*(3) 3次関数 $f(x)$ が $f'(0)=3$, $f'(1)=-1$, $f'(2)=7$ を満たすとき, $f'(3)$ を求めよ.

138 次の条件を満たす関数 $f(x)$ を求めよ.

(1) $(x+2)f'(x)+f(x)=3x^2$ を満たす2次関数 $f(x)$
*(2) $(x-1)\{f'(x)+x^2\}=4f(x)+x+3$ を満たす3次関数 $f(x)$

§17 接線・法線，関数のグラフ

基本事項のまとめ

▶曲線 $y=f(x)$ 上の点 $(a, f(a))$ における**接線**，**法線の方程式**は

接線　$y-f(a)=f'(a)(x-a)$

法線　$f'(a)\{y-f(a)\}=-(x-a)$

（注）法線とは点 $(a, f(a))$ を通り，その点における接線に垂直な直線のこと．

▶$y=f(x)$ のグラフの増減

$f'(x)>0$ となる区間で単調に増加する

$f'(x)<0$ となる区間で単調に減少する

（$f'(x)=0$ となる区間では $f(x)$ は定数）

▶**極値**

$f'(a)=0$ となる $x=a$ の前後で，$f'(x)$ の符号が正から負に変わるとき $f(a)$ は**極大値**，負から正に変わるとき $f(a)$ は**極小値**

基本問題

139 次の曲線上の点 A における接線の方程式を求めよ．

(1) $y=-x^2+3x-2$　A$(1,0)$　*(2) $y=x^2-x$　A$(2,2)$

*(3) $y=2x^2-3x+1$　A$(2,3)$　(4) $y=-x^2-4x+1$　A$(-1,4)$

140 次の関数の増減を調べよ．

(1) $y=x^2-2x+3$　(2) $y=6x-x^3$　(3) $y=x^3+3x^2-2$

*(4) $y=2-x+3x^2-3x^3$　(5) $y=x^4-2x^2+3$

141 次の関数の極値を求めよ．

(1) $y=-x^2-x+1$　*(2) $y=2x^3-6x+3$

*(3) $y=-x^3+3x^2+9x-10$　(4) $y=\dfrac{3}{4}x^4-x^3-3x^2+2$

142 次の関数の増減を調べて，グラフをかけ．

*(1) $y=4x^3-3x^2-6x+2$　(2) $y=-x^3+6x^2-9x$

(3) $y=x^3-3x^2+3x+4$　(4) $y=x^4-\dfrac{8}{3}x^3-2x^2+8x$

標準問題

143 次の曲線上の点 A における接線，法線の方程式をそれぞれ求めよ．

(1) $y=-2x^3+5x$ A$(1, 3)$ *(2) $y=x^3-3x^2$ A$(1, -2)$

(3) $y=x^3+6x^2+7x+1$ A$(-2, 3)$

144 次の接線の方程式を求めよ．

(1) 曲線 $y=x^3-x^2-2x+3$ において，傾きが 3

*(2) 曲線 $y=-2x^3+5x^2+2x+1$ において，傾きが -2

145 次の接線の方程式を求めよ．

*(1) 曲線 $y=x^3-2x^2-3x+2$ において，直線 $y=-4x+3$ と平行

(2) 曲線 $y=-x^3+4x^2+3x-3$ において，直線 $y=7x+2$ と平行

146 次の方程式を求めよ．

*(1) 曲線 $y=x^3-4x^2+5x$ に点 $(0, 0)$ から引いた接線

(2) 曲線 $y=x(x-2)^2$ に点 $(0, -18)$ から引いた接線

(3) 曲線 $y=x^3-3x+6$ に点 $(0, 8)$ から引いた接線

*(4) 曲線 $y=x^2$ に点 $(3, 0)$ から引いた法線

147 次の関数のグラフをかけ．

(1) $y=3x^4-4x^3-1$ (2) $y=-x^4-4x^3-6x^2-4x+1$

(3) $y=|x^3-3x|$ *(4) $y=|x^3-x^2-x+1|$

148 次の問いに答えよ．

*(1) 関数 $f(x)=x^3+ax^2+ax+a$ が極値をもたないような定数 a の値の範囲を求めよ．

(2) 関数 $f(x)=x^3-3ax^2+3ax$ が極値をもつような定数 a の値の範囲を求めよ．

(3) 関数 $f(x)=2x^3+3x^2-12x+a$ の極小値が 0 となるときの定数 a の値を求めよ．

*(4) 関数 $f(x)=ax^3+bx^2-3x+c$ が $x=-1$ で極大値 3 をとり，$x=1$ で極小値をとるような定数 a，b，c の値を求めよ．

§18　微分法の応用

基本事項のまとめ

▶**最大値・最小値**　極値と区間の両端における関数の値の大小を調べる．

▶方程式 $f(x)=0$ の実数解　曲線 $y=f(x)$ と x 軸の共有点の x 座標

方程式 $f(x)=g(x)$ の実数解　曲線 $y=f(x)$ と $y=g(x)$ の共有点の x 座標

▶**不等式の証明**　不等式 $f(x)>g(x)$ を証明するには，$y=f(x)-g(x)$ とおき，グラフを利用するなどして，$y>0$ を示す．

基本問題

149 次の関数の最大値，最小値，およびそのときの x の値を求めよ．

(1) $y=x^3-3x^2+2$　$(1\leqq x\leqq 3)$

(2) $y=-x^3-3x+1$　$(-2\leqq x\leqq 0)$

*(3) $y=2x^3-9x^2+12x+6$　$(0\leqq x\leqq 3)$

(4) $y=-x^4+4x^3+2x^2-12x$　$(-2\leqq x\leqq 2)$

*(5) $y=\dfrac{1}{2}x^4-\dfrac{10}{3}x^3+8x^2-8x+3$　$(0\leqq x\leqq 3)$

150 曲線 $y=9-x^2$ と x 軸との交点を A，B とし，線分 AB とこの曲線とで囲まれた部分に台形 ABCD を内接させる．

(1) 点 C の x 座標を t $(t>0)$ とするとき，線分 CD の長さを t で表せ．

(2) 台形の面積 S を t で表し，S の最大値を求めよ．

151 次の方程式の異なる実数解の個数を調べよ．

*(1) $x^3-3x-1=0$　*(2) $x^3-4x^2+5x-2=0$

(3) $x^3-4x^2+6x+1=0$　(4) $\dfrac{1}{4}x^4+x^3-x^2-6x-3=0$

(5) $x^4+4x^3-16x+12=0$

152 次の不等式を証明せよ.

(1) $x>2$ のとき $x^3-3x^2+6x-8>0$

*(2) $x>0$ のとき $x^3 \geqq 3x-2$

(3) $\dfrac{1}{4}x^4-2x^3+6x^2-8x+5>0$

標準問題

153 次の問いに答えよ.

*(1) 関数 $f(x)=|x^3-3x^2+1|$ $(0 \leqq x \leqq 3)$ の最大値を求めよ.

(2) 関数 $f(x)=|2x^3-3x^2|$ $(-1 \leqq x \leqq 2)$ の最大値，最小値を求めよ.

***154** 定数 a に対して，関数 $f(x)=-x^3+3ax^2$ の区間 $0 \leqq x \leqq 2$ における最大値，最小値を求めよ.

155 $x^2+2y^2=1$ のとき x^2+2xy^2 の最大値，最小値を求めよ.

156 次の問いに答えよ.

*(1) $x^3+5x^2+3x+a=0$ が異なる 3 つの実数解をもつような定数 a の値の範囲を求めよ.

(2) 方程式 $x^3-6x+a=0$ が 2 つの異なる正の解と 1 つの負の解をもつような定数 a の値の範囲を求めよ.

157 次の問いに答えよ.

(1) 曲線 $y=x^3-2x+1$ と直線 $y=x+k$ が異なる 3 点を共有するような定数 k の値の範囲を求めよ.

*(2) a を定数とする直線 $y=4x+a$ と曲線 $y=x^3-6x^2+13x+2$ の共有点の個数を調べよ.

***158** $x \geqq 0$ のとき $\left(x+\dfrac{1}{2}\right)^3>3x^2$ が成り立つことを証明せよ.

159 $x \geqq 0$ のとき，不等式 $x^3+16 \geqq ax$ がつねに成り立つような定数 a の値の範囲を求めよ.

§19 不定積分，定積分

基本事項のまとめ

▶n が正の整数または 0 のとき

$$\int x^n dx = \frac{1}{n+1}x^{n+1} + C \qquad (C \text{ は積分定数})$$

$$\int (ax+b)^n dx = \frac{1}{a(n+1)}(ax+b)^{n+1} + C \quad (a \neq 0) \qquad (C \text{ は積分定数})$$

▶ $$\int \{kf(x) + lg(x)\}dx = k\int f(x)dx + l\int g(x)dx \qquad (k,\ l \text{ は定数})$$

▶ $$\int_a^b \{kf(x) + lg(x)\}dx = k\int_a^b f(x)dx + l\int_a^b g(x)dx \qquad (k,\ l \text{ は定数})$$

▶ $$\int_a^a f(x)dx = 0, \quad \int_a^b f(x)dx = -\int_b^a f(x)dx$$

$$\int_a^b f(x)dx = \int_a^c f(x)dx + \int_c^b f(x)dx$$

▶**奇関数・偶関数の積分**　m が正の整数または 0 のとき

$$\int_{-a}^a x^{2m+1}dx = 0 \qquad \int_{-a}^a x^{2m}dx = 2\int_0^a x^{2m}dx$$

▶ $$\int_\alpha^\beta (x-\alpha)(x-\beta)dx = -\frac{1}{6}(\beta-\alpha)^3$$

基本問題

160 次の不定積分を求めよ．

*(1) $\int (4x+1)dx$　*(2) $\int (-3x^2+4x)dx$　(3) $\int (x^2+2x-1)dx$

*(4) $\int (2y^3+3y+4)dy$　(5) $3\int (1+2t-t^2)dt + \int (4-t+t^2)dt$

161 次の定積分を求めよ．

*(1) $\int_0^2 (3x^2-2x+1)dx$　(2) $\int_{-2}^2 (3y^3-y^2+2y-1)dy$

標準問題

162　次の不定積分を求めよ．

*(1)　$\int(3-2x)(x-2)dx$　　(2)　$\int(y-3)(y+1)dy$

*(3)　$\int(-2x+3)^2dx$　　(4)　$\int(2t+1)^3dt$

163　次の定積分を求めよ．

(1)　$\int_1^3(2x-1)^2dx$　　(2)　$\int_{-1}^1(x^2-3x)dx$

*(3)　$\int_2^{-2}(-x^2+3x+1)dx$　　*(4)　$\int_1^3(t-1)(t-3)dt$

(5)　$\int_{-1}^2(x^2-x-2)dx$　　(6)　$\int_{-\frac{2}{3}}^{-1}(3x^2+5x+2)dx$

(7)　$\int_{-1}^3(3x^3+8x^2+x-1)dx-\int_{-1}^3(x^3+2x^2-x+3)dx$

(8)　$\int_{-1}^{-2}(x^2+1)(x-1)dx+\int_2^{-1}(x^2+1)(x-1)dx$

164　次の定積分を求めよ．

(1)　$\int_0^3|x-2|dx$　　*(2)　$\int_{-1}^4|x^2-2x|dx$

*(3)　$\int_{-2}^3(x^2-3|x|+2)dx$　　(4)　$\int_{-2}^4|-x^3+5x^2-3x-9|dx$

165　次の条件を満たす関数 $f(x)$ を求めよ．

(1)　$f'(x)=6x^2-2x-3$，$f(1)=2$

(2)　$f'(x)=2(x+1)(x+2)(x-3)$，$f(-2)=-1$

***166**　$f(x)=ax^2+bx+c$ において，$f'(1)=2$，$f(2)=5$，$\int_{-1}^0 f(x)dx=\frac{8}{3}$ であるとき，定数 a，b，c の値を求めよ．

§20　積分法の応用

基本事項のまとめ

▶区間 $[a, b]$ において，曲線 $y=f(x)$ と x 軸とで挟まれる部分の面積 S は

$[a, b]$ で，つねに $f(x) \geqq 0$ ならば

$$S=\int_a^b f(x)dx$$

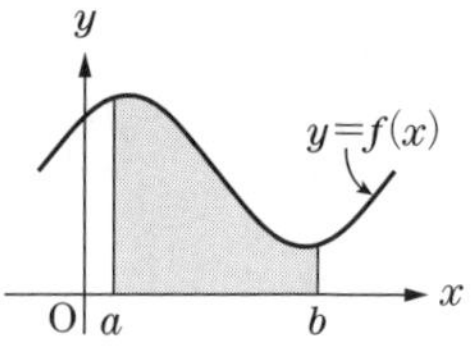

$[a, b]$ で，つねに $f(x) \leqq 0$ ならば

$$S=-\int_a^b f(x)dx$$

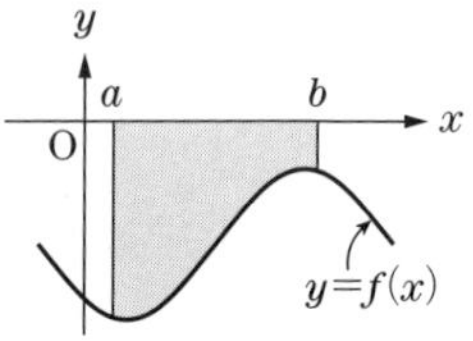

▶区間 $[a, b]$ において，2 曲線 $y=f(x)$，$y=g(x)$ によって挟まれる部分の面積 S は

$[a, b]$ で，つねに $f(x) \geqq g(x)$ ならば

$$S=\int_a^b \{f(x)-g(x)\}dx$$

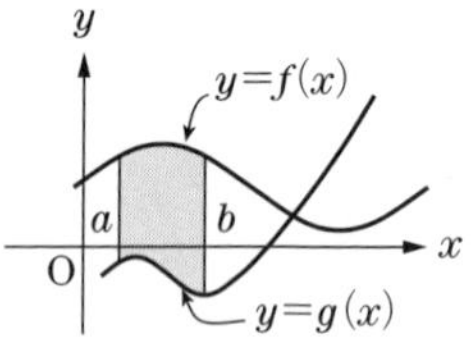

▶$\dfrac{d}{dx}\displaystyle\int_a^x f(t)dt=f(x)$　（定数 a には無関係）

基本問題

167 次の曲線や直線で囲まれた図形の面積 S を求めよ．

*(1)　$y=x^2+2x$，$x=1$，$x=2$，$y=0$

(2)　$y=(x-1)^2$，$x=3$，$y=0$

*(3)　$y=x^2-4x+3$，$y=0$

(4)　$y=-x^2+3x-2$，$y=0$

*(5)　$y=x^3+x^2-9x-9$，$x=1$，$x=2$，$y=0$

(6)　$y=x^3-5x^2+6x$，$y=0$

168 次の関数を x で微分せよ．

(1)　$\displaystyle\int_0^x (3t^2+4)dt$　　　*(2)　$\displaystyle\int_1^x (2t^3-3t+1)dt$

169 次の等式を満たす関数 $f(x)$ を求めよ．

(1) $f(x)=x+2\int_0^1 f(t)dt$　　*(2) $f(x)=x^2-2x+\int_{-1}^1 f(t)dt$

標準問題

170 次の曲線や直線で囲まれた図形の面積 S を求めよ．

*(1) $y=x^2+2x-5$, $y=-x-1$

*(2) $y=x^2-4x+1$, $y=-x^2-2x+5$

(3) $y=x^2+2x-3$, $y=-x^2+2x+3$

(4) $y=x^3-3x^2+2x+5$, $y=2x+1$

171 次の曲線や直線で囲まれた図形の面積の和を求めよ．

(1) $y=-(x-1)(x-4)$　$(0\leqq x\leqq 3)$, x 軸，y 軸，$x=3$

*(2) $y=2x^2+x-1$　$(-2\leqq x\leqq 1)$, x 軸，$x=-2$, $x=1$

(3) $y=x^3+x+2$　$(-2\leqq x\leqq 2)$, x 軸，$x=-2$, $x=2$

*(4) $y=-x^3+4x^2-9$, $y=x^2-4x+3$

172 次の等式を満たす関数 $f(x)$ を求めよ．

(1) $f(x)=3x+\int_0^2 tf(t)dt$　　(2) $f(x)=x^2+\int_{-1}^1 \{3t^2-f(t)\}dt$

*(3) $f(x)=x^3+\int_0^2 xf(t)dt+3\int_0^1 f(t)dt$

173 次の等式を満たす関数 $f(x)$ と定数 a の値を求めよ．

*(1) $\int_a^x f(t)dt=x^2+x-2$　　(2) $\int_1^x f(t)dt=-x^3+2x^2-3ax+4a$

174 次の関数 $f(x)$ の極値を求めよ．

*(1) $f(x)=\int_{-1}^x (3t^2-t-2)dt$　　(2) $f(x)=\int_1^x (t^2-6t+8)dt$

***175** $-2\leqq x\leqq 1$ のとき，x の関数 $f(x)=2+\int_1^x (3t^2+2xt-x^2)dt$ の最大値と最小値を求めよ．

§21 等差数列，等比数列

基本事項のまとめ

▶等差数列

初項 a，公差 d のとき，一般項 a_n，初項から第 n 項までの和 S_n は

$$a_n = a + (n-1)d$$

$$S_n = \frac{n(a+a_n)}{2} = \frac{n}{2}\{2a+(n-1)d\}$$

▶等比数列

初項 a，公比 r のとき，一般項 a_n，初項から第 n 項までの和 S_n は

$$a_n = ar^{n-1}$$

$$S_n = \begin{cases} na & (r=1) \\ \dfrac{a(1-r^n)}{1-r} = \dfrac{a(r^n-1)}{r-1} & (r \neq 1) \end{cases}$$

▶等差中項・等比中項

a，b，c がこの順で等差数列をなすとき　$2b = a+c$

a，b，c がこの順で等比数列をなすとき　$b^2 = ac$

基本問題

176 一般項が次の式で与えられる数列の初項から第 5 項までを求めよ．

*(1)　$a_n = 2n+1$　　*(2)　$a_n = 3\cdot 2^{n-1}$　　(3)　$a_n = 2n^2-1$

177 次の数列はある規則で作られている．その規則に従って，一般項を求めよ．

(1)　1，9，25，49，……　　*(2)　-2，4，-8，16，……

(3)　1，$-\frac{1}{2}$，$\frac{1}{3}$，$-\frac{1}{4}$，$\frac{1}{5}$，……　*(4)　$\frac{3}{4}$，$\frac{7}{7}$，$\frac{11}{10}$，$\frac{15}{13}$，……

178 等差数列 $\{a_n\}$ の公差を d，初項から第 n 項までの和を S_n とする．次のものを求めよ．

(1)　$a_1 = 1$，$a_{15} = 50$ のとき d　　*(2)　$a_3 = 8$，$a_{20} = 110$ のとき a_n

*(3)　$a_1 = 10$，$a_{13} = -20$ のとき S_{13}　*(4)　$a_5 = -40$，$a_{10} = -70$ のとき S_n

(5)　$a_3 = 10$，$a_8 = -6$ のとき，第 3 項から第 8 項までの和

179 等比数列 $\{a_n\}$ の公比を r，初項から第 n 項までの和を S_n とする．次のものを求めよ．ただし，r は実数とする．

*(1) $a_1=1$，$a_7=64$ のとき r

(2) $a_3=12$，$a_5=72$ のとき a_n

*(3) $a_1=100$，$a_5=\dfrac{4}{25}$ のとき S_5

(4) $a_2=1$，$a_4=9$ のとき S_n

(5) $a_1=2$，$a_4=16$ のとき，第 5 項から第 10 項までの和

***180** 4 つの数 2，a，6，b が次の条件を満たすとき，a，b の値を求めよ．

(1) この順に等差数列をなす　(2) この順に等比数列をなす

標準問題

181 次の問いに答えよ．

(1) 初項から第 5 項までの和が 125，初項から第 10 項までの和が 500 である等差数列の初項と公差を求めよ．

*(2) 第 53 項が -47，第 77 項が -95 である等差数列がある．この数列において，第何項が初めて負の数となるか．

***182** 第 3 項が 70，第 8 項が 55 である等差数列がある．

(1) 初項と公差を求めよ．

(2) 第 n 項までの和を S_n とするとき，S_n が最大になるときの n の値とそのときの S_n を求めよ．

183 次の問いに答えよ．

(1) 初項が 7，第 n 項が 896，初項から第 n 項までの和が 1785 である等比数列の公比を求めよ．

*(2) 初項から第 10 項までの和が 2，初項から第 20 項までの和が 6 である各項が実数の等比数列の初項から第 30 項までの和を求めよ．

184 3 つの異なる実数 a，b，c があり，この 3 数は a，b，c の順で等差数列をなし，b，c，a の順で等比数列をなすという．

(1) $a+b+c=18$ のとき a，b，c を求めよ．

(2) $abc=125$ のとき a，b，c を求めよ．

§22 いろいろな数列

基本事項のまとめ

▶和の公式

$$\sum_{k=1}^{n} c = nc,\quad \sum_{k=1}^{n} k = \frac{1}{2}n(n+1),\quad \sum_{k=1}^{n} k^2 = \frac{1}{6}n(n+1)(2n+1)$$

$$\sum_{k=1}^{n} k^3 = \frac{1}{4}n^2(n+1)^2,\quad \sum_{k=1}^{n} r^k = \frac{r(r^n-1)}{r-1}\quad (r \fallingdotseq 1)$$

$$\sum_{k=1}^{n}(\alpha a_k + \beta b_k) = \alpha\sum_{k=1}^{n} a_k + \beta\sum_{k=1}^{n} b_k$$

▶階差数列　$b_n = a_{n+1} - a_n$ のとき $a_n = a_1 + \sum_{k=1}^{n-1} b_k \quad (n \geqq 2)$

▶和と一般項　$a_1 = S_1,\quad a_n = S_n - S_{n-1}\quad (n \geqq 2)$

▶(等差 × 等比) 型の数列の和

$S_n = \sum_{k=1}^{n}(pk+q)r^{k-1}$ は $S_n - rS_n$ を計算する.

▶階差型の和　$\sum_{k=1}^{n}\{f(k+1) - f(k)\} = f(n+1) - f(1)$

基本問題

185 次の和を求めよ.

(1) $\sum_{k=1}^{n}(3k^2 - 2k)$　　*(2) $\sum_{k=1}^{n}(k-1)(k+1)$　　(3) $\sum_{k=1}^{n}\frac{3}{2^k}$

186 次の数列の一般項と, 初項から第 n 項までの和を求めよ.

(1) $2^2,\ 4^2,\ 6^2,\ 8^2,\ \cdots\cdots$　　*(2) $1\cdot 3,\ 2\cdot 5,\ 3\cdot 7,\ 4\cdot 9,\ \cdots\cdots$

187 次の数列の階差数列を調べ, もとの数列の一般項を求めよ.

*(1) 1, 2, 4, 7, 11, ……　　(2) 2, 3, 5, 9, 17, ……

188 初項から第 n 項までの和 S_n が次の式で与えられるとき一般項 a_n を求めよ.

*(1)　$S_n = n^2 + 4n$　　(2)　$S_n = n^3 + 1$　　*(3)　$S_n = 3^{n+1} - 2$

***189** 和 $1 \cdot 1 + 2 \cdot 2 + 3 \cdot 2^2 + \cdots\cdots + n \cdot 2^{n-1}$ を求めよ.

標準問題

190 次の和を求めよ.

(1)　$\displaystyle\sum_{k=1}^{n} \frac{1}{k(k+2)}$　　*(2)　$\displaystyle\sum_{k=1}^{n} \frac{1}{k(k+1)(k+2)}$

(3)　$\displaystyle\sum_{k=1}^{n} \frac{1}{\sqrt{k+1}+\sqrt{k}}$　　*(4)　$\displaystyle\sum_{k=1}^{n} \frac{1}{\sqrt{2k+1}+\sqrt{2k-1}}$

191 次の和を求めよ.

*(1)　$1 \cdot (n-1) + 2 \cdot (n-2) + \cdots\cdots + (n-2) \cdot 2 + (n-1) \cdot 1 \quad (n \geqq 2)$

(2)　$1 \cdot n^2 + 2 \cdot (n-1)^2 + 3 \cdot (n-2)^2 + \cdots\cdots + (n-1) \cdot 2^2 + n \cdot 1^2$

192 次の数列の一般項と初項から第 n 項までの和を求めよ.

*(1)　1^2, 4^2, 7^2, 10^2, ……　　*(2)　3, 33, 333, 3333, ……

(3)　$1 \cdot 1 \cdot 3$, $2 \cdot 3 \cdot 5$, $3 \cdot 5 \cdot 7$, $4 \cdot 7 \cdot 9$, ……

193 次の数列の一般項を求めよ.

(1)　5, 11, 21, 35, 53, ……　　*(2)　2, 3, 9, 18, 28, 37, 43, 44, ……

194 次の和を求めよ.

(1)　$2 \cdot 1 + 4 \cdot 3 + 6 \cdot 3^2 + 8 \cdot 3^3 + \cdots\cdots + 2n \cdot 3^{n-1}$

*(2)　$1 \cdot \dfrac{1}{2} + 3 \cdot \left(\dfrac{1}{2}\right)^2 + 5 \cdot \left(\dfrac{1}{2}\right)^3 + \cdots\cdots + (2n-1) \cdot \left(\dfrac{1}{2}\right)^n$

195 1 を 1 個, 2 を 2 個, 3 を 3 個というように自然数 n を n 個順に並べた数列

1, 2, 2, 3, 3, 3, 4, 4, 4, 4, 5, ……　について, 次の問いに答えよ.

(1)　最後の 20 が現れるのは第何項か.

(2)　初項から最後の 20 までのすべての項の和を求めよ.

(3)　第 50 項はどのような数か.

§23　漸化式，数学的帰納法

基本事項のまとめ

▶二項間漸化式

(i)　$a_{n+1}=pa_n+q$　$(p \fallingdotseq 0,\ 1)$ の形のとき

$a_{n+1}-\alpha=p(a_n-\alpha)$　$(\alpha=p\alpha+q)$　と変形する．

(ii)　$a_{n+1}=pa_n+q\cdot r^n$　$(r \fallingdotseq 0,\ 1)$ の形のとき

$\dfrac{a_{n+1}}{r^{n+1}}=\dfrac{p}{r}\cdot\dfrac{a_n}{r^n}+\dfrac{q}{r}$　と変形し $b_n=\dfrac{a_n}{r^n}$　とおくと (i) の形になる．

(iii)　$a_{n+1}=pa_n+qn+r$ の形のとき

$a_{n+1}-f(n+1)=p\{a_n-f(n)\}$　$(f(n)=an+b)$ と変形する．

▶数学的帰納法

自然数 n についての命題 $P(n)$ が成り立つことを示すには，次の〔1〕,〔2〕を示せばよい．

〔1〕 $P(1)$ が成り立つ．

〔2〕 $P(k)$ が成り立つと仮定すれば $P(k+1)$ が成り立つ．

基本問題

196　次の関係式で定められる数列 $\{a_n\}$ の第 5 項を求めよ．

*(1)　$a_1=0,\ a_{n+1}=a_n+3$

(2)　$a_1=2,\ a_{n+1}=-2a_n$

*(3)　$a_1=1,\ a_{n+1}=2a_n+3$

(4)　$a_1=2,\ a_{n+1}=\dfrac{a_n}{a_n+1}$

197　次の漸化式で与えられる数列の一般項を求めよ．

*(1)　$a_1=0,\ a_{n+1}=a_n+2$　$(n=1,\ 2,\ 3,\ \cdots\cdots)$

*(2)　$a_1=2,\ a_{n+1}=3a_n$　$(n=1,\ 2,\ 3,\ \cdots\cdots)$

(3)　$a_1=1,\ a_{n+1}=a_n+3n$　$(n=1,\ 2,\ 3,\ \cdots\cdots)$

(4)　$a_1=1,\ a_{n+1}=2a_n+1$　$(n=1,\ 2,\ 3,\ \cdots\cdots)$

*(5)　$a_1=2,\ a_{n+1}-3a_n+2=0$　$(n=1,\ 2,\ 3,\ \cdots\cdots)$

198 次の自然数 n についての命題を数学的帰納法を用いて証明せよ．

(1) $1\cdot 2+2\cdot 3+3\cdot 4+\cdots\cdots+n(n+1)=\dfrac{1}{3}n(n+1)(n+2)$

*(2) $2^n>n$

標準問題

199 次の漸化式で与えられる数列の一般項 a_n を求めよ．

(1) $a_1=6$，$a_{n+1}=2a_n+2^{n+2}$ $(n=1,\ 2,\ 3,\ \cdots\cdots)$

*(2) $a_1=1$，$a_{n+1}=3a_n+2^n$ $(n=1,\ 2,\ 3,\ \cdots\cdots)$

*(3) $a_1=0$，$a_{n+1}=2a_n+(-1)^{n+1}$ $(n=1,\ 2,\ 3,\ \cdots\cdots)$

***200** $a_1=2$，$a_{n+1}=3a_n-2n+1$ $(n=1,\ 2,\ 3,\ \cdots\cdots)$ によって定義される数列 $\{a_n\}$ がある．次の問いに答えよ．

(1) $b_n=a_n-n$ とおき，数列 $\{b_n\}$ の満たす漸化式を作れ．

(2) 一般項 a_n を求めよ．

(3) $\displaystyle\sum_{k=1}^{n}a_k$ を求めよ．

***201** $a_1=1$，$a_2=3$，$a_{n+2}-3a_{n+1}+2a_n=0$ $(n=1,\ 2,\ 3,\ \cdots\cdots)$ によって定義される数列 $\{a_n\}$ がある．次の問いに答えよ．

(1) $b_n=a_{n+1}-a_n$ とおくとき，数列 $\{b_n\}$ の一般項を求めよ．

(2) 数列 $\{a_n\}$ の一般項 a_n と和 $\displaystyle\sum_{k=1}^{n}a_k$ を求めよ．

202 次の自然数 n についての命題を数学的帰納法を用いて証明せよ．

*(1) $1^3+2^3+3^3+\cdots\cdots+n^3=\dfrac{1}{4}n^2(n+1)^2$

(2) $1+\dfrac{1}{2}+\dfrac{1}{3}+\cdots\cdots+\dfrac{1}{n}\geqq\dfrac{2n}{n+1}$

203 次の数列の一般項を推定し，その正しいことを数学的帰納法を用いて証明せよ．

(1) $a_1=2$，$a_{n+1}=2-\dfrac{1}{a_n}$ $(n=1,\ 2,\ 3,\ \cdots\cdots)$

*(2) $a_1=\dfrac{1}{2}$，$a_{n+1}=\dfrac{1}{2-a_n}$ $(n=1,\ 2,\ 3,\ \cdots\cdots)$

§24　ベクトルの演算

基本事項のまとめ

▶$\overrightarrow{\mathrm{BA}} = -\overrightarrow{\mathrm{AB}}$（逆ベクトル），　$\overrightarrow{\mathrm{AA}} = \overrightarrow{0}$（零ベクトル）

$\overrightarrow{\mathrm{AB}} = \overrightarrow{\mathrm{OB}} - \overrightarrow{\mathrm{OA}}$

▶$\overrightarrow{a} + \overrightarrow{b} = \overrightarrow{b} + \overrightarrow{a}$

$(\overrightarrow{a} + \overrightarrow{b}) + \overrightarrow{c} = \overrightarrow{a} + (\overrightarrow{b} + \overrightarrow{c})$

$(hk)\overrightarrow{a} = h(k\overrightarrow{a})$，　$(h+k)\overrightarrow{a} = h\overrightarrow{a} + k\overrightarrow{a}$

$k(\overrightarrow{a} + \overrightarrow{b}) = k\overrightarrow{a} + k\overrightarrow{b}$　（h，k は実数）

▶平行　$\overrightarrow{a} \fallingdotseq \overrightarrow{0}$，$\overrightarrow{b} \neq \overrightarrow{0}$ のとき

$\overrightarrow{a} /\!/ \overrightarrow{b} \iff \overrightarrow{b} = k\overrightarrow{a}$　$(k \neq 0)$

▶$\overrightarrow{a} \neq \overrightarrow{0}$，$\overrightarrow{b} \neq \overrightarrow{0}$，$\overrightarrow{a} \not\parallel \overrightarrow{b}$ のとき，平面上の任意の $\overrightarrow{p}$ は

$\overrightarrow{p} = l\overrightarrow{a} + m\overrightarrow{b}$　（l，m は実数）とただ1通りに表される．

$l\overrightarrow{a} + m\overrightarrow{b} = \overrightarrow{0} \iff l = m = 0$　（$\overrightarrow{a}$，$\overrightarrow{b}$ は1次独立であるという）

$\overrightarrow{a} \neq \overrightarrow{0}$，$\overrightarrow{b} \neq \overrightarrow{0}$，$\overrightarrow{c} \neq \overrightarrow{0}$ であり，$\overrightarrow{a}$，$\overrightarrow{b}$，$\overrightarrow{c}$ が同一平面上にないとき

空間の任意の $\overrightarrow{p}$ は

$\overrightarrow{p} = l\overrightarrow{a} + m\overrightarrow{b} + n\overrightarrow{c}$　（l，m，n は実数）とただ1通りに表される．

$l\overrightarrow{a} + m\overrightarrow{b} + n\overrightarrow{c} = \overrightarrow{0} \iff l = m = n = 0$

（$\overrightarrow{a}$，$\overrightarrow{b}$，$\overrightarrow{c}$ は1次独立であるという）

▶ベクトルの相等

$(a_1, a_2) = (b_1, b_2) \iff a_1 = b_1,\ a_2 = b_2$

$(a_1, a_2, a_3) = (b_1, b_2, b_3) \iff a_1 = b_1,\ a_2 = b_2,\ a_3 = b_3$

▶ベクトルの加法・減法・実数倍

$h(a_1, a_2) + k(b_1, b_2) = (ha_1 + kb_1, ha_2 + kb_2)$（$h$，$k$ は実数）

$h(a_1, a_2, a_3) + k(b_1, b_2, b_3) = (ha_1 + kb_1, ha_2 + kb_2, ha_3 + kb_3)$

▶ベクトルの大きさ

$\overrightarrow{a} = (a_1, a_2)$ とすると $|\overrightarrow{a}| = \sqrt{{a_1}^2 + {a_2}^2}$

$\overrightarrow{a} = (a_1, a_2, a_3)$ とすると $|\overrightarrow{a}| = \sqrt{{a_1}^2 + {a_2}^2 + {a_3}^2}$

基本問題

204　正六角形 ABCDEF の対角線の交点を O とする．$\overrightarrow{AB}=\vec{a}$，$\overrightarrow{AF}=\vec{b}$ とするとき，次のベクトルを $\vec{a}$，$\vec{b}$ で表せ．

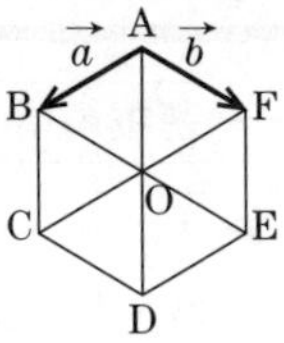

(1)　$\overrightarrow{ED}$　　(2)　$\overrightarrow{AO}$　　(3)　$\overrightarrow{BF}$

(4)　$\overrightarrow{FC}$　　(5)　$\overrightarrow{BD}$

***205**　次の等式を満たす $\vec{x}$ を $\vec{a}$，$\vec{b}$ を用いて表せ．

(1)　$3\vec{x}-2\vec{a}=5\vec{b}+\vec{x}$

(2)　$3(\vec{a}-\vec{b}+2\vec{x})-(2\vec{a}-\vec{b})=3\vec{a}-5\vec{b}$

206　次のベクトルの成分と大きさを求めよ．

*(1)　$\vec{a}=(3,4)$，$\vec{b}=(-3,2)$ のとき $-6\vec{a}+\vec{b}$

(2)　$\vec{a}=(-1,2,-3)$，$\vec{b}=(2,-1,1)$，$\vec{c}=(-3,1,1)$ のとき $2\vec{a}+3\vec{b}+\vec{c}$

***207**　O(0,0,0)，A(1,0,−2)，B(3,2,1)，C(2,1,3) であるとき，次のベクトルの成分と大きさを求めよ．

(1)　$\overrightarrow{BO}$　　(2)　$\overrightarrow{AB}$　　(3)　$\overrightarrow{BC}$

標準問題

***208**　$\vec{a}\neq\vec{0}$，$\vec{b}\neq\vec{0}$，$\vec{a}\not\parallel\vec{b}$ とするとき，$6(1-p)\vec{a}+3p\vec{b}=2q(2\vec{a}+\vec{b})$ を満たす実数 p，q の値を求めよ．

***209**　平面上に異なる 4 点 A，B，C，D があり，$\overrightarrow{AB}=(a,2)$，$\overrightarrow{BC}=(1,-2a)$，$\overrightarrow{AD}=(4,1)$ とする．$\overrightarrow{AB}$ と $\overrightarrow{CD}$ が平行であるとき，a の値を求めよ．

210　向かいあう三組の面がすべて平行な六面体（平行六面体）ABCD-EFGH がある．4 頂点の座標が A(1,−1,−1)，B(2,2,3)，D(3,−3,1)，E(−1,−2,4) であるとき，他の頂点の座標を求めよ．

***211**　$2\vec{a}-\vec{b}=(3,-1)$，$\vec{a}+3\vec{b}=(5,10)$ を満たすベクトル $\vec{a}$，$\vec{b}$ がある．

(1)　$\vec{a}$，$\vec{b}$ を求めよ．

(2)　$\vec{a}+\vec{b}$ と平行な単位ベクトル（大きさが 1 のベクトル）を求めよ．

(3)　$\vec{x}-\vec{b}$ が $\vec{a}$ と平行で $|\vec{x}|=5$ となるベクトル $\vec{x}$ を求めよ．

§25　ベクトルの内積

基本事項のまとめ

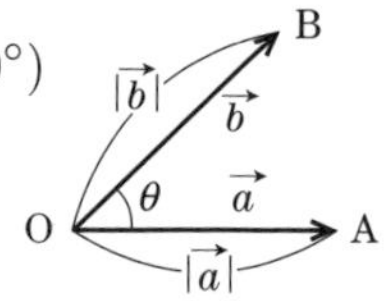

▶ $\vec{a}$，$\vec{b}$ $(\vec{a} \neq \vec{0},\ \vec{b} \neq \vec{0})$ のなす角が θ $(0^\circ \leqq \theta \leqq 180^\circ)$ のとき，$\vec{a}\cdot\vec{b} = |\vec{a}||\vec{b}|\cos\theta$

（$\vec{a}=\vec{0}$ または $\vec{b}=\vec{0}$ のときは $\vec{a}\cdot\vec{b}=0$）

▶ $\vec{a} \neq \vec{0}$，$\vec{b} \neq \vec{0}$ のとき，　$\vec{a} \perp \vec{b} \iff \vec{a}\cdot\vec{b}=0$

$\vec{a} \parallel \vec{b} \iff \vec{a}\cdot\vec{b} = \pm|\vec{a}||\vec{b}|$

▶ $\vec{a}\cdot\vec{a} = |\vec{a}|^2$，　$\vec{a}\cdot\vec{b} = \vec{b}\cdot\vec{a}$，　$|\vec{a}\cdot\vec{b}| \leqq |\vec{a}||\vec{b}|$

▶ $\vec{a}\cdot(\vec{b}+\vec{c}) = \vec{a}\cdot\vec{b}+\vec{a}\cdot\vec{c}$，　$(\vec{a}+\vec{b})\cdot\vec{c} = \vec{a}\cdot\vec{c}+\vec{b}\cdot\vec{c}$

▶ $(k\vec{a})\cdot\vec{b} = \vec{a}\cdot(k\vec{b}) = k(\vec{a}\cdot\vec{b})$　（k は実数）

▶ $\vec{a}=(a_1,a_2)$，$\vec{b}=(b_1,b_2)$ のとき，$\vec{a}\cdot\vec{b} = a_1b_1+a_2b_2$

$\vec{a}=(a_1,a_2,a_3)$，$\vec{b}=(b_1,b_2,b_3)$ のとき，$\vec{a}\cdot\vec{b} = a_1b_1+a_2b_2+a_3b_3$

基本問題

212　2つのベクトル $\vec{a}$，$\vec{b}$ について，$|\vec{a}|=3$，$|\vec{b}|=2$ とする．$\vec{a}$，$\vec{b}$ のなす角が，次の値をとるとき，内積 $\vec{a}\cdot\vec{b}$ を求めよ．

(1)　45°　　(2)　120°　　(3)　90°　　(4)　180°

**213*　1辺の長さが a の正六角形 ABCDEF について，次の内積を求めよ．

(1)　$\overrightarrow{AD}\cdot\overrightarrow{BF}$　　(2)　$\overrightarrow{AD}\cdot\overrightarrow{BD}$

(3)　$\overrightarrow{AD}\cdot\overrightarrow{CF}$　　(4)　$\overrightarrow{AC}\cdot\overrightarrow{BD}$

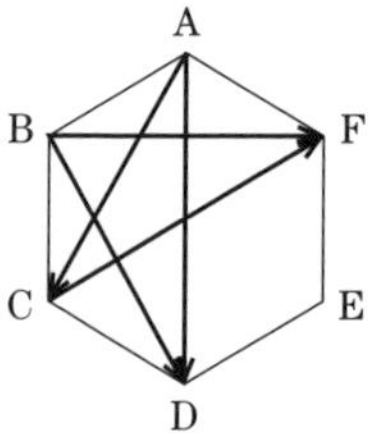

214　ベクトル $\vec{a}$，$\vec{b}$ が $|\vec{a}|=2$，$|\vec{b}|=3$，$|\vec{a}+\vec{b}|=\sqrt{5}$ を満たすとき，次の値を求めよ．

(1)　$\vec{a}\cdot\vec{b}$　　(2)　$|2\vec{a}-\vec{b}|^2$

(3)　$(3\vec{a}+2\vec{b})\cdot(\vec{a}+\vec{b})$　　(4)　$|3\vec{a}+2\vec{b}|$

標準問題

215 次のベクトル $\vec{a}$, $\vec{b}$ の内積，および，そのなす角 θ を求めよ．

*(1) $\vec{a}=(1,3)$, $\vec{b}=(6,-2)$　*(2) $\vec{a}=(1,2)$, $\vec{b}=(-3,-1)$

(3) $\vec{a}=(2,2)$, $\vec{b}=(1+\sqrt{3},-1+\sqrt{3})$

*(4) $\vec{a}=(1,1,2)$, $\vec{b}=(1,-1,\sqrt{6})$　(5) $\vec{a}=(1,-1,-2)$, $\vec{b}=(-4,4,8)$

216 次のベクトル $\vec{a}$, $\vec{b}$ が平行になるように k の値を定めよ．また，垂直になるように k の値を定めよ．

*(1) $\vec{a}=(2,k)$, $\vec{b}=(k,1)$　(2) $\vec{a}=(k,k-1)$, $\vec{b}=(2k+1,2)$

217 次のベクトル $\vec{a}$, $\vec{b}$ について，$\vec{p}=\vec{a}+t\vec{b}$ とする．t が実数値をとって変化するとき，$|\vec{p}|$ が最小となるときの t の値と最小値を求めよ．

*(1) $\vec{a}=(2,-1,3)$, $\vec{b}=(1,3,-4)$　(2) $\vec{a}=(2,1,1)$, $\vec{b}=(1,2,-1)$

***218** 2つのベクトル $\vec{a}=(1,0,2)$, $\vec{b}=(-1,1,1)$ のいずれにも垂直で，大きさが $\sqrt{14}$ であるベクトルを求めよ．

219 次の条件を満たす2つのベクトル $\vec{a}$, $\vec{b}$ のなす角を求めよ．

*(1) $|\vec{a}|=|\vec{b}|=1$, $|\vec{a}-\vec{b}|=\sqrt{3}$

*(2) $|\vec{a}|=1$, $|\vec{b}|=3$, $|2\vec{a}-\vec{b}|=\sqrt{13}$

(3) $3|\vec{a}|=|\vec{b}|\fallingdotseq 0$, $(3\vec{a}-2\vec{b})\cdot(15\vec{a}+4\vec{b})=0$

220 2つのベクトル $\vec{a}$, $\vec{b}$ が次の条件を満たすとき，定数 a の値を求めよ．

*(1) $\vec{a}=(1,2,-1)$, $\vec{b}=(2,1,a)$ のなす角が 60°

(2) $\vec{a}=(1,3,-2)$, $\vec{b}=(2,a,3)$ のなす角が 120°

221 次の値を求めよ．

(1) $|\vec{a}|^2+|\vec{b}|^2=5$, $\vec{a}\cdot\vec{b}=2$ のとき，$|\vec{a}+\vec{b}|$ と $|\vec{a}-\vec{b}|$

*(2) $\vec{a}$ と $\vec{b}$ のなす角が 60° で，$2|\vec{a}|=|\vec{b}|$, $|\vec{a}-\vec{b}|=\sqrt{3}$ のとき，$|\vec{a}+\vec{b}|$

(3) $|2\vec{a}+\vec{b}|=3\sqrt{2}$, $|\vec{a}-2\vec{b}|=2\sqrt{3}$, $(2\vec{a}+\vec{b})\cdot(\vec{a}-2\vec{b})=4$ のとき，$|\vec{a}|$ と $|\vec{b}|$

§26 平面ベクトルと図形

基本事項のまとめ

A, B, C は同一直線上にない 3 点とし，点 A, B, C, P の位置ベクトルをそれぞれ $\vec{a}$, $\vec{b}$, $\vec{c}$, $\vec{p}$ とし，s, t, m, n は実数とする．

▶「点 P が直線 AB 上にある」

$\iff$ $\overrightarrow{\mathrm{AP}} = t\overrightarrow{\mathrm{AB}}$ (t は実数)　$\vec{p} = (1-t)\vec{a} + t\vec{b}$

▶点 P が線分 AB を $m:n$ の比に分けるとき

$$\vec{p} = \frac{n\vec{a} + m\vec{b}}{m+n} \quad \begin{pmatrix} m>0,\ n>0 \text{ のとき内分,} \\ mn<0,\ m+n \fallingdotseq\!\!\!\!/\ 0 \text{ のとき外分} \end{pmatrix}$$

▶線分 AB の中点 $\dfrac{\vec{a}+\vec{b}}{2}$　△ABC の重心 $\dfrac{\vec{a}+\vec{b}+\vec{c}}{3}$

▶ ・**定点 A を通り $\vec{d}$ に平行な直線**　$\vec{p} = \vec{a} + t\vec{d}$

・**直線 AB**　$\vec{p} = (1-t)\vec{a} + t\vec{b}$　$\vec{p} = s\vec{a} + t\vec{b}$, $s+t=1$

・**線分 AB**　$\vec{p} = (1-t)\vec{a} + t\vec{b}$, $0 \leqq t \leqq 1$

$\vec{p} = s\vec{a} + t\vec{b}$, $s+t=1$, $s \geqq 0$, $t \geqq 0$

・**定点 A を通り，$\vec{n}$ に垂直な直線**　$(\vec{p} - \vec{a})\cdot\vec{n} = 0$

・**中心 C，半径 r の円**　$|\vec{p} - \vec{c}| = r \iff (\vec{p} - \vec{c})\cdot(\vec{p} - \vec{c}) = r^2$

基本問題

222 △ABC において，辺 BC を 1 : 2 に内分する点を D，辺 BC を 2 : 3 に外分する点を E，△ABC の重心を G，△ADE の重心を H とする．$\overrightarrow{\mathrm{AB}} = \vec{b}$, $\overrightarrow{\mathrm{AC}} = \vec{c}$ とするとき，次のベクトルを $\vec{b}$, $\vec{c}$ を用いて表せ．

(1) $\overrightarrow{\mathrm{AD}}$　(2) $\overrightarrow{\mathrm{AE}}$　(3) $\overrightarrow{\mathrm{AG}}$　(4) $\overrightarrow{\mathrm{AH}}$　(5) $\overrightarrow{\mathrm{GH}}$

****223*** △OAB において，辺 OA の中点を C，辺 AB を 1 : 3 に内分する点を D，辺 OB を 1 : 3 に内分する点を E，線分 CE を 2 : 3 に内分する点を F とする．

(1) $\overrightarrow{\mathrm{OA}} = \vec{a}$, $\overrightarrow{\mathrm{OB}} = \vec{b}$ とするとき，次のベクトルを $\vec{a}$, $\vec{b}$ を用いて表せ．

(i) $\overrightarrow{\mathrm{OC}}$　(ii) $\overrightarrow{\mathrm{OE}}$　(iii) $\overrightarrow{\mathrm{OD}}$　(iv) $\overrightarrow{\mathrm{OF}}$

(2) 3 点 O, F, D は一直線上にあることを示せ．

224 $\mathrm{OA}=3$，$\mathrm{OB}=2$，$\angle\mathrm{AOB}=60^\circ$ である $\triangle\mathrm{OAB}$ がある．

(1) 内積 $\overrightarrow{\mathrm{OA}}\cdot\overrightarrow{\mathrm{OB}}$ の値を求めよ．

(2) O から辺 AB へ下ろした垂線の足を H とするとき，$\overrightarrow{\mathrm{OH}}$ を $\overrightarrow{\mathrm{OA}}$，$\overrightarrow{\mathrm{OB}}$ で表せ．

225 $\mathrm{A}(1,2)$，$\mathrm{B}(-3,-2)$，$\vec{u}=(-1,3)$ とするとき，次の方程式をベクトルを利用して求めよ．

(1) 点 A を通り，$\vec{u}$ に平行な直線　*(2) 点 B を通り，$\vec{u}$ に垂直な直線

*(3) 2 点 A，B を通る直線　(4) 線分 AB の垂直二等分線

(5) 点 A を中心とし，点 B を通る円　*(6) 2 点 A，B を直径の両端とする円

標準問題

226 $\triangle\mathrm{OAB}$ において，$\overrightarrow{\mathrm{OA}}=\vec{a}$，$\overrightarrow{\mathrm{OB}}=\vec{b}$ とする．OA を $3:2$ に内分する点を C，OB を $5:1$ に内分する点を D，AD と BC の交点を P，OP の延長と AB の交点を Q とするとき，$\overrightarrow{\mathrm{OP}}$，$\overrightarrow{\mathrm{OQ}}$ を $\vec{a}$，$\vec{b}$ を用いて表せ．

227 平面上に $\triangle\mathrm{ABC}$ がある．次の式を満たすような点 P はどのような点か．また，このときの面積比 $\triangle\mathrm{PBC}:\triangle\mathrm{PCA}:\triangle\mathrm{PAB}$ を求めよ．

(1) $\overrightarrow{\mathrm{AP}}=\overrightarrow{\mathrm{PB}}+\overrightarrow{\mathrm{PC}}$

(2) $3\overrightarrow{\mathrm{AP}}+4\overrightarrow{\mathrm{BP}}+5\overrightarrow{\mathrm{CP}}=\vec{0}$

***228** $\triangle\mathrm{OAB}$ に対して $\overrightarrow{\mathrm{OP}}=s\overrightarrow{\mathrm{OA}}+t\overrightarrow{\mathrm{OB}}$（$s$，$t$ は実数）とする．s，t が次の条件を満たしながら変化するとき，点 P の存在する範囲を求め，図示せよ．

(1) $s+2t=1$，$s\geqq 0$

(2) $3s+2t=1$，$s\geqq 0$，$t\geqq 0$

(3) $s+t\leqq 1$，$s\geqq 0$，$t\geqq 0$

***229** 平面上に 2 定点 A，B と点 P がある．点 P が $|2\overrightarrow{\mathrm{AP}}+3\overrightarrow{\mathrm{BP}}|=5$ を満たすとき，点 P はどのような図形上にあるか．

230 平面上に $\triangle\mathrm{ABC}$ と点 P がある．次の条件を満たす点 P の軌跡を求めよ．

(1) $|\overrightarrow{\mathrm{PA}}+\overrightarrow{\mathrm{PB}}+\overrightarrow{\mathrm{PC}}|=3$

(2) $\overrightarrow{\mathrm{AB}}\cdot\overrightarrow{\mathrm{AP}}=\overrightarrow{\mathrm{AC}}\cdot\overrightarrow{\mathrm{AP}}$

§27 空間ベクトルと図形

基本事項のまとめ

同一直線上にない3点をA，B，Cとし，点A，B，C，Pの位置ベクトルをそれぞれ $\vec{a}$，$\vec{b}$，$\vec{c}$，$\vec{p}$ とする．

▶点Pが線分ABを $m:n$ に分けるとき $\vec{p}=\dfrac{n\vec{a}+m\vec{b}}{m+n}$

($m>0$，$n>0$ のとき**内分**，$mn<0$，$m+n\fallingdotseq 0$ のとき**外分**)

線分ABの**中点** $\dfrac{\vec{a}+\vec{b}}{2}$　　△ABCの**重心** $\dfrac{\vec{a}+\vec{b}+\vec{c}}{3}$

▶「点Pが直線AB上にある」 $\Longleftrightarrow$ $\overrightarrow{AP}=k\overrightarrow{AB}$ (k は実数)

▶「4点A，B，C，Pが同一平面上にある」

$\Longleftrightarrow$ $\overrightarrow{CP}=s\overrightarrow{CA}+t\overrightarrow{CB}$ (s，t は実数)

$\Longleftrightarrow$ $\vec{p}=s\vec{a}+t\vec{b}+u\vec{c}$ (s，t，u は実数で $s+t+u=1$)

▶空間のベクトル方程式

・点 $A(x_1,y_1,z_1)$ を通り $\vec{d}=(l,m,n)$ に平行な直線

$$\frac{x-x_1}{l}=\frac{y-y_1}{m}=\frac{z-z_1}{n}\quad (l,\ m,\ n \text{ は実数で } lmn\fallingdotseq 0)$$

・点 $A(x_1,y_1,z_1)$ を通り $\vec{u}=(a,b,c)$ に垂直な平面

$$a(x-x_1)+b(y-y_1)+c(z-z_1)=0$$

▶点と平面の距離

点 (x_1,y_1,z_1) と平面 $ax+by+cz+d=0$ の距離 h は

$$h=\frac{|ax_1+by_1+cz_1+d|}{\sqrt{a^2+b^2+c^2}}$$

基本問題

231 原点Oと $A(3,0,-1)$，$B(2,-2,5)$，$C(1,5,-1)$ があり，△ABCの重心をG，△OABの重心をHとするとき，次の点の座標を求めよ．

(1) 点G　　(2) 点H

(3) 線分OGを $3:1$ に外分する点　　(4) 線分CHを $3:2$ に内分する点

232 次の直線の方程式を求めよ．

(1) 点 $(2,-3,5)$ を通り，$\vec{d}=(4,2,-1)$ に平行な直線

(2) 2 点 $(1,2,3)$，$(-5,7,9)$ を通る直線

233 次の平面の方程式を求めよ．

(1) 点 $(-1,0,3)$ を通り $\vec{u}=(2,-1,1)$ に垂直な平面

(2) 3 点 $(1,1,-1)$，$(-1,3,3)$，$(1,5,0)$ を通る平面

標準問題

234 四面体 ABCD において，線分 BD を 3 : 1 に内分する点を E，線分 CE を 2 : 3 に内分する点を F，線分 AF を 1 : 2 に内分する点を G，直線 DG が 3 点 A，B，C を含む平面と交わる点を H とし，$\overrightarrow{\mathrm{AB}}=\vec{b}$，$\overrightarrow{\mathrm{AC}}=\vec{c}$，$\overrightarrow{\mathrm{AD}}=\vec{d}$ とする．

(1) $\overrightarrow{\mathrm{AF}}$ を $\vec{b}$，$\vec{c}$，$\vec{d}$ を用いて表せ． (2) DG : GH を求めよ．

***235** 四面体 OABC において，OA を 2 : 3 に内分する点を D，OB の中点を E，OC を 3 : 1 に内分する点を F，△ABC の重心を G とし，直線 OG が 3 点 D，E，F を含む平面と交わる点を P とするとき，$\overrightarrow{\mathrm{OP}}$ を $\overrightarrow{\mathrm{OA}}$，$\overrightarrow{\mathrm{OB}}$，$\overrightarrow{\mathrm{OC}}$ を用いて表せ．

***236** 1 辺の長さが 1 の正四面体 OABC を考える．OA，OB の中点をそれぞれ P，Q，OC を 3 : 5 に内分する点を R とし，△PQR の重心を G とする．

(1) $|\overrightarrow{\mathrm{OG}}|$ を求めよ．

(2) $\cos\angle\mathrm{AOG}$ の値を求めよ．

***237** 次の 3 点 A，B，C に対して，$\cos\angle\mathrm{BAC}$ の値と，△ABC の面積を求めよ．

(1) $\mathrm{A}(1,2,2)$，$\mathrm{B}(-1,3,1)$，$\mathrm{C}(0,1,3)$

(2) $\mathrm{A}(3,2,-2)$，$\mathrm{B}(2,3,1)$，$\mathrm{C}(4,1,1)$

238 次の 3 点 A，B，C が直線 l 上にあるとき，s，t の値と l の方程式を求めよ．

(1) $\mathrm{A}(2,-1,1)$，$\mathrm{B}(1,2,3)$，$\mathrm{C}(s,t,-1)$

(2) $\mathrm{A}(1,-1,-4)$，$\mathrm{B}(s,1,-6)$，$\mathrm{C}(3,-2,t)$

239 平面 α 上に 3 点 $\mathrm{A}(1,2,3)$，$\mathrm{B}(-1,3,-4)$，$\mathrm{C}(3,-4,5)$ がある．α の方程式と原点 O から α へ下ろした垂線の長さを求めよ．

答一覧

問題の要求している答をあげ，証明は解き方の方針を示してあります．

1

(1)　$27x^3+54x^2y+36xy^2+8y^3$

(2)　$64a^3-27b^3$

2

(1)　$(x-3)^3$

(2)　$(2a+5b)(4a^2-10ab+25b^2)$

(3)　$(ab-4c)(a^2b^2+4abc+16c^2)$

(4)　$(x+y)(x-y)(x^2+xy+y^2)(x^2-xy+y^2)$

3

(1)　$x^4+8x^3y+24x^2y^2+32xy^3+16y^4$

(2)　$x^5-15x^4y+90x^3y^2-270x^2y^3$
$+405xy^4-243y^5$

(3)　$1-12a+60a^2-160a^3+240a^4$
$-192a^5+64a^6$

4

(1)　1080　　(2)　4860

5

(1)　1024　　(2)　0

6

(1)　$8a^3b^3-12a^2b^2+6ab-1$

(2)　$a^9+3a^6b^3+3a^3b^6+b^9$

7

(1)　$9(x+1)(x^2+5x+13)$

(2)　$(x+4)(x-1)(x^2-4x+16)(x^2+x+1)$

(3)　$(x-1)^3$

(4)　$(a+2b+3)(a^2+4b^2-2ab-3a-6b+9)$

8

(1)　-126　　(2)　6480

9

(1)　$a=49,\ b=15$

(2)　$m=3,\ n=6\,;\ m=6,\ n=3$

10

[二項定理 $(1+x)^n={}_n\mathrm{C}_0+{}_n\mathrm{C}_1x+\cdots\cdots+{}_n\mathrm{C}_rx^r+\cdots\cdots+{}_n\mathrm{C}_nx^n$ で x に数値を代入する.]

11

[左辺を二項定理で展開し，n を含む部分をまとめて考える.]

12

(1)　商 $x-4$，余り 5

(2)　商 $a+2$，余り 9

(3)　商 $x-2$，余り $x+3$

(4)　商 x^2-x+1，余り $-x-1$

13

(1)　x^3+4x^2+5x-5

(2)　$2x^3-5x^2+7x-3$

14

(1)　$\dfrac{1}{2(x-2)}$　(2)　$\dfrac{x-3}{x+2}$

(3)　$\dfrac{3}{a^2-2ab+4b^2}$

15

(1) $\dfrac{x-4}{x(x-2)}$　(2) $\dfrac{1}{(x+2)(x+1)}$

(3) $\dfrac{x-4}{x-2}$　(4) $\dfrac{x-2}{x+1}$

16

(1) $\dfrac{1}{x-2}-\dfrac{1}{x-1}$

(2) $\dfrac{1}{x-1}-\dfrac{1}{x+1}$

17

(1) x^2-3x+6　(2) $2x+4$

18

(1) $\dfrac{3x^2-4x-1}{(x-1)(x-2)(x+1)}$

(2) $\dfrac{2(2x+7)}{(x+2)(x+3)(x+4)(x+5)}$

(3) $-\dfrac{30}{x(x+2)(x+3)(x+5)}$

(4) $\dfrac{1}{x+1}$

19

(1) $\dfrac{x+1}{x+2}$　(2) $\dfrac{x}{x-2}$

20

(1) $\dfrac{3}{x(x+3)}$　(2) $\dfrac{3}{x(x-9)}$

21

(1) $a=1,\ b=3,\ c=2$

(2) $a=-\dfrac{2}{3},\ b=\dfrac{1}{3}$

22

[展開して比較する]

23

[$a+b+c=0$ を利用して展開する]

24

[(1)(2) は平方完成，(3) は 2 乗して差をとる]

等号成立は

(1) $x=\dfrac{1}{3}$　(2) $x=1,\ y=2$

(3) $ab \leqq 0$

25

[相加平均・相乗平均の関係を利用する]

等号成立は

(1) $a+b=1$　(2) $ad=bc$

26

(1) $a=1,\ b=4,\ c=3,\ d=1$

(2) $a=1,\ b=-2,\ c=1$

(3) $a=-\dfrac{2}{7},\ b=\dfrac{3}{7},\ c=\dfrac{2}{7}$

27

$a=-18,\ b=-5$，商　$4x+2$

28

(1) [展開して比較する]

(2) [1 文字（たとえば z）を消去する]

(3) [比の値を k とおく]

29

(1) [差をとる]　(2) [2 乗して差をとる]

30

[相加平均・相乗平均の関係を利用する]

等号成立は

(1) $a=b=c$ (2) $a=b=\frac{1}{\sqrt{2}}$

31

(1) 0 (2) $1+i$ (3) $2+11i$

(4) $8-6i$

32

(1) 12，17 (2) $-\frac{23}{9}$，4

33

(1) 1 (2) -1

34

(1) 6 (2) 12 (3) 24 (4) 0

35

(1) $a=-2$，$b=-4$

(2) $a=\frac{2}{13}$，$b=-\frac{3}{13}$

(3) $a=2$，$b=7$ (4) $a=b=\pm 1$

36

(1) $x=\sqrt{2}$，$\sqrt{3}$ (2) $x=2-\sqrt{3}$

(3) $x=3\pm i$ (4) $x=\frac{3\pm\sqrt{3}i}{6}$

37

(1) $a<1$ のとき，異なる 2 つの実数解

$a=1$ のとき，実数の重解

$a>1$ のとき，共役な 2 つの虚数解

(2) $a<-4$，$a>4$ のとき，

異なる 2 つの実数解

$a=\pm 4$ のとき，実数の重解

$-4<a<4$ のとき，共役な 2 つの虚数解

38

(1) $x^2+x-3=0$

(2) $x^2-19x+9=0$

(3) $x^2-\frac{19}{3}x+1=0$

39

(1) $p>1$ (2) $-\frac{7}{2}<p<-3$

(3) $p<-\frac{7}{2}$

40

(1) 17 (2) 0

41

(1) $(x+1)(x^2+x+1)$

(2) $(x-1)(x-3)(x+2)$

(3) $(x+2)(x+3)(x-5)$

(4) $(x+1)(2x-1)^2$

42

(1) $x=\pm 1$，$\frac{-1\pm\sqrt{3}i}{2}$，$\frac{1\pm\sqrt{3}i}{2}$

(2) $x=\pm 3$，$\pm 2i$

(3) $x=\frac{-1\pm\sqrt{5}}{2}$，$\frac{1\pm\sqrt{5}}{2}$

(4) $x=1$，-2，-4

(5) $x=1$，-2，$\frac{2}{3}$

(6) $x=5$，$-1\pm 2\sqrt{2}i$

43

(1) $a=\frac{1}{4}$ (2) $a=-1$，$b=4$

44

(1) $2x+2$ (2) 3，-2

45

(1) $x = \frac{3}{2},\ -1$

(2) $x = \frac{1}{2},\ -1 \pm \sqrt{2}$

(3) $x = 1,\ 2,\ \frac{1 \pm \sqrt{7}i}{2}$

(4) $x = -2,\ 1,\ \frac{-1 \pm \sqrt{17}}{2}$

(5) $x = -2,\ 6,\ 2 \pm 3\sqrt{2}$

46

(1) 3 (2) 0

47

$a = -1$，$b = 3$，他の解は $1 + \sqrt{2}i$，-1

48

$a < -\frac{3}{2}$，$-\frac{3}{2} < a < -\sqrt{2}$，$\sqrt{2} < a$

49

中点 $\left(1, \frac{15}{2}\right)$

内分点 $\left(-\frac{3}{2}, \frac{27}{4}\right)$，外分点 $\left(-9, \frac{9}{2}\right)$

$\mathrm{AB} = \sqrt{109}$

50

(1) $\frac{x}{3} + \frac{y}{2} = 1$ (2) $y = x - 1$

(3) $x = -3$

51

(1) $\frac{4\sqrt{13}}{13}$ (2) 4

52

(1) $(3, 2)$

(2) $k = 3$，$l : x - 2y + 1 = 0$

53

(1) A を直角の頂点とする直角二等辺三角形

(2) $\mathrm{AB} = \mathrm{BC}$ の二等辺三角形

54

(1) $(3, 7)$ (2) $(3, 2)$

55

(1) $(2, 5)$

(2) $(5, 0)$，$(-3, 2)$，$(1, -2)$，重心 $(1, 0)$

(3) $(\pm\sqrt{3}, 2 \pm 2\sqrt{3})$（複号同順）

56

(1) -2 (2) 2，3

57

順に平行，垂直

(1) $y = 2x - 5$，$y = -\frac{1}{2}x$

(2) $y = -\frac{2}{3}x + 3$，$y = \frac{3}{2}x - \frac{7}{2}$

58

$\frac{13}{2}$

59

(1) $(x-1)^2 + (y-2)^2 = 9$

(2) $(x+3)^2 + (y-1)^2 = 4$

(3) $(x+1)^2 + (y-2)^2 = 17$

(4) $(x-2)^2 + (y+1)^2 = 13$

(5) $x^2 + y^2 - 6x - 8y = 0$

60

(1) 中心 $(0, -1)$，半径 $\sqrt{5}$

(2) 中心 $(3,0)$，半径 3

(3) 中心 $(1,-1)$，半径 2

(4) 中心 $(-2,3)$，半径 $\sqrt{2}$

(5) 中心 $(3,-2)$，半径 $\sqrt{13}$

61

(1) $(x+1)^2+(y-2)^2=20$

(2) $(x-3)^2+(y+4)^2=25$

(3) $(x+2)^2+(y+4)^2=4$

(4) $(x-2)^2+(y-2)^2=4$

(5) $(x+13)^2+(y-13)^2=169$,
$(x+5)^2+(y-5)^2=25$

(6) $(x-2)^2+y^2=13$

(7) $(x+2)^2+(y+2)^2=10$,
$(x+4)^2+(y+4)^2=10$

62

(1) 共有点がない (2) 交わる (3) 交わる

(4) 内接する (5) 外接する

63

(1) $(x+4)^2+(y-3)^2=9$

(2) $(x-3)^2+(y-3\sqrt{3})^2=16$

(3) $(x-5)^2+(y-6)^2=16$,
$(x-9)^2+(y-10)^2=16$

(4) $(x-4)^2+(y+1)^2=25$

64

$x^2+y^2-3x+3y-8=0$

65

(1) $4x-3y=25$ (2) $3x-y=-7$

(3) $5x+3y=25$

66

(1) 交わる (2) 接する (3) 共有点はない

67

(1) $y=2x-1$, $y=2x-11$

(2) $y=\dfrac{2}{3}x+\dfrac{5}{3}$, $y=\dfrac{2}{3}x-7$

68

(1) $x=1$, $y=\dfrac{3}{4}x+\dfrac{5}{4}$

(2) $y=0$, $y=\dfrac{3}{4}x$

69

(1) $\dfrac{-1\pm\sqrt{5}}{2}$ (2) $-5<k<5$

(3) $-1<k<1$

70

(1) $3\sqrt{2}$ (2) $\dfrac{2\sqrt{55}}{5}$

71

$2\pm\sqrt{3}$

72

(1) $(x-3)^2+(y-4)^2=10$

(2) $2x-3y+7=0$

(3) $3x+y-2=0$

(4) $x^2+y^2-5x-10y=0$

(5) $x^2+y^2-6x-3y+5=0$

73

(1) $3x-y+1=0$

(2) $x^2+y^2+10x+9=0$

(3) $x^2+y^2=4$

(4)　$4x+y=6$

(5)　$2x-4y-3=0$

(6)　$y=2x^2-6x+5$

74

(1)　直線 $y=3x+7$

(2)　放物線 $y=x^2-x+1$ の $1 \leqq x \leqq 3$ の部分

75

図の影をつけた部分．境界線のうち実線は含み，破線は含まない．

(1)

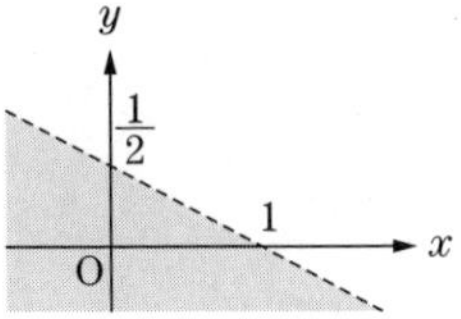

(2)

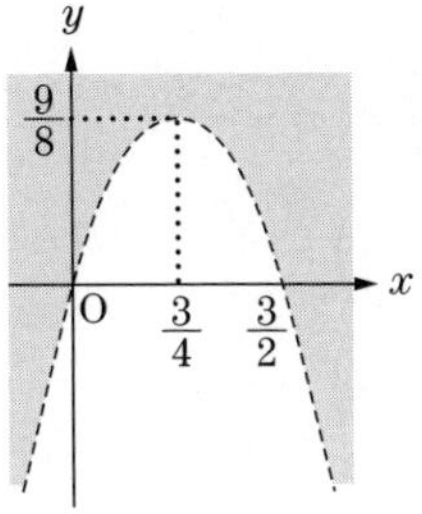

(3)

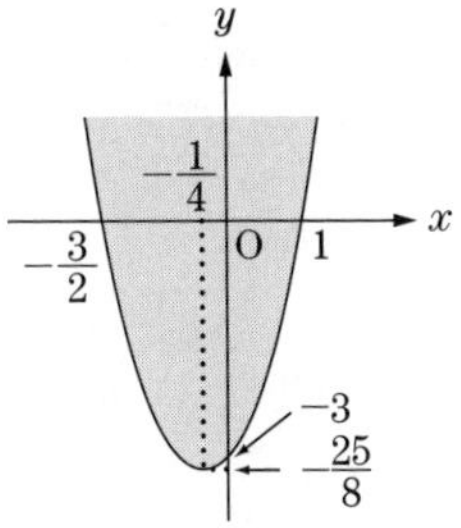

(4)

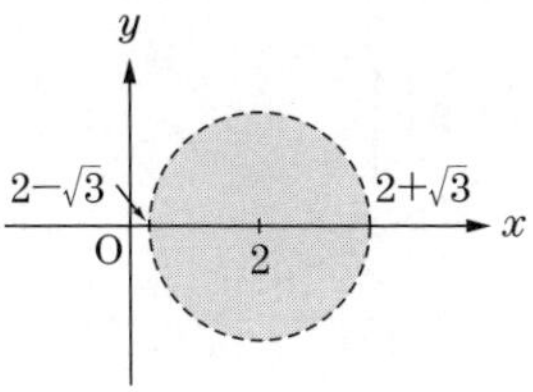

76

(1)　$x-3y+1=0$，$3x+y-7=0$

(2)　$y=-x^2-x-2$

(3)　$y=-x^2+2x-5$

(4)　$y=-\dfrac{x}{2}\ (-2<x<2)$

(5)　$y=2x^2-2x\ (x<0,\ 2<x)$

77

$$(x-3)^2+(y-2)^2=\frac{4}{9}$$

78

図の影をつけた部分．境界線のうち実線は含み，破線は含まない．

(1)

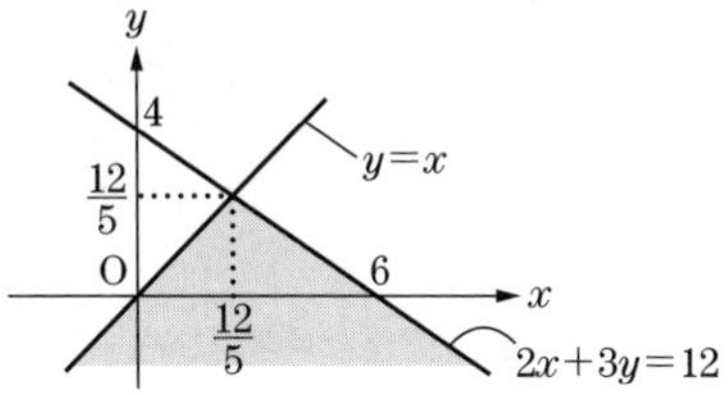

(2)

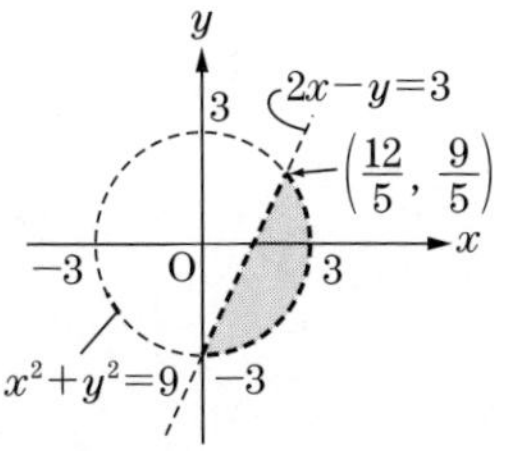

(3)

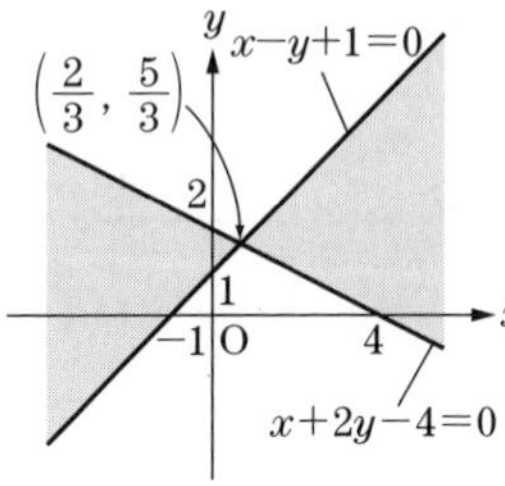

(4)

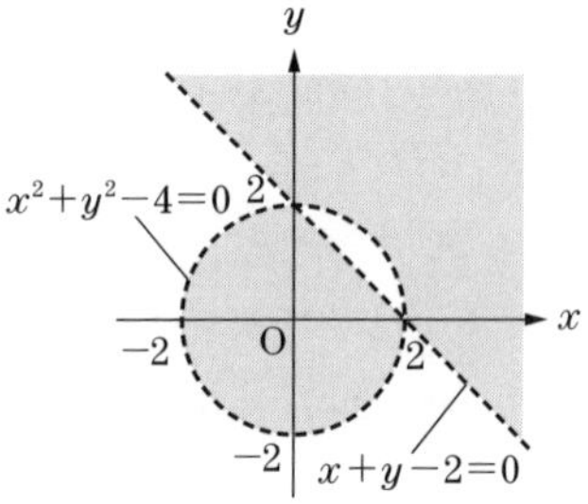

(5)

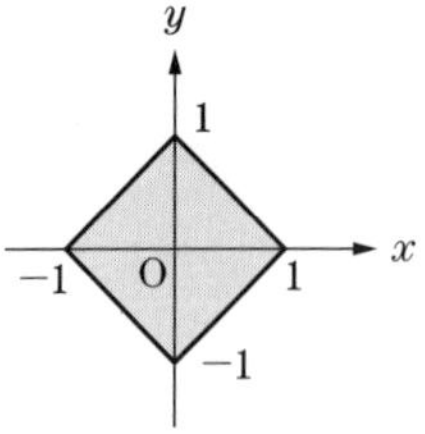

79

$-x+y=k$ とおいたときの図の影をつけた部分．境界線上の点も含む．

図の △OAB の周及び内部

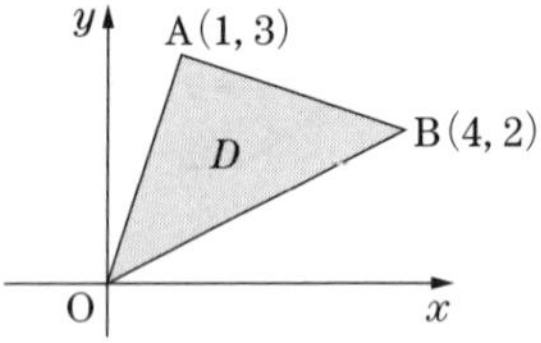

最大値 2，最小値 −2

80

[不等式の表す領域を考える]

81

(1) $\dfrac{\pi}{4}$，第 1 象限　(2) $\dfrac{5}{3}\pi$，第 4 象限

(3) $-390°$，第 4 象限

(4) $840°$，第 2 象限

82

(1) $\sin\dfrac{8}{3}\pi=\dfrac{\sqrt{3}}{2}$，$\cos\dfrac{8}{3}\pi=-\dfrac{1}{2}$，

$\tan\dfrac{8}{3}\pi=-\sqrt{3}$

(2) $\sin\dfrac{7}{2}\pi=-1$，$\cos\dfrac{7}{2}\pi=0$，

$\tan\dfrac{7}{2}\pi$ の値はない．

(3) $\sin\left(-\dfrac{11}{6}\pi\right)=\dfrac{1}{2}$，

$\cos\left(-\dfrac{11}{6}\pi\right)=\dfrac{\sqrt{3}}{2}$，

$\tan\left(-\dfrac{11}{6}\pi\right)=\dfrac{\sqrt{3}}{3}$

(4) $\sin\left(-\dfrac{17}{4}\pi\right)=-\dfrac{\sqrt{2}}{2}$，

$\cos\left(-\dfrac{17}{4}\pi\right)=\dfrac{\sqrt{2}}{2}$，

$\tan\left(-\dfrac{17}{4}\pi\right)=-1$

83

(1) $-\dfrac{1}{2}$　(2) $\dfrac{3}{4}$

84

(1) $\sin\theta=\dfrac{\sqrt{5}}{3}$，$\tan\theta=-\dfrac{\sqrt{5}}{2}$

(2) $\sin\theta=-\dfrac{3\sqrt{10}}{10}$，$\cos\theta=\dfrac{\sqrt{10}}{10}$

85

(1)　2　(2)　$\dfrac{1}{\cos\theta}$

86

(1)　a　(2)　$\sqrt{1-a^2}$　(3)　$\dfrac{\sqrt{1-a^2}}{a}$

87

[$\sin^2\theta+\cos^2\theta=1$ を利用する]

88

(1)　$\sin\theta\cos\theta=-\dfrac{4}{9}$,

$\tan\theta+\dfrac{1}{\tan\theta}=-\dfrac{9}{4}$

(2)　$\sin\theta+\cos\theta=-\dfrac{\sqrt{7}}{2}$,

$\dfrac{\sin^2\theta}{\cos\theta}+\dfrac{\cos^2\theta}{\sin\theta}=-\dfrac{5\sqrt{7}}{6}$

89

(1)　-1　(2)　2

90

(1)　y 軸方向に 1 だけ平行移動

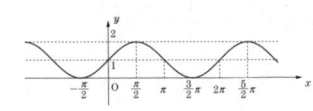

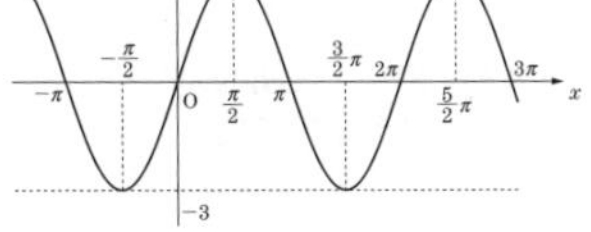

(2)　x 軸をもとにして y 軸方向に 3 倍に拡大

(3)　y 軸をもとにして x 軸方向に 2 倍に拡大

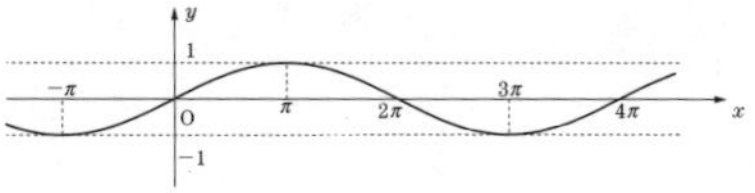

91

n は整数とする.

(1)　$\theta=\dfrac{\pi}{2}$, 一般角は $\theta=\dfrac{\pi}{2}+2n\pi$

(2)　$\theta=\dfrac{\pi}{2}$, $\dfrac{3}{2}\pi$, 一般角は $\theta=\pm\dfrac{\pi}{2}+2n\pi$

(3)　$\theta=\dfrac{7}{6}\pi$, $\dfrac{11}{6}\pi$,

一般角は $\theta=\dfrac{7}{6}\pi+2n\pi$, $\dfrac{11}{6}\pi+2n\pi$

(4)　$\theta=\dfrac{5}{6}\pi$, $\dfrac{7}{6}\pi$,

一般角は $\theta=\pm\dfrac{5}{6}\pi+2n\pi$

(5)　$\theta=\dfrac{\pi}{6}$, $\dfrac{7}{6}\pi$, 一般角は $\theta=\dfrac{\pi}{6}+n\pi$

(6)　$\theta=\dfrac{3}{4}\pi$, $\dfrac{7}{4}\pi$, 一般角は $\theta=\dfrac{3}{4}\pi+n\pi$

92

(1)　$\pi<\theta<2\pi$

(2)　$0\leqq\theta<\dfrac{7}{6}\pi$, $\dfrac{11}{6}\pi<\theta<2\pi$

(3)　$0\leqq\theta\leqq\dfrac{\pi}{6}$, $\dfrac{11}{6}\pi\leqq\theta<2\pi$

(4)　$\dfrac{3}{4}\pi\leqq\theta\leqq\dfrac{5}{4}\pi$

(5)　$0\leqq\theta<\dfrac{\pi}{6}$, $\dfrac{\pi}{2}<\theta<\dfrac{7}{6}\pi$,

$\dfrac{3}{2}\pi<\theta<2\pi$

(6)　$0\leqq\theta<\dfrac{\pi}{2}$, $\dfrac{3}{4}\pi\leqq\theta<\dfrac{3}{2}\pi$,

$\dfrac{7}{4}\pi\leqq\theta<2\pi$

93

(1)　4π

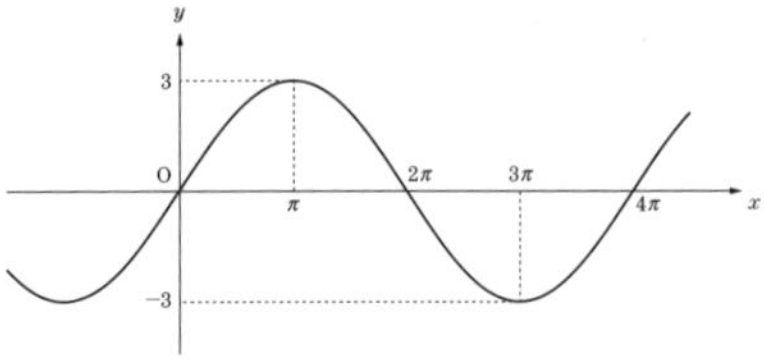

(2)　π

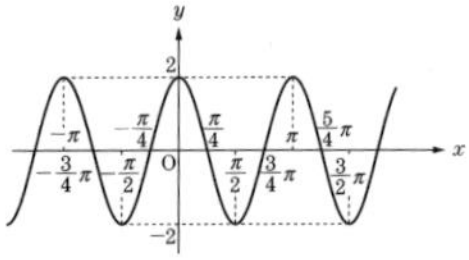

(3)　4π

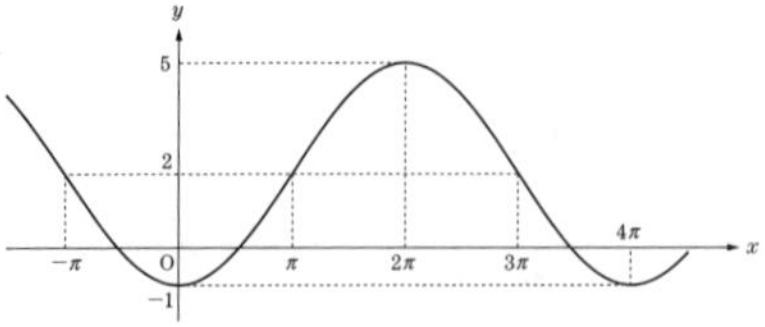

(4)　2π

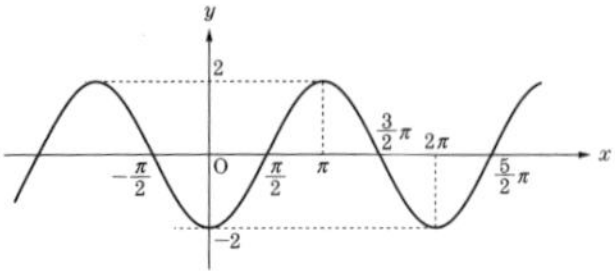

(5)　π

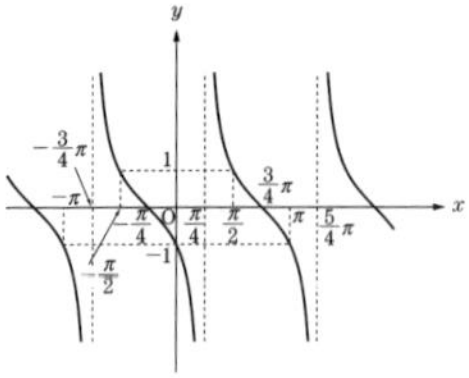

(6)　$\frac{2}{3}\pi$

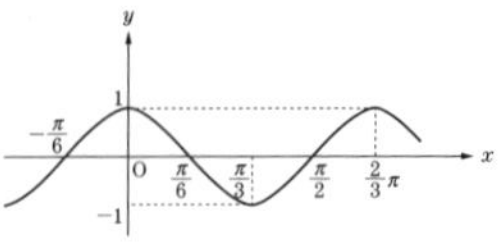

94

(1)　$\frac{\pi}{6}$, $\frac{\pi}{3}$, $\frac{7}{6}\pi$, $\frac{4}{3}\pi$

(2)　$\frac{3}{8}\pi$, $\frac{5}{8}\pi$, $\frac{11}{8}\pi$, $\frac{13}{8}\pi$

(3)　$\frac{\pi}{2}$, $\frac{7}{6}\pi$　(4)　$\frac{11}{6}\pi$

(5)　0, $\frac{2}{3}\pi$, π, $\frac{5}{3}\pi$　(6)　0, $\frac{3}{2}\pi$

(7)　$\frac{\pi}{6}$, $\frac{5}{6}\pi$　(8)　$\frac{2}{3}\pi$, $\frac{4}{3}\pi$

95

(1)　$\frac{\pi}{12} < \theta < \frac{5}{12}\pi$, $\frac{13}{12}\pi < \theta < \frac{17}{12}\pi$

(2)　$0 \leqq \theta \leqq \frac{2}{3}\pi$, $\pi < \theta < 2\pi$

(3)　$\frac{\pi}{6} \leqq \theta \leqq \frac{3}{2}\pi$

(4)　$0 \leqq \theta < \frac{5}{12}\pi$, $\frac{23}{12}\pi < \theta < 2\pi$

(5)　$\frac{\pi}{4} < \theta < \frac{7}{4}\pi$

(6)　$\theta = \frac{3}{2}\pi$, $\frac{\pi}{6} \leqq \theta \leqq \frac{5}{6}\pi$

96

(1)　最大値 $\frac{9}{4}$ $\left(x = \frac{\pi}{6},\ \frac{5}{6}\pi \text{ のとき}\right)$

最小値 0 $\left(x = \frac{3}{2}\pi \text{ のとき}\right)$

(2)　最大値 $\frac{7}{4}$ $\left(x = \frac{5}{6}\pi,\ \frac{7}{6}\pi \text{ のとき}\right)$

最小値 $-\sqrt{3}$ $(x = 0 \text{ のとき})$

97

(1)　$\frac{\sqrt{6}+\sqrt{2}}{4}$　(2)　$\frac{\sqrt{6}+\sqrt{2}}{4}$

(3)　$-2+\sqrt{3}$　(4)　$\frac{\sqrt{2-\sqrt{2}}}{2}$

(5)　$-\frac{\sqrt{2-\sqrt{2}}}{2}$　(6)　$2-\sqrt{3}$

98

(1) $\sin 2\theta = \dfrac{24}{25}$, $\cos 2\theta = \dfrac{7}{25}$,

$\sin\dfrac{\theta}{2} = \dfrac{\sqrt{10}}{10}$, $\cos\dfrac{\theta}{2} = \dfrac{3\sqrt{10}}{10}$

(2) $\tan 2\theta = -\dfrac{4}{3}$, $\cos\dfrac{\theta}{2} = \sqrt{\dfrac{5+\sqrt{5}}{10}}$

99

(1) $2\sin\left(\theta + \dfrac{\pi}{3}\right)$

(2) $2\sqrt{2}\sin\left(\theta - \dfrac{\pi}{3}\right)$

100

(1) $\sin(\alpha+\beta) = -\dfrac{16}{65}$,

$\cos(\alpha+\beta) = -\dfrac{63}{65}$

(2) $\tan(\alpha+\beta) = -1$, $\tan(\alpha-\beta) = \dfrac{1}{7}$

(3) $\sin 2\alpha = \dfrac{24}{25}$, $\sin\dfrac{\alpha}{2} = \dfrac{2\sqrt{5}}{5}$,

$\tan\dfrac{\alpha}{2} = -2$

101

(1) 最大値 $\sqrt{13}$, 最小値 $-\sqrt{13}$

(2) 最大値 6, 最小値 -4

102

(1) $\theta = \dfrac{5}{12}\pi$, $\dfrac{11}{12}\pi$

(2) $\theta = \dfrac{2}{3}\pi$, $\dfrac{4}{3}\pi$

(3) $0 \leqq \theta \leqq \dfrac{2}{3}\pi$, $\dfrac{5}{3}\pi \leqq \theta < 2\pi$

(4) $0 < \theta < \dfrac{\pi}{3}$, $\pi < \theta < \dfrac{5}{3}\pi$

103

(1) $\dfrac{\pi}{4}$ (2) $\dfrac{\pi}{3}$

104

(1) 最大値 $1+2\sqrt{3}$ ($x=\pi$ のとき)

最小値 $-\dfrac{5}{2}$ $\left(x = \dfrac{\pi}{6},\ \dfrac{11}{6}\pi \text{ のとき}\right)$

(2) 最大値 $\dfrac{11}{4}$ $\left(x = \dfrac{7}{6}\pi,\ \dfrac{11}{6}\pi \text{ のとき}\right)$

最小値 -4 $\left(x = \dfrac{\pi}{2} \text{ のとき}\right)$

105

(1) $\dfrac{1}{2}$ (2) 18 (3) 2 (4) 9

(5) 3 (6) 16

106

(1) $4 = \log_2 16$ (2) $\dfrac{1}{4} = \log_{81} 3$

(3) $-1 = \log_5 0.2$ (4) $0 = \log_9 1$

107

(1) $2^3 = 8$ (2) $4^0 = 1$ (3) $(\sqrt{3})^6 = 27$

108

(1) 3 (2) 96 (3) 40 (4) $\dfrac{3}{4}$

(5) $\dfrac{3\sqrt{3}}{2}$ (6) 180

109

(1) 1 (2) $-\dfrac{1}{2}$ (3) 1 (4) 3

(5) $\dfrac{27}{20}$ (6) $\dfrac{1}{3}$ (7) $\dfrac{18}{5}$ (8) 2

110

(1)　a^3　(2)　$\dfrac{a^6}{b^8}$　(3)　$\dfrac{1}{a^3b}$　(4)　a

(5)　a　(6)　$a-1$　(7)　a^2-b^2

111

(1)　$\dfrac{3}{2}$　(2)　$\dfrac{35}{3}$　(3)　1　(4)　6

(5)　9　(6)　$\sqrt{5}$

112

$\log_2 10 = 1 + ab,\ \log_{15} 40 = \dfrac{3+ab}{a+ab}$

113

(1)　y 軸方向に 1 平行移動

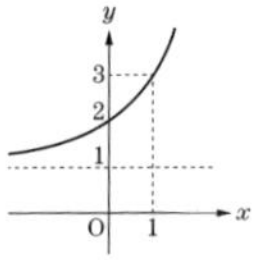

(2)　y 軸に関して対称に移動

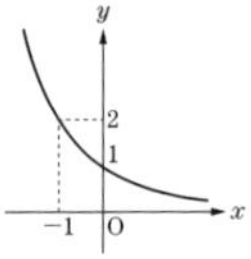

(3)　x 軸方向に -1 平行移動

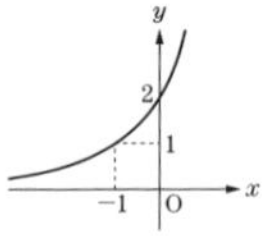

(4)　x 軸方向に 1，y 軸方向に -1 平行移動

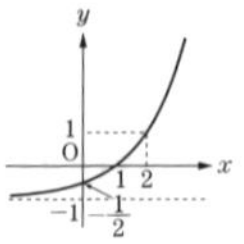

114

(1)　y 軸方向に 1 平行移動

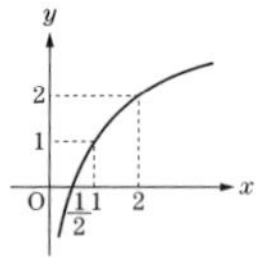

(2)　y 軸に関して対称に移動

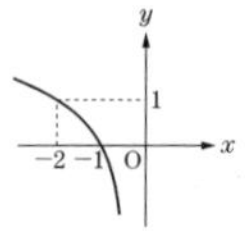

(3)　x 軸方向に 2 平行移動

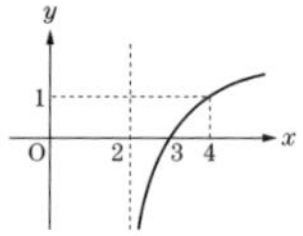

(4)　x 軸に関して対称に移動し，さらに x 軸方向に -1 平行移動

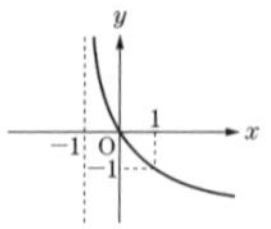

115

(1)　-0.3980　(2)　0.9286　(3)　0.7101

116

(1)　y 軸に関して対称に移動し，さらに x 軸方向に 1 平行移動

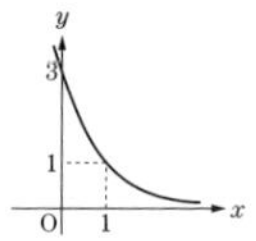

(2) 直線 $y=x$ に関して対称に移動し，さらに x 軸に関して対称に移動した後，x 軸方向に 1 平行移動

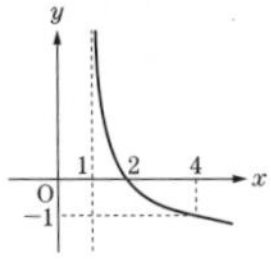

117

(1) $6^{12} < 2^{36} < 3^{24}$

(2) $\sqrt[6]{5} < \sqrt[4]{3} < \sqrt[7]{7}$

(3) $3\log_4 3 < 5\log_8 3 < 2\log_2 3$

(4) $\log_3 2 < \dfrac{2}{3} < \log_7 4$

118

(1) 最大値 $\dfrac{1}{2}$，最小値 -1

(2) 最大値 0，最小値 $-\dfrac{3}{2}$

119

(1) 1 (2) -2 (3) 6 (4) $\dfrac{9}{4}$

120

(1) 6 桁の整数，小数点以下第 5 位

(2) 5 桁の整数，小数点以下第 10 位

(3) 44 桁の整数，最高位の数字は 8

(4) 38

(5) 10，11，12，13，14

(6) 10 時間後

121

(1) $x=\dfrac{3}{4}$ (2) $x=-3$ (3) $x=4$

(4) $x>3$ (5) $x \leqq -4$ (6) $x>-\dfrac{3}{2}$

122

(1) $x=\dfrac{7}{4}$ (2) $x=\dfrac{1}{3}$ (3) $x=0$

(4) $x>1$ (5) $x \leqq 2$ (6) $x>-\dfrac{2}{3}$

123

(1) $x=81$ (2) $x=\dfrac{1}{9}$ (3) $x=3$

(4) $x>8$ (5) $x \geqq \dfrac{1}{16}$

(6) $0<x<\dfrac{1}{5}$ (7) $x>8$ (8) $x \geqq \dfrac{5}{2}$

124

(1) $x=4$ (2) $x=\pm 100$

(3) $-1<x<0$ (4) $x>1$

125

(1) $x=1$ (2) $x=3$ (3) $x=-1$

(4) $0<x<1$ (5) $x \geqq 2\log_3 2$

(6) $x \leqq -2$

126

(1) $x=\sqrt{2}$，256 (2) $x=3$，27

(3) $x=1$ (4) $x=3$

(5) $0<x \leqq \dfrac{1}{9}$，$x \geqq 27$

(6) $5<x \leqq 6$

(7) $1<x \leqq \dfrac{3+\sqrt{17}}{2}$

127

(1) $x=y=3$

(2) $\begin{cases} x=1 \\ y=\log_5 3 \end{cases}$，$\begin{cases} x=\log_2 3 \\ y=\log_5 2 \end{cases}$

(3) $x=4$，$y=3$ (4) $x=4$，$y=16$

128

(1) $1 \leqq x \leqq \frac{3}{2}$ (2) $\frac{7}{5} < x < 8$

(3) $-2 < x < -1,\ \frac{3}{2} < x < \frac{5}{2}$

129

(1) $2t^2 - 9t + 10 = 0$

(2) $x = -1,\ 0,\ 1$

130

(1) -1 (2) -5

131

(1) 3 (2) 4 (3) -1

132

(1) $4x$ (2) $4(2x-1)$ (3) $3x^2+3$

133

(1) 2 (2) -3 (3) $2x-6$

(4) $-4x+1$ (5) $3x^2-10x+3$

(6) $8x^3-9x^2$

134

(1) $4x+1$ (2) $6x-5$ (3) $8x-12$

(4) $18x+12$ (5) $3x^2-4x$

(6) $3x^2+2x-3$ (7) $-6x^2+2x+7$

(8) $-18x^2+26x-9$ (9) $24x^2+72x+54$

(10) $4x^3-36x^2+108x-108$

135

(1) $-1,\ -\frac{1}{3}$ (2) $-\frac{1}{3},\ 1$

136

(1) $a=2,\ b=-3,\ c=1$

(2) $a=-3,\ b=1,\ c=-2$

137

(1) -5 (2) -1 (3) 27

138

(1) $f(x) = x^2-2x+4$

(2) $f(x) = x^3-2x^2+x-1$

139

(1) $y=x-1$ (2) $y=3x-4$

(3) $y=5x-7$ (4) $y=-2x+2$

140

(1) $x \geqq 1$ で増加
$x \leqq 1$ で減少

(2) $-\sqrt{2} \leqq x \leqq \sqrt{2}$ で増加
$x \leqq -\sqrt{2},\ \sqrt{2} \leqq x$ で減少

(3) $x \leqq -2,\ 0 \leqq x$ で増加
$-2 \leqq x \leqq 0$ で減少

(4) つねに減少

(5) $-1 \leqq x \leqq 0,\ 1 \leqq x$ で増加
$x \leqq -1,\ 0 \leqq x \leqq 1$ で減少

141

(1) 極大値 $\frac{5}{4}$

(2) 極大値 7，極小値 -1

(3) 極大値 17，極小値 -15

(4) 極大値 2，極小値 $\frac{3}{4}$，-6

142

(1)

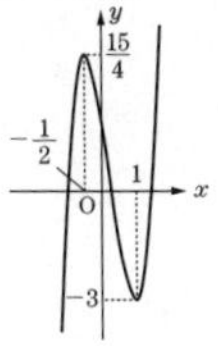

(2)

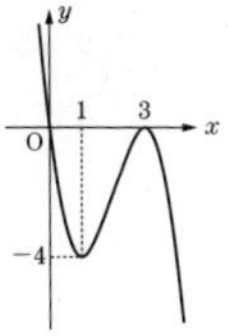

(3)

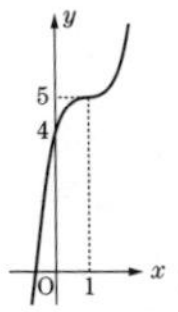

(4)

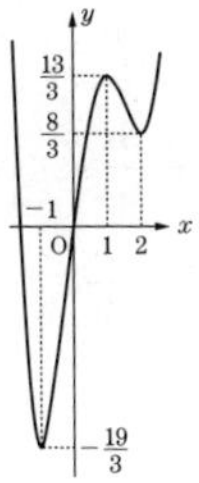

143

順に接線，法線

(1) $y=-x+4$，$y=x+2$

(2) $y=-3x+1$，$y=\dfrac{1}{3}x-\dfrac{7}{3}$

(3) $y=-5x-7$，$y=\dfrac{1}{5}x+\dfrac{17}{5}$

144

(1) $y=3x-\dfrac{94}{27}$，$y=3x+6$

(2) $y=-2x+\dfrac{8}{27}$，$y=-2x+13$

145

(1) $y=-4x+\dfrac{58}{27}$，$y=-4x+2$

(2) $y=7x-\dfrac{113}{27}$，$y=7x-3$

146

(1) $y=5x$，$y=x$　(2) $y=7x-18$

(3) $y=8$　(4) $y=-\dfrac{1}{2}x+\dfrac{3}{2}$

147

(1)

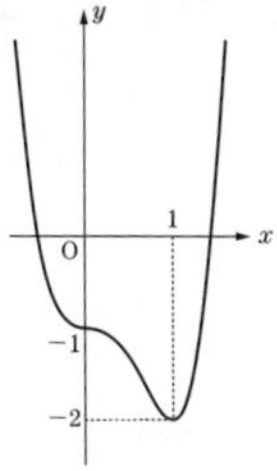

(2)

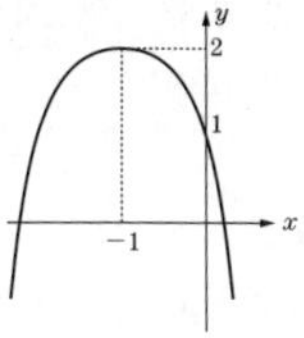

(3)

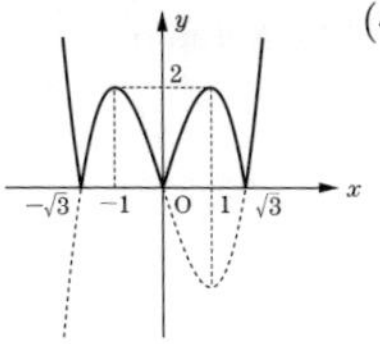

(4)

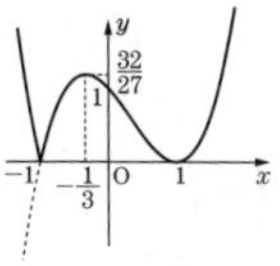

148

(1) $0 \leqq a \leqq 3$　(2) $a<0$，$a>1$

(3) 7　(4) $a=1$，$b=0$，$c=1$

149

(1) 最大値 2 ($x=3$ のとき)

最小値 -2 ($x=2$ のとき)

(2) 最大値 15 ($x=-2$ のとき)

最小値 1 ($x=0$ のとき)

(3) 最大値 15 ($x=3$ のとき)

最小値 6 ($x=0$ のとき)

(4) 最大値 9 ($x=-1$ のとき)

最小値 -16 ($x=-2$ のとき)

(5) 最大値 3 ($x=0$ のとき)

最小値 $\dfrac{1}{6}$ ($x=1$ のとき)

150

(1) $2t$

(2) $S=-t^3-3t^2+9t+27$

最大値 32

151
(1)　3 個　(2)　2 個　(3)　1 個　(4)　4 個
(5)　0 個

152
[両辺の差の符号を調べる]

153
(1)　3　(2)　最大値 5，最小値 0

154
最大値

$$\begin{cases} a \leqq 0 \text{ のとき } 0 \\ 0 < a < 1 \text{ のとき } 4a^3 \\ 1 \leqq a \text{ のとき } 12a - 8 \end{cases}$$

最小値

$$\begin{cases} a < \dfrac{2}{3} \text{ のとき } 12a - 8 \\ \dfrac{2}{3} \leqq a \text{ のとき } 0 \end{cases}$$

155
最大値 1，最小値 $-\dfrac{5}{27}$

156
(1)　$-9 < a < \dfrac{13}{27}$　(2)　$0 < a < 4\sqrt{2}$

157
(1)　$-1 < k < 3$

(2)

$$\begin{cases} a < 2,\ 6 < a \text{ のとき } 1 \text{ 個} \\ a = 2,\ 6 \text{ のとき } 2 \text{ 個} \\ 2 < a < 6 \text{ のとき } 3 \text{ 個} \end{cases}$$

158
[(左辺) − (右辺) の符号を調べる]

159
$a \leqq 12$

160
積分定数を C とする．

(1)　$2x^2 + x + C$　(2)　$-x^3 + 2x^2 + C$

(3)　$\dfrac{1}{3}x^3 + x^2 - x + C$

(4)　$\dfrac{1}{2}y^4 + \dfrac{3}{2}y^2 + 4y + C$

(5)　$-\dfrac{2}{3}t^3 + \dfrac{5}{2}t^2 + 7t + C$

161
(1)　6　(2)　$-\dfrac{28}{3}$

162
積分定数を C とする．

(1)　$-\dfrac{2}{3}x^3 + \dfrac{7}{2}x^2 - 6x + C$

(2)　$\dfrac{1}{3}y^3 - y^2 - 3y + C$

(3)　$\dfrac{4}{3}x^3 - 6x^2 + 9x + C$

(4)　$2t^4 + 4t^3 + 3t^2 + t + C$

163
(1)　$\dfrac{62}{3}$　(2)　$\dfrac{2}{3}$　(3)　$\dfrac{4}{3}$　(4)　$-\dfrac{4}{3}$

(5)　$-\dfrac{9}{2}$　(6)　$\dfrac{1}{54}$　(7)　88　(8)　$\dfrac{28}{3}$

164
(1)　$\dfrac{5}{2}$　(2)　$\dfrac{28}{3}$　(3)　$\dfrac{13}{6}$　(4)　$\dfrac{203}{6}$

165
(1)　$f(x) = 2x^3 - x^2 - 3x + 4$

(2) $f(x) = \frac{1}{2}x^4 - 7x^2 - 12x - 5$

166

$a = 2$, $b = -2$, $c = 1$

167

(1) $\frac{16}{3}$ (2) $\frac{8}{3}$ (3) $\frac{4}{3}$ (4) $\frac{1}{6}$

(5) $\frac{197}{12}$ (6) $\frac{37}{12}$

168

(1) $3x^2 + 4$ (2) $2x^3 - 3x + 1$

169

(1) $f(x) = x - 1$

(2) $f(x) = x^2 - 2x - \frac{2}{3}$

170

(1) $\frac{125}{6}$ (2) 9 (3) $8\sqrt{3}$ (4) $\frac{27}{4}$

171

(1) $\frac{31}{6}$ (2) $\frac{15}{4}$ (3) $\frac{29}{2}$ (4) $\frac{131}{4}$

172

(1) $f(x) = 3x - 8$

(2) $f(x) = x^2 + \frac{4}{9}$

(3) $f(x) = x^3 + \frac{13}{2}x - \frac{21}{4}$

173

(1) $f(x) = 2x + 1$，$a = -2$ または 1

(2) $f(x) = -3x^2 + 4x + 3$，$a = -1$

174

(1) 極大値 $\frac{17}{54}$，極小値 -2

(2) 極大値 $\frac{4}{3}$，極小値 0

175

最大値 2，最小値 -1

176

(1) 3，5，7，9，11

(2) 3，6，12，24，48

(3) 1，7，17，31，49

177

(1) $(2n-1)^2$ (2) $(-2)^n$

(3) $\frac{(-1)^{n-1}}{n}$ (4) $\frac{4n-1}{3n+1}$

178

(1) $\frac{7}{2}$ (2) $6n - 10$ (3) -65

(4) $-3n^2 - 13n$ (5) 12

179

(1) ± 2 (2) $2(\pm\sqrt{6})^{n-1}$

(3) $r = \frac{1}{5}$ のとき $\frac{3124}{25}$

$r = -\frac{1}{5}$ のとき $\frac{2084}{25}$

(4) $r = 3$ のとき $\frac{3^n - 1}{6}$

$r = -3$ のとき $\frac{(-3)^n - 1}{12}$

(5) 2016

180

(1) $a = 4$，$b = 8$

答一覧

(2) $a=\pm 2\sqrt{3}$, $b=\pm 6\sqrt{3}$ (複号同順)

181

(1) 初項 5, 公差 10 (2) 第 30 項

182

(1) 初項 76, 公差 -3

(2) $n=26$, $S_{26}=1001$

183

(1) 2 (2) 14

184

(1) $a=24$, $b=6$, $c=-12$

(2) $a=-10$, $b=-\dfrac{5}{2}$, $c=5$

185

(1) $\dfrac{1}{2}n(n+1)(2n-1)$

(2) $\dfrac{1}{6}n(n-1)(2n+5)$

(3) $3\left(1-\dfrac{1}{2^n}\right)$

186

(1) $a_n=4n^2$

$S_n=\dfrac{2}{3}n(n+1)(2n+1)$

(2) $a_n=n(2n+1)$

$S_n=\dfrac{1}{6}n(n+1)(4n+5)$

187

(1) $\dfrac{1}{2}(n^2-n+2)$ (2) $2^{n-1}+1$

188

(1) $2n+3$

(2) $2\ (n=1)$, $3n^2-3n+1\ (n \geqq 2)$

(3) $7\ (n=1)$, $2\cdot 3^n\ (n \geqq 2)$

189

$(n-1)2^n+1$

190

(1) $\dfrac{n(3n+5)}{4(n+1)(n+2)}$

(2) $\dfrac{n(n+3)}{4(n+1)(n+2)}$

(3) $\sqrt{n+1}-1$

(4) $\dfrac{1}{2}(\sqrt{2n+1}-1)$

191

(1) $\dfrac{1}{6}n(n+1)(n-1)$

(2) $\dfrac{1}{12}n(n+1)^2(n+2)$

192

(1) $a_n=(3n-2)^2$

$S_n=\dfrac{1}{2}n(6n^2-3n-1)$

(2) $a_n=\dfrac{1}{3}(10^n-1)$

$S_n=\dfrac{1}{27}(10^{n+1}-9n-10)$

(3) $a_n=n(2n-1)(2n+1)$

$S_n=\dfrac{1}{2}n(n+1)(2n^2+2n-1)$

193

(1) $2n^2+3$

(2) $-\dfrac{1}{3}n^3+\dfrac{9}{2}n^2-\dfrac{61}{6}n+8$

194

(1) $\dfrac{1}{2}\{(2n-1)\cdot 3^n+1\}$

(2) $3-(2n+3)\left(\frac{1}{2}\right)^n$

195

(1) 210 項　(2) 2870　(3) 10

196

(1) 12　(2) 32　(3) 61　(4) $\frac{2}{9}$

197

(1) $2n-2$　(2) $2\cdot 3^{n-1}$

(3) $\frac{1}{2}(3n^2-3n+2)$

(4) 2^n-1　(5) $3^{n-1}+1$

198

[略]

199

(1) $(2n+1)\cdot 2^n$　(2) 3^n-2^n

(3) $\frac{1}{3}\left\{2^{n-1}+(-1)^n\right\}$

200

(1) $b_{n+1}=3b_n$　(2) $3^{n-1}+n$

(3) $\frac{1}{2}(3^n+n^2+n-1)$

201

(1) 2^n

(2) $a_n=2^n-1,\ \sum_{k=1}^{n} a_k=2^{n+1}-n-2$

202

[略]

203

(1) $a_n=\frac{n+1}{n}$　(2) $a_n=\frac{n}{n+1}$

204

(1) $\vec{a}$　(2) $\vec{a}+\vec{b}$　(3) $-\vec{a}+\vec{b}$

(4) $2\vec{a}$　(5) $\vec{a}+2\vec{b}$

205

(1) $\vec{a}+\frac{5}{2}\vec{b}$　(2) $\frac{1}{3}\vec{a}-\frac{1}{2}\vec{b}$

206

順にベクトルの成分，大きさ

(1) $(-21,-22)$，$5\sqrt{37}$　(2) $(1,2,-2)$，3

207

順にベクトルの成分，大きさ

(1) $(-3,-2,-1)$，$\sqrt{14}$

(2) $(2,2,3)$，$\sqrt{17}$

(3) $(-1,-1,2)$，$\sqrt{6}$

208

$p=\frac{1}{2}$，$q=\frac{3}{4}$

209

$-2,\ \frac{3}{2}$

210

C$(4,0,5)$，F$(0,1,8)$，G$(2,-1,10)$，
H$(1,-4,6)$

211

(1) $\vec{a}=(2,1)$，$\vec{b}=(1,3)$

(2) $\pm\left(\frac{3}{5}, \frac{4}{5}\right)$

(3) $(-5, 0)$，$(3, 4)$

212

(1) $3\sqrt{2}$　(2) -3　(3) 0　(4) -6

213

(1) 0　(2) $3a^2$　(3) $-2a^2$　(4) $\frac{3}{2}a^2$

214

(1) -4　(2) 41　(3) 10　(4) $2\sqrt{6}$

215

(1) $\vec{a}\cdot\vec{b}=0$，$\theta=90^\circ$

(2) $\vec{a}\cdot\vec{b}=-5$，$\theta=135^\circ$

(3) $\vec{a}\cdot\vec{b}=4\sqrt{3}$，$\theta=30^\circ$

(4) $\vec{a}\cdot\vec{b}=2\sqrt{6}$，$\theta=45^\circ$

(5) $\vec{a}\cdot\vec{b}=-24$，$\theta=180^\circ$

216

(1) 平行 $\pm\sqrt{2}$，垂直 0

(2) 平行 $\frac{3\pm\sqrt{17}}{4}$，垂直 $\frac{1}{2}$，-2

217

(1) $t=\frac{1}{2}$ のとき最小値 $\frac{\sqrt{30}}{2}$

(2) $t=-\frac{1}{2}$ のとき最小値 $\frac{3\sqrt{2}}{2}$

218

$(2, 3, -1)$，$(-2, -3, 1)$

219

(1) 120°　(2) 90°　(3) 120°

220

(1) -17，1　(2) -1

221

(1) $|\vec{a}+\vec{b}|=3$，$|\vec{a}-\vec{b}|=1$

(2) $\sqrt{7}$　(3) $|\vec{a}|=2$，$|\vec{b}|=\sqrt{2}$

222

(1) $\frac{2\vec{b}+\vec{c}}{3}$　(2) $3\vec{b}-2\vec{c}$

(3) $\frac{\vec{b}+\vec{c}}{3}$　(4) $\frac{11\vec{b}-5\vec{c}}{9}$

(5) $\frac{8}{9}(\vec{b}-\vec{c})$

223

(1) (i) $\frac{\vec{a}}{2}$　(ii) $\frac{\vec{b}}{4}$

(iii) $\frac{3\vec{a}+\vec{b}}{4}$　(iv) $\frac{3\vec{a}+\vec{b}}{10}$

(2) [(1) を利用する]

224

(1) 3　(2) $\frac{\overrightarrow{OA}+6\overrightarrow{OB}}{7}$

225

(1) $y=-3x+5$　(2) $y=\frac{1}{3}x-1$

(3) $y=x+1$　(4) $y=-x-1$

(5) $(x-1)^2+(y-2)^2=32$

(6) $(x+1)^2+y^2=8$

226

$\overrightarrow{OP}=\frac{1}{5}\vec{a}+\frac{2}{3}\vec{b}$,

$\overrightarrow{OQ}=\frac{3}{13}\vec{a}+\frac{10}{13}\vec{b}$

227

(1) △ABC の重心　1 : 1 : 1

(2) 辺 BC を 5 : 4 に内分する点を D として，
線分 AD を 3 : 1 に内分する点
3 : 4 : 5

228

(1)

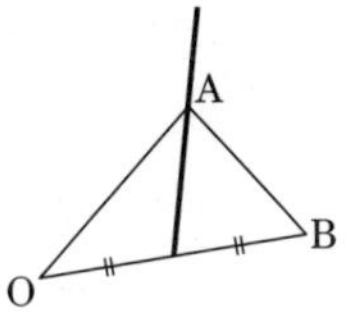

(2)

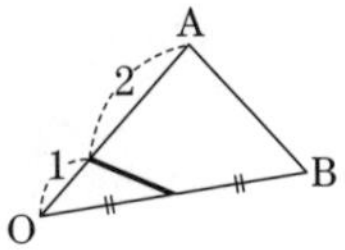

(3)

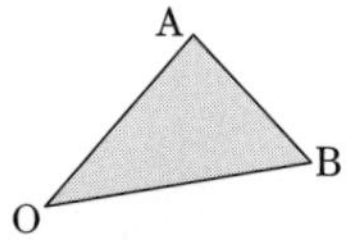

229

線分 AB を 3 : 2 に内分する点が中心で，半径 1 の円周

230

(1) △ABC の重心が中心で，半径 1 の円周

(2) 点 A を通り BC に垂直な直線

231

(1) $(2, 1, 1)$　(2) $\left(\frac{5}{3}, -\frac{2}{3}, \frac{4}{3}\right)$

(3) $\left(3, \frac{3}{2}, \frac{3}{2}\right)$　(4) $\left(\frac{7}{5}, \frac{8}{5}, \frac{2}{5}\right)$

232

(1) $\frac{x-2}{4} = \frac{y+3}{2} = \frac{z-5}{-1}$

(2) $\frac{x-1}{-6} = \frac{y-2}{5} = \frac{z-3}{6}$

233

(1) $2x - y + z - 1 = 0$

(2) $7x - y + 4z - 2 = 0$

234

(1) $\frac{1}{10}\vec{b} + \frac{3}{5}\vec{c} + \frac{3}{10}\vec{d}$

(2) 9 : 1

235

$\frac{6}{35}(\overrightarrow{OA} + \overrightarrow{OB} + \overrightarrow{OC})$

236

(1) $\frac{3}{8}$　(2) $\frac{5}{6}$

237

(1) $\cos\angle BAC = 0$，$\triangle ABC = \frac{3\sqrt{2}}{2}$

(2) $\cos\angle BAC = \frac{7}{11}$，$\triangle ABC = 3\sqrt{2}$

238

(1) $s = 3$，$t = -4$

$\frac{x-2}{-1} = \frac{y+1}{3} = \frac{z-1}{2}$

(2) $s = -3$，$t = -3$

$\frac{x-1}{2} = \frac{y+1}{-1} = z + 4$

239

$4x + y - z - 3 = 0$，$\frac{\sqrt{2}}{2}$

改⑦ 190316

カルキュール
数学Ⅱ・B 改訂版

［基礎力・計算力アップ問題集］

解答・解説 編

§1 3次式の計算，二項定理

1

(1) (与式) $= (3x)^3 + 3(3x)^2 \cdot 2y + 3 \cdot 3x \cdot (2y)^2 + (2y)^3$

$= \boldsymbol{27x^3 + 54x^2y + 36xy^2 + 8y^3}$

(2) (与式) $= (4a)^3 - (3b)^3 = \boldsymbol{64a^3 - 27b^3}$

2

(1) (与式) $= \boldsymbol{(x-3)^3}$

(2) (与式) $= (2a)^3 + (5b)^3 = \boldsymbol{(2a+5b)(4a^2 - 10ab + 25b^2)}$

(3) (与式) $= (ab)^3 - (4c)^3 = \boldsymbol{(ab-4c)(a^2b^2 + 4abc + 16c^2)}$

(4) (与式) $= (x^3)^2 - (y^3)^2 = (x^3+y^3)(x^3-y^3)$

$= \boldsymbol{(x+y)(x-y)(x^2+xy+y^2)(x^2-xy+y^2)}$

3

(1) (与式) $= {}_4\mathrm{C}_0x^4 + {}_4\mathrm{C}_1x^3(2y) + {}_4\mathrm{C}_2x^2(2y)^2 + {}_4\mathrm{C}_3x(2y)^3 + {}_4\mathrm{C}_4(2y)^4$

$= \boldsymbol{x^4 + 8x^3y + 24x^2y^2 + 32xy^3 + 16y^4}$

(2) (与式) $= \boldsymbol{x^5 - 15x^4y + 90x^3y^2 - 270x^2y^3 + 405xy^4 - 243y^5}$

(3) (与式) $= \boldsymbol{1 - 12a + 60a^2 - 160a^3 + 240a^4 - 192a^5 + 64a^6}$

4

(1) 一般項は ${}_5\mathrm{C}_r(2a)^{5-r}3^r = {}_5\mathrm{C}_r2^{5-r}3^ra^{5-r}$

$5 - r = 2 \iff r = 3$ より ${}_5\mathrm{C}_32^23^3 = \mathbf{1080}$

(2) 一般項は ${}_6\mathrm{C}_r(2x)^{6-r}(-3y)^r = {}_6\mathrm{C}_r2^{6-r}(-3)^rx^{6-r}y^r$

$6 - r = 2,\ r = 4 \iff r = 4$ より ${}_6\mathrm{C}_42^2(-3)^4 = \mathbf{4860}$

5 $(1+x)^{10} = {}_{10}\mathrm{C}_0 + {}_{10}\mathrm{C}_1x + \cdots + {}_{10}\mathrm{C}_rx^r + \cdots + {}_{10}\mathrm{C}_{10}x^{10}$ ……①

(1) ①で $x = 1$ とおくと，(与式) $= 2^{10} = \mathbf{1024}$

(2) ①で $x = -1$ とおくと，(与式) $= \mathbf{0}$

6

(1) (与式) $= (2ab)^3 - 3(2ab)^2 + 3 \cdot 2ab - 1$

$= \boldsymbol{8a^3b^3 - 12a^2b^2 + 6ab - 1}$

(2) (与式) $= \{(a+b)(a^2-ab+b^2)\}^3 = (a^3+b^3)^3$
$= \boldsymbol{a^9+3a^6b^3+3a^3b^6+b^9}$

7

(1) (与式) $= \{(2x+5)+(x-2)\}\{(2x+5)^2-(2x+5)(x-2)+(x-2)^2\}$
$= (3x+3)(3x^2+15x+39)$
$= \boldsymbol{9(x+1)(x^2+5x+13)}$

(2) (与式) $= (x^3)^2+63x^3-64 = (x^3+64)(x^3-1)$
$= \boldsymbol{(x+4)(x-1)(x^2-4x+16)(x^2+x+1)}$

(3) (与式) $= (x+2)^3-9(x+2)^2+27(x+2)-27$
$= (x+2)^3-3(x+2)^2\cdot 3+3(x+2)\cdot 3^2-3^3$
$= (x+2-3)^3 = \boldsymbol{(x-1)^3}$

⬅ $(x+2)$ の式にする.

⬅ 展開してから考えてもよい.

(4) (与式) $= a^3+(2b)^3+3^3-3\cdot a\cdot 2b\cdot 3$
$= \boldsymbol{(a+2b+3)(a^2+4b^2-2ab-3a-6b+9)}$

8

(1) 一般項は $\ {}_9\mathrm{C}_r(x^2)^{9-r}\left(-\dfrac{1}{x}\right)^r = {}_9\mathrm{C}_r(-1)^r\cdot x^{18-3r}$

$18-3r=3 \iff r=5$ より ${}_9\mathrm{C}_5(-1)^5 = \boldsymbol{-126}$

(2) $\{x+(2y+3)\}^6$ の展開式において，x の項の係数は
${}_6\mathrm{C}_5(2y+3)^5$
また $(2y+3)^5$ の展開式において，y^2 の項の係数は
${}_5\mathrm{C}_3 2^2\cdot 3^3$
ゆえに，xy^2 の項の係数は
${}_6\mathrm{C}_5({}_5\mathrm{C}_3 2^2\cdot 3^3) = 6\cdot 1080 = \boldsymbol{6480}$

⬅ 一般項は
$\dfrac{6!}{p!q!r!}x^p(2y)^q 3^r$
$= \dfrac{6!2^q3^r}{p!q!r!}x^py^q$
$(p+q+r=6)$
であり $p=1$，$q=2$，$r=3$．よって，xy^2 の項の係数は
$\dfrac{6!2^23^3}{1!2!3!} = 6480$

9 $(1+x)^m$, $(1+x)^n$ の展開式の一般項はそれぞれ ${}_m\mathrm{C}_rx^r$, ${}_n\mathrm{C}_sx^s$ であるから，与式の

x^2 の項の係数は $r=2$，$s=2$ のときで ${}_m\mathrm{C}_2+{}_n\mathrm{C}_2$
x の項の係数は $r=1$，$s=1$ のときで ${}_m\mathrm{C}_1+{}_n\mathrm{C}_1$

すなわち $a = {}_m\mathrm{C}_2+{}_n\mathrm{C}_2 = \dfrac{m(m-1)}{2}+\dfrac{n(n-1)}{2}$
$b = {}_m\mathrm{C}_1+{}_n\mathrm{C}_1 = m+n$

(1)　$\boldsymbol{a}=\dfrac{8\cdot 7}{2}+\dfrac{7\cdot 6}{2}=28+21=\mathbf{49}$

$\boldsymbol{b}=8+7=\mathbf{15}$

(2)　$18=\dfrac{m(m-1)}{2}+\dfrac{n(n-1)}{2}$

$\iff\quad m^2+n^2-(m+n)=36$　……①

$9=m+n\quad\iff\quad n=9-m$　……②

①，②から n を消去して

$m^2+(9-m)^2-9=36\quad\iff\quad 2m^2-18m+36=0$

$\iff\quad (m-3)(m-6)=0$

ゆえに，$\boldsymbol{m=3,\ n=6\ ;\ m=6,\ n=3}$

10　$(1+x)^n={}_n\mathrm{C}_0+{}_n\mathrm{C}_1x+{}_n\mathrm{C}_2x^2$

$+\cdots+{}_n\mathrm{C}_rx^r+\cdots+{}_n\mathrm{C}_nx^n$　……①　⬅二項定理.

(1)　①で $x=2$ とおけば

$3^n={}_n\mathrm{C}_0+2\,{}_n\mathrm{C}_1+2^2\,{}_n\mathrm{C}_2+\cdots+2^r\,{}_n\mathrm{C}_r+\cdots+2^n\,{}_n\mathrm{C}_n$

(2)　①で $x=-2$ とおけば

$(-1)^n={}_n\mathrm{C}_0-2\,{}_n\mathrm{C}_1+2^2\,{}_n\mathrm{C}_2+\cdots+(-2)^r\,{}_n\mathrm{C}_r+\cdots+(-2)^n\,{}_n\mathrm{C}_n$

11　$\left(1+\dfrac{1}{n}\right)^n={}_n\mathrm{C}_0+{}_n\mathrm{C}_1\dfrac{1}{n}+{}_n\mathrm{C}_2\left(\dfrac{1}{n}\right)^2$　⬅二項定理.

$+\cdots+{}_n\mathrm{C}_n\left(\dfrac{1}{n}\right)^n$

$=1+n\cdot\dfrac{1}{n}+A=2+A$

ただし，$A={}_n\mathrm{C}_2\left(\dfrac{1}{n}\right)^2+\cdots+{}_n\mathrm{C}_n\left(\dfrac{1}{n}\right)^n$　⬅$n=1$ なら A はなくなり，$\left(1+\dfrac{1}{n}\right)^n=2$ となる.

いま，$n\geqq 2$ であるから $A>0$ であり，$\left(1+\dfrac{1}{n}\right)^n>2$

§2 整式の割り算，分数式

12

(1)

$$
\begin{array}{r|l}
 & x \quad -4 \\
\hline
x+1 & x^2-3x+1 \\
 & x^2 \quad +x \\
\hline
 & \quad -4x+1 \\
 & \quad -4x-4 \\
\hline
 & \qquad\quad 5
\end{array}
$$

商　$\boldsymbol{x-4}$,
余り　**5**

←組立除法 (§5) を用いることもできる.

(2)

$$
\begin{array}{r|l}
 & a \quad +2 \\
\hline
3a-4 & 3a^2+2a+1 \\
 & 3a^2-4a \\
\hline
 & \qquad 6a+1 \\
 & \qquad 6a-8 \\
\hline
 & \qquad\qquad 9
\end{array}
$$

商　$\boldsymbol{a+2}$,
余り　**9**

(3)

$$
\begin{array}{r|l}
 & x \quad -2 \\
\hline
2x^2+4x-1 & 2x^3 \qquad\quad -8x+5 \\
 & 2x^3+4x^2-\ x \\
\hline
 & \qquad -4x^2-7x+5 \\
 & \qquad -4x^2-8x+2 \\
\hline
 & \qquad\qquad\qquad x+3
\end{array}
$$

商　$\boldsymbol{x-2}$,
余り　$\boldsymbol{x+3}$

←欠けている項は空けておく.

(4)

$$
\begin{array}{r|l}
 & x^2-\ x\ +\ 1 \\
\hline
2x^2+3x+1 & 2x^4+\ x^3 \qquad\quad +\ x \\
 & 2x^4+3x^3+\ x^2 \\
\hline
 & \qquad -2x^3-\ x^2+\ x \\
 & \qquad -2x^3-3x^2-\ x \\
\hline
 & \qquad\qquad\quad 2x^2+2x \\
 & \qquad\qquad\quad 2x^2+3x+1 \\
\hline
 & \qquad\qquad\qquad -x-1
\end{array}
$$

商　$\boldsymbol{x^2-x+1}$,
余り　$\boldsymbol{-x-1}$

13

(1)　$(x^2+2x-1)(x+2)+2x-3=\boldsymbol{x^3+4x^2+5x-5}$

(2)　$(2x^2-3x-1)(x-1)+5x-4=\boldsymbol{2x^3-5x^2+7x-3}$

14

(1)　(与式) $= \dfrac{x+2}{2(x+2)(x-2)} = \boldsymbol{\dfrac{1}{2(x-2)}}$

(2)　(与式) $= \dfrac{(x-3)(2x-5)}{(x+2)(2x-5)} = \boldsymbol{\dfrac{x-3}{x+2}}$

(3)　(与式) $= \dfrac{3(a+2b)}{(a+2b)(a^2-2ab+4b^2)} = \boldsymbol{\dfrac{3}{a^2-2ab+4b^2}}$

15

(1)　(与式) $= \dfrac{x+2}{x(x+1)} - \dfrac{3}{(x-2)(x+1)}$

$= \dfrac{(x-4)(x+1)}{x(x+1)(x-2)} = \boldsymbol{\dfrac{x-4}{x(x-2)}}$

← まず，分母を因数分解する．

← (1)(2) は部分分数に分解して計算する方法もある．

(2)　(与式) $= \dfrac{3}{(x+2)(x-1)} - \dfrac{2}{(x+1)(x-1)}$

$= \dfrac{x-1}{(x+2)(x+1)(x-1)} = \boldsymbol{\dfrac{1}{(x+2)(x+1)}}$

(3)　(与式) $= \dfrac{(x-4)(x+2)}{(x+2)^2} \times \dfrac{(x-3)(x+2)}{(x-2)(x-3)} = \boldsymbol{\dfrac{x-4}{x-2}}$

(4)　(与式) $= \dfrac{(x-1)(x-2)}{(x-5)(x+1)} \times \dfrac{(x-3)(x-5)}{(x-1)(x-3)} = \boldsymbol{\dfrac{x-2}{x+1}}$

16

(1)　(与式) $= \boldsymbol{\dfrac{1}{x-2} - \dfrac{1}{x-1}}$

(2)　(与式) $= \dfrac{2}{(x-1)(x+1)} = \boldsymbol{\dfrac{1}{x-1} - \dfrac{1}{x+1}}$

17　求める整式を $P(x)$ とする．

(1)　$x^3-2x^2+3x+2 = (x+1)P(x)-4$

$\iff \quad (x+1)P(x) = x^3-2x^2+3x+6$

$P(x) = \boldsymbol{x^2-3x+6}$

← $(x^3-2x^2+3x+6) \div (x+1)$ を計算する．

(2)　$4x^3+6x^2-3x+5 = (2x^2-x+1)P(x)-x+1$

$\iff \quad (2x^2-x+1)P(x) = 4x^3+6x^2-2x+4$

$P(x) = \boldsymbol{2x+4}$

18

(1) (与式) $= \dfrac{x-2}{(x-1)(x-2)} + \dfrac{x+3}{(x+3)(x-2)} + \dfrac{x+4}{(x+4)(x+1)}$

$= \dfrac{1}{x-1} + \dfrac{1}{x-2} + \dfrac{1}{x+1}$

$= \dfrac{(x-2)(x+1)+(x-1)(x+1)+(x-1)(x-2)}{(x-1)(x-2)(x+1)}$

$= \boldsymbol{\dfrac{3x^2-4x-1}{(x-1)(x-2)(x+1)}}$

(2) (与式) $= \left(\dfrac{1}{x+2} - \dfrac{1}{x+3}\right) - \left(\dfrac{1}{x+4} - \dfrac{1}{x+5}\right)$

$= \dfrac{1}{(x+2)(x+3)} - \dfrac{1}{(x+4)(x+5)}$ 　← 一度に通分すると面倒.

$= \dfrac{(x+4)(x+5)-(x+2)(x+3)}{(x+2)(x+3)(x+4)(x+5)}$

$= \boldsymbol{\dfrac{2(2x+7)}{(x+2)(x+3)(x+4)(x+5)}}$

(3) (与式) $= \left(1+\dfrac{1}{x+5}\right) - \left(1+\dfrac{5}{x+3}\right)$ 　← 割り算を行い，分子の次数を下げる.

$+ \left(1+\dfrac{5}{x+2}\right) - \left(1+\dfrac{1}{x}\right)$

$= \left(\dfrac{1}{x+5} - \dfrac{1}{x}\right) + 5\left(\dfrac{1}{x+2} - \dfrac{1}{x+3}\right)$

$= \dfrac{-5}{x(x+5)} + \dfrac{5}{(x+2)(x+3)}$

$= 5 \cdot \dfrac{-(x+2)(x+3)+x(x+5)}{x(x+2)(x+3)(x+5)}$

$= \boldsymbol{-\dfrac{30}{x(x+2)(x+3)(x+5)}}$

(4) (与式) $= \dfrac{x+1}{x(x-2)} \times \dfrac{(x-2)(x^2+2x+4)}{(x+1)^2} \times \dfrac{x}{x^2+2x+4}$

$= \boldsymbol{\dfrac{1}{x+1}}$

19

(1) (与式) $= \dfrac{(x-1)(x+1)}{x(x+1)-2} = \dfrac{(x-1)(x+1)}{(x+2)(x-1)} = \boldsymbol{\dfrac{x+1}{x+2}}$ 　← 分子，分母に $x+1$ を掛ける.

(2)　$(\text{与式}) = \dfrac{(x+1)(x+3)-3}{(x-1)(x+3)-5} = \dfrac{x(x+4)}{(x-2)(x+4)} = \boldsymbol{\dfrac{x}{x-2}}$

⬅分子，分母に $x+3$ を掛ける．

20

(1)　$(\text{与式}) = \left(\dfrac{1}{x} - \dfrac{1}{x+1}\right) + \left(\dfrac{1}{x+1} - \dfrac{1}{x+2}\right) + \left(\dfrac{1}{x+2} - \dfrac{1}{x+3}\right)$

$= \dfrac{1}{x} - \dfrac{1}{x+3} = \boldsymbol{\dfrac{3}{x(x+3)}}$

(2)　$(\text{与式}) = \dfrac{1}{3}\left(\dfrac{1}{x-3} - \dfrac{1}{x}\right) + \dfrac{1}{3}\left(\dfrac{1}{x-6} - \dfrac{1}{x-3}\right) + \dfrac{1}{3}\left(\dfrac{1}{x-9} - \dfrac{1}{x-6}\right)$

$= \dfrac{1}{3}\left(\dfrac{1}{x-9} - \dfrac{1}{x}\right) = \boldsymbol{\dfrac{3}{x(x-9)}}$

§3　等式・不等式の証明

21

(1)　(与式)　$\iff$　$(a-1)x^2 + (-2a+b-1)x + a-b+c = 0$

⬅$x^2 + x = (x-1)^2 + 3(x-1) + 2$ と変形してもよい．

$\begin{cases} a-1=0 \\ -2a+b-1=0 \\ a-b+c=0 \end{cases} \iff \boldsymbol{a=1,\ b=3,\ c=2}$

(2)　$(\text{右辺}) = \dfrac{a(x-1)+b(2x+1)}{(2x+1)(x-1)}$

⬅右辺の通分．

$= \dfrac{(a+2b)x - a + b}{(2x+1)(x-1)}$

$\begin{cases} a+2b=0 \\ -a+b=1 \end{cases} \iff \boldsymbol{a=-\dfrac{2}{3},\ b=\dfrac{1}{3}}$

⬅両辺の分子を比べる．

22

(1)　$(\text{右辺}) = \dfrac{1}{2}\{(a^2-2ab+b^2)+(b^2-2bc+c^2)+(c^2-2ca+a^2)\}$

$= a^2+b^2+c^2-ab-bc-ca = (\text{左辺})$

(2)　$(\text{左辺}) = \left(\dfrac{a+b}{2}\right)^2 + \left(\dfrac{a+b}{2}\right)^2 = \dfrac{1}{2}(a^2+2ab+b^2)$

$(\text{右辺}) = a^2+b^2 - \dfrac{1}{2}(a^2-2ab+b^2) = \dfrac{1}{2}(a^2+2ab+b^2)$

23　$(\text{左辺}) = (-c)(-a)(-b) + abc = 0$

⬅ $a+b=-c$,
$b+c=-a$,
$c+a=-b$

24

(1)　$(\text{左辺}) = (3x-1)^2 \geqq 0$

等号が成立するのは，$\boldsymbol{x = \dfrac{1}{3}}$ のとき．

(2)　$(\text{左辺}) = (x-1)^2 + (y-2)^2 \geqq 0$

等号が成立するのは，$\boldsymbol{x=1}$，$\boldsymbol{y=2}$ のとき．

⬅ 平方完成．
a，b 実数のとき
$a^2+b^2 \geqq 0$

(3)　$(|a|+|b|)^2 - |a-b|^2 = 2(|ab|+ab) \geqq 0$

⬅ $|A| \geqq -A$

$|a-b| \geqq 0$，$|a|+|b| \geqq 0$ であるから，

$|a-b| \leqq |a|+|b|$

⬅ $A \geqq B$
$\iff \quad A-B \geqq 0$

等号が成立するのは，$\boldsymbol{ab \leqq 0}$ のとき．

25

(1)　$a+b+\dfrac{1}{a+b} \geqq 2\sqrt{(a+b)\cdot\dfrac{1}{a+b}} = 2$

⬅ $a+b>0$ であるから，相加平均と相乗平均の関係を利用する．

等号が成立するのは

$$a+b = \frac{1}{a+b} \iff (a+b)^2 = 1 \iff \boldsymbol{a+b=1}$$

のとき．

(2)　$(\text{左辺}) = 2 + \dfrac{ad}{bc} + \dfrac{bc}{ad}$

$\dfrac{ad}{bc} + \dfrac{bc}{ad} \geqq 2\sqrt{\dfrac{ad}{bc}\cdot\dfrac{bc}{ad}} = 2$

ゆえに，$\left(\dfrac{a}{b}+\dfrac{c}{d}\right)\left(\dfrac{b}{a}+\dfrac{d}{c}\right) \geqq 4$

⬅ $\dfrac{ad}{bc} > 0$ であるから，相加平均と相乗平均の関係を利用する．
$\dfrac{a}{b}+\dfrac{c}{d} \geqq 2\sqrt{\dfrac{ac}{bd}}$
$\dfrac{b}{a}+\dfrac{d}{c} \geqq 2\sqrt{\dfrac{bd}{ac}}$
としてもよい．

等号が成立するのは

$$\frac{ad}{bc} = \frac{bc}{ad} \iff a^2d^2 = b^2c^2 \iff \boldsymbol{ad=bc}$$

のとき．

26

(1)　(右辺) $= ax^3 + (-3a+b)x^2 + (2a-b+c)x + d$

$$\begin{cases} 1 = a \\ 1 = -3a + b \\ 1 = 2a - b + c \\ 1 = d \end{cases} \iff \begin{cases} \boldsymbol{a = 1} \\ \boldsymbol{b = 4} \\ \boldsymbol{c = 3} \\ \boldsymbol{d = 1} \end{cases}$$

⬅ $x = 0$ として $d = 1$
$x = 1$ として $c + d = 4$
$x = 2$ として
$2b + 2c + d = 15$
$x = -1$ として
$-6a + 2b - c + d = 0$
として求める方法もある.

(2)　(右辺) $= \dfrac{a(x+1)(x+2) + bx(x+2) + cx(x+1)}{x(x+1)(x+2)}$

$$= \frac{(a+b+c)x^2 + (3a+2b+c)x + 2a}{x(x+1)(x+2)}$$

$$\begin{cases} a + b + c = 0 \\ 3a + 2b + c = 0 \\ 2a = 2 \end{cases} \iff \begin{cases} \boldsymbol{a = 1} \\ \boldsymbol{b = -2} \\ \boldsymbol{c = 1} \end{cases}$$

(3)　(右辺) $= \dfrac{a(3x^2+1) + (bx+c)(2x+1)}{(2x+1)(3x^2+1)}$

$$= \frac{(3a+2b)x^2 + (b+2c)x + a + c}{(2x+1)(3x^2+1)}$$

$$\begin{cases} 3a + 2b = 0 \\ b + 2c = 1 \\ a + c = 0 \end{cases} \iff \boldsymbol{a = -\frac{2}{7},\ b = \frac{3}{7},\ c = \frac{2}{7}}$$

27

$4x^3 + ax^2 - 6x + 2 = (x^2 + bx + 1)(cx + d)$ とおくと

⬅商は 1 次式.

(右辺) $= cx^3 + (bc+d)x^2 + (c+bd)x + d$

$$\begin{cases} 4 = c \\ a = bc + d \\ -6 = c + bd \\ 2 = d \end{cases} \iff \begin{cases} \boldsymbol{a = -18} \\ \boldsymbol{b = -5} \\ c = 4 \\ d = 2 \end{cases}$$

⬅両辺の係数を比べる.

商は $\boldsymbol{4x + 2}$

28

(1)　(左辺) $= a^2c^2 - a^2d^2 - b^2c^2 + b^2d^2$

(右辺) $= a^2c^2 + 2acbd + b^2d^2 - a^2d^2 - 2adbc - b^2c^2$

$= a^2c^2 + b^2d^2 - a^2d^2 - b^2c^2$

(2) $x^2-yz=x^2-y(-x-y)=x^2+xy+y^2$

$y^2-zx=y^2-(-x-y)x=y^2+x^2+xy$

$z^2-xy=(-x-y)^2-xy=x^2+xy+y^2$

← $z=-x-y$ を用いて z を消去する．
$(x^2-yz)-(y^2-zx)$
$=x^2-y^2+z(x-y)$
$=(x-y)(x+y+z)$
$=0$
などとしてもよい．

(3) $\dfrac{a}{b}=\dfrac{c}{d}=k$ とおくと $a=bk,\ c=dk$

(i) $(\text{左辺})=\dfrac{pbk+qdk}{pb+qd}=k=(\text{右辺})$

(ii) $(\text{左辺})=\dfrac{k^2(b^2-bd+d^2)}{b^2-bd+d^2}=k^2=(\text{右辺})$

29

(1) $(\text{左辺})-(\text{右辺})=\dfrac{a^2+b^2+c^2}{3}-\dfrac{a^2+b^2+c^2+2ab+2bc+2ca}{9}$

$=\dfrac{1}{9}(2a^2+2b^2+2c^2-2ab-2bc-2ca)$

$=\dfrac{1}{9}\left\{(a-b)^2+(b-c)^2+(c-a)^2\right\}\geqq 0$

← 等号は $a=b=c$ のとき成立する．

(2) $(\text{左辺})^2-(\text{右辺})^2=(a+b+2\sqrt{ab})-(a+b)$

$=2\sqrt{ab}>0$

← 両辺ともに正であるから平方して比べる．

30

(1) $(\text{左辺})=\left(\dfrac{b}{a}+\dfrac{a}{b}\right)+\left(\dfrac{c}{b}+\dfrac{b}{c}\right)+\left(\dfrac{a}{c}+\dfrac{c}{a}\right)$

$\dfrac{b}{a}+\dfrac{a}{b}\geqq 2,\ \dfrac{c}{b}+\dfrac{b}{c}\geqq 2,\ \dfrac{a}{c}+\dfrac{c}{a}\geqq 2$

← 相加平均と相乗平均の関係より．

ゆえに，　$\dfrac{b+c}{a}+\dfrac{c+a}{b}+\dfrac{a+b}{c}\geqq 6$

等号が成立するのは

$\dfrac{b}{a}=\dfrac{a}{b}$ かつ $\dfrac{c}{b}=\dfrac{b}{c}$ かつ $\dfrac{a}{c}=\dfrac{c}{a}$

$\iff\ \boldsymbol{a=b=c}$

のとき．

(2) $a+b+\dfrac{1}{\sqrt{ab}}\geqq 2\sqrt{ab}+\dfrac{1}{\sqrt{ab}}\geqq 2\sqrt{2\sqrt{ab}\cdot\dfrac{1}{\sqrt{ab}}}$

$=2\sqrt{2}$

← 相加平均と相乗平均の関係より．

等号が成立するのは

$$a=b \text{ かつ } 2\sqrt{ab}=\frac{1}{\sqrt{ab}} \iff \boldsymbol{a=b=\frac{1}{\sqrt{2}}}$$

のとき.

§4 複素数と2次方程式

31

(1) (与式) $=-i-1+i+1=\mathbf{0}$ ⬅ $i^2=-1$

(2) (与式) $=\mathbf{1+i}$

(3) (与式) $=6+8i+3i+4i^2=\mathbf{2+11i}$

(4) (与式) $=9-6i+i^2=\mathbf{8-6i}$

32

(1) $\alpha+\beta=-3$, $\alpha\beta=-4$ より ⬅ 2 解は 1, -4

$$\alpha^2\beta+\alpha\beta^2=\alpha\beta(\alpha+\beta)=\mathbf{12}$$

$$\alpha^2+\beta^2=(\alpha+\beta)^2-2\alpha\beta=\mathbf{17}$$

(2) $\alpha+\beta=\dfrac{5}{3}$, $\alpha\beta=\dfrac{4}{3}$ より ⬅ 2 解は $\dfrac{5\pm\sqrt{23}\,i}{6}$

$$(\alpha-\beta)^2=(\alpha+\beta)^2-4\alpha\beta=\mathbf{-\frac{23}{9}}$$

$$(\alpha+1)(\beta+1)=\alpha\beta+(\alpha+\beta)+1=\mathbf{4}$$

33

(1) (与式) $=\dfrac{(5+2i)(1+i)}{3(1-i)(1+i)}+\dfrac{(5-2i)(1-i)}{3(1+i)(1-i)}$

$$=\frac{(3+7i)+(3-7i)}{6}=\mathbf{1}$$

(2) (与式) $=\dfrac{4+3i-2-i}{1+2i-3-4i}=\dfrac{2+2i}{-2-2i}=\mathbf{-1}$

34

(1) (与式) $=(3+\sqrt{3}\,i)+(3-\sqrt{3}\,i)=\mathbf{6}$

(2) (与式) $=(3+\sqrt{3}\,i)(3-\sqrt{3}\,i)=\mathbf{12}$

(3) (与式) $=(x+y)^2-xy=36-12=\mathbf{24}$ ⬅ $x+y$, xy で表すことができる.

(4) (与式) $=(x+y)^3-3xy(x+y)=216-216=\mathbf{0}$

35

(1)　(与式)　$\iff$　$(2a-b)+(a+3)i=i$

$$\begin{cases}2a-b=0\\a+3=1\end{cases}\iff\begin{cases}\boldsymbol{a=-2}\\\boldsymbol{b=-4}\end{cases}$$

⬅ $p+qi=r+si$ $\iff$ $p=r,\ q=s$

(2)　(与式)　$\iff$　$(2a-3b)+(3a+2b)i=1$

$$\begin{cases}2a-3b=1\\3a+2b=0\end{cases}\iff\begin{cases}\boldsymbol{a=\dfrac{2}{13}}\\\boldsymbol{b=-\dfrac{3}{13}}\end{cases}$$

⬅ $a+bi=\dfrac{1}{2+3i}=\dfrac{2-3i}{13}$ としてもよい.

(3)　(与式)　$\iff$　$(a+bi)(2+5i)=-31+24i$

$\iff$　$(2a-5b)+(5a+2b)i=-31+24i$

$$\begin{cases}2a-5b=-31\\5a+2b=24\end{cases}\iff\begin{cases}\boldsymbol{a=2}\\\boldsymbol{b=7}\end{cases}$$

⬅ $a+bi=\dfrac{-31+24i}{2+5i}=2+7i$ としてもよい.

(4)　(与式)　$\iff$　$a^2-b^2+2abi=2i$

⬅ a, b は実数.

$$\begin{cases}a^2-b^2=0 & \cdots\cdots①\\ab=1 & \cdots\cdots②\end{cases}$$

②より a, b は同符号であるから, ①より $a=b$

ゆえに, $\boldsymbol{a=b=\pm1}$

36

(1)　(与式)　$\iff$　$2x^2-(2\sqrt{2}+2\sqrt{3})x+2\sqrt{6}=0$

$\iff$　$x^2-(\sqrt{2}+\sqrt{3})x+\sqrt{6}=0$

$\iff$　$(x-\sqrt{2})(x-\sqrt{3})=0$

$\iff$　$\boldsymbol{x=\sqrt{2},\ \sqrt{3}}$

⬅ 両辺に $\sqrt{2}$ を掛けて x^2 の係数を有理化.

(2)　(与式)　$\iff$　$x^2-2(2-\sqrt{3})x+(2-\sqrt{3})^2=0$

$\iff$　$(x-2+\sqrt{3})^2=0$　$\iff$　$\boldsymbol{x=2-\sqrt{3}}$

⬅ 両辺に $2-\sqrt{3}$ を掛ける.

(3)　(与式)　$\iff$　$x^2-6x+10=0$　$\iff$　$\boldsymbol{x=3\pm i}$

(4)　(与式)　$\iff$　$x-1=\dfrac{-3\pm\sqrt{3}\,i}{6}$

$\iff$　$\boldsymbol{x=\dfrac{3\pm\sqrt{3}\,i}{6}}$

⬅ $x-1$ をまとめて考える. (与式) $\iff$ $3x^2-3x+1=0$ としてもよい.

37　方程式の判別式を D とする．

(1)　$\frac{D}{4}=(a-1)^2-(a^2-1)=-2(a-1)$

$\boldsymbol{a<1}$ **のとき，異なる 2 つの実数解**

$\boldsymbol{a=1}$ **のとき，実数の重解**

$\boldsymbol{a>1}$ **のとき，共役な 2 つの虚数解**

(2)　$D=a^2-16=(a+4)(a-4)$

$\boldsymbol{a<-4,\ a>4}$ **のとき，異なる 2 つの実数解**

$\boldsymbol{a=\pm 4}$ **のとき，実数の重解**

$\boldsymbol{-4<a<4}$ **のとき，共役な 2 つの虚数解**

38　$\alpha+\beta=-5,\ \alpha\beta=3$

(1)　$(\alpha+2)+(\beta+2)=\alpha+\beta+4=-1$

$(\alpha+2)(\beta+2)=\alpha\beta+2(\alpha+\beta)+4=-3$

$\boldsymbol{x^2+x-3=0}$

← $x+2=t$
$\iff x=t-2$
とおき
$x^2+5x+3=t^2+t-3$
と変形してもよい．

(2)　$\alpha^2+\beta^2=(\alpha+\beta)^2-2\alpha\beta=19$

$\alpha^2\beta^2=(\alpha\beta)^2=9$

$\boldsymbol{x^2-19x+9=0}$

(3)　$\frac{\beta}{\alpha}+\frac{\alpha}{\beta}=\frac{(\alpha+\beta)^2-2\alpha\beta}{\alpha\beta}=\frac{19}{3}$

$\frac{\beta}{\alpha}\cdot\frac{\alpha}{\beta}=1$

$\boldsymbol{x^2-\frac{19}{3}x+1=0}$

← $3x^2-19x+3=0$
などでもよい．

39　方程式の判別式を D，2 つの解を α，β $(\alpha\neq\beta)$ とする．

(1)　$D>0,\ \alpha+\beta>0,\ \alpha\beta>0$

← 正であるためには実数でなければならない．
また，$\alpha\neq\beta$ より
$D>0$

$$\iff \begin{cases}(p+2)^2-(2p+7)>0\\ 2(p+2)>0\\ 2p+7>0\end{cases}$$

$$\iff \begin{cases}p<-3,\ p>1\\ p>-2\\ p>-\frac{7}{2}\end{cases} \iff \boldsymbol{p>1}$$

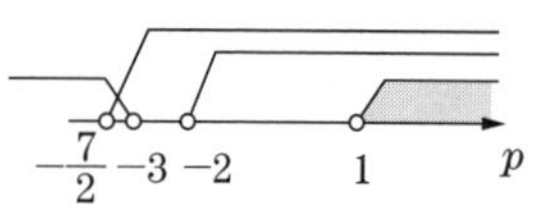

(2)　$D>0$, $\alpha+\beta<0$, $\alpha\beta>0$

$$\iff \begin{cases} p<-3,\ 1<p \\ p<-2 \\ p>-\dfrac{7}{2} \end{cases} \iff \boldsymbol{-\frac{7}{2}<p<-3}$$

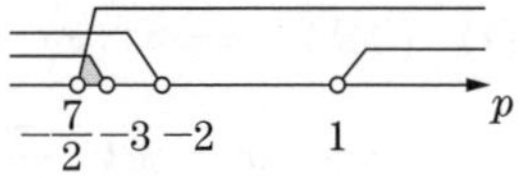

(3)　$\alpha\beta=2p+7<0$　より　$\boldsymbol{p<-\frac{7}{2}}$

⬅ $ax^2+bx+c=0$ $(a\neq 0)$ で
$\alpha\beta=\dfrac{c}{a}<0$
$\iff\ ac<0$
このとき
$D=b^2-4ac>0$
となる.

§5　因数定理, 高次方程式

40

(1)　$P(-2)=\mathbf{17}$

⬅ 剰余の定理.

(2)　$P\left(-\dfrac{3}{2}\right)=\mathbf{0}$

41　与式を $P(x)$ とおく.

(1)　$P(-1)=0$ となるから

$P(x)=\boldsymbol{(x+1)(x^2+x+1)}$

$$\begin{array}{cccc|c} 1 & 2 & 2 & 1 & -1 \\ & -1 & -1 & -1 & \\ \hline 1 & 1 & 1 & 0 & \end{array}$$

⬅ $P(\alpha)=0$ となる α の候補は 1 の約数 ±1

(2)　$P(1)=0$ となるから

$P(x)=(x-1)(x^2-x-6)$

$=\boldsymbol{(x-1)(x-3)(x+2)}$

$$\begin{array}{cccc|c} 1 & -2 & -5 & 6 & 1 \\ & 1 & -1 & -6 & \\ \hline 1 & -1 & -6 & 0 & \end{array}$$

⬅ 候補は ±1, ±2, ±3, ±6

(3)　$P(-2)=0$ となるから

$P(x)=(x+2)(x^2-2x-15)$

$=\boldsymbol{(x+2)(x+3)(x-5)}$

$$\begin{array}{cccc|c} 1 & 0 & -19 & -30 & -2 \\ & -2 & 4 & 30 & \\ \hline 1 & -2 & -15 & 0 & \end{array}$$

⬅ 候補は ±1, ±2, ±3, ±5, ±6, ±10, ±15, ±30

(4)　$P(-1)=0$ となるから

$P(x)=(x+1)(4x^2-4x+1)$

$=\boldsymbol{(x+1)(2x-1)^2}$

$$\begin{array}{cccc|c} 4 & 0 & -3 & 1 & -1 \\ & -4 & 4 & -1 & \\ \hline 4 & -4 & 1 & 0 & \end{array}$$

⬅ 定数項 1 の約数を x^3 の係数 4 の約数で割ったものが $P(\alpha)=0$ となる α の候補.
候補は ±1, $\pm\dfrac{1}{2}$, $\pm\dfrac{1}{4}$

42

(1) (与式) $\iff$ $(x-1)(x+1)(x^2+x+1)(x^2-x+1)=0$　⬅左辺を因数分解する.

$\iff$ $\boldsymbol{x=\pm 1,\ \dfrac{-1\pm\sqrt{3}\,i}{2},\ \dfrac{1\pm\sqrt{3}\,i}{2}}$　⬅$x=\pm1,\ \pm\omega,\ \pm\omega^2$

(2) (与式) $\iff$ $(x^2-9)(x^2+4)=0$

$\iff$ $(x+3)(x-3)(x^2+4)=0$

$\iff$ $\boldsymbol{x=\pm 3,\ \pm 2i}$

(3) (左辺) $=(x^2-1)^2-x^2=(x^2+x-1)(x^2-x-1)$　⬅複 2 次式の因数分解.

(与式) $\iff$ $\boldsymbol{x=\dfrac{-1\pm\sqrt{5}}{2},\ \dfrac{1\pm\sqrt{5}}{2}}$

(4) $P(x)=x^3+5x^2+2x-8$ とおくと，$P(1)=0$

$P(x)=(x-1)(x^2+6x+8)$

$=(x-1)(x+2)(x+4)$

(与式) $\iff$ $\boldsymbol{x=1,\ -2,\ -4}$

⬅

1	5	2	−8	1
	1	6	8	
1	6	8	0	

(5) $P(x)=3x^3+x^2-8x+4$ とおくと，$P(1)=0$

$P(x)=(x-1)(3x^2+4x-4)=(x-1)(x+2)(3x-2)$

(与式) $\iff$ $\boldsymbol{x=1,\ -2,\ \dfrac{2}{3}}$

⬅

3	1	−8	4	1
	3	4	−4	
3	4	−4	0	

(6) (与式) $\iff$ $x^3-3x^2-x-45=0$

$P(x)=x^3-3x^2-x-45$ とおくと，$P(5)=0$　⬅$45=3^2\cdot 5$ に注意.

1	−3	−1	−45	5
	5	10	45	
1	2	9	0	

$P(x)=(x-5)(x^2+2x+9)$

(与式) $\iff$ $\boldsymbol{x=5,\ -1\pm 2\sqrt{2}\,i}$

43

(1) $P(-2)=0$ $\iff$ $4a-1=0$ $\iff$ $\boldsymbol{a=\dfrac{1}{4}}$　⬅因数定理の利用.

(2) $\begin{cases} P(1)=0 \\ P(-2)=0 \end{cases}$ $\iff$ $\begin{cases} a+b-3=0 \\ -8a-2b=0 \end{cases}$　⬅$P(x)$ が $x-1$，$x+2$ で割り切れる条件を求める.

$\iff$ $\begin{cases} \boldsymbol{a=-1} \\ \boldsymbol{b=4} \end{cases}$

44

(1)　$P(x)=(x-1)(2x-1)Q(x)+ax+b$ と表せるから

$$P(1)=a+b,\ P\left(\frac{1}{2}\right)=\frac{1}{2}a+b$$

$$\begin{cases} a+b=4 \\ \frac{1}{2}a+b=3 \end{cases} \iff \begin{cases} a=2 \\ b=2 \end{cases}$$

余り $\boldsymbol{2x+2}$

← $2x^2-3x+1=(x-1)(2x-1)$
$P(x)$ を 2 次式で割ると余りは $ax+b$ の形.

← $P(1)=4$, $P\left(\frac{1}{2}\right)=3$

(2)　$P(x)=(2x-3)(x+1)Q(x)-2x+1$ と表せるから，余りは

$$P(-1)=\boldsymbol{3},\ P\left(\frac{3}{2}\right)=\boldsymbol{-2}$$

← $2x^2-x-3=(2x-3)(x+1)$

45　方程式の左辺を $P(x)$ とおく.

(1)　$P(-1)=0$ より

$$P(x)=(x+1)(2x^2-x-3)=(2x-3)(x+1)^2$$

(与式)　$\iff$　$\boldsymbol{x=\frac{3}{2},\ -1}$

← 3 の約数から -1 をみつける. $x+1$ を因数とするから，$x+1$ で割り算をする.

(2)　$P\left(\frac{1}{2}\right)=0$ より

$$P(x)=(2x-1)(x^2+2x-1)$$

(与式)　$\iff$　$\boldsymbol{x=\frac{1}{2},\ -1\pm\sqrt{2}}$

←

2	3	−4	1	$\frac{1}{2}$
	1	2	−1	
2	4	−2	0	

(3)　$P(1)=0$ より

$$P(x)=(x-1)Q(x),\quad Q(x)=x^3-3x^2+4x-4$$

$Q(2)=0$ より　$Q(x)=(x-2)(x^2-x+2)$

ゆえに

$$P(x)=(x-1)(x-2)(x^2-x+2)$$

(与式)　$\iff$　$\boldsymbol{x=1,\ 2,\ \frac{1\pm\sqrt{7}i}{2}}$

←

1	−4	7	−8	4	1
	1	−3	4	−4	
1	−3	4	−4	0	2
	2	−2	4		
1	−1	2	0		

(4)　$x^2+x=t$ とおくと

$$P(x)=t^2-6t+8=(t-2)(t-4)$$

よって，　$P(x)=0$　$\iff$　$t=2,\ 4$

$t=2$ のとき，$x^2+x-2=0$　$\iff$　$x=-2,\ 1$

$t=4$ のとき，$x^2+x-4=0$　$\iff$　$x=\frac{-1\pm\sqrt{17}}{2}$

(与式) $\iff$ $\boldsymbol{x=-2,\ 1,\ \dfrac{-1\pm\sqrt{17}}{2}}$

(5) (与式) $\iff$ $(x+1)(x-5)(x+3)(x-7)+63=0$

$\iff$ $(x^2-4x-5)(x^2-4x-21)+63=0$

← 左辺の 1 次式を並べかえる.

$x^2-4x=t$ とおくと

(与式) $\iff$ $(t-5)(t-21)+63=0$ $\iff$ $t=12,\ 14$

$t=12$ のとき, $x^2-4x-12=0$ $\iff$ $x=-2,\ 6$

$t=14$ のとき, $x^2-4x-14=0$ $\iff$ $x=2\pm3\sqrt{2}$

(与式) $\iff$ $\boldsymbol{x=-2,\ 6,\ 2\pm3\sqrt{2}}$

46 ω は $x^3=1$ の虚数解であるから

$\omega^3=1,\ \omega^2+\omega+1=0$

← $x^3-1=0$ $\iff$ $x=1$ または $x^2+x+1=0$

(1) (与式)$=1+1+1=\boldsymbol{3}$

(2) (与式)$=\dfrac{1+\omega+\omega^2}{\omega^2}=\boldsymbol{0}$

47 方程式に $x=1-\sqrt{2}\,i$ を代入して

$(1-\sqrt{2}\,i)^3+a(1-\sqrt{2}\,i)^2+(1-\sqrt{2}\,i)+b=0$

$\iff$ $-a+b-4-2\sqrt{2}\,(a+1)i=0$

$\iff$ $\begin{cases}-a+b-4=0\\ a+1=0\end{cases}$ $\iff$ $\begin{cases}\boldsymbol{a=-1}\\ \boldsymbol{b=3}\end{cases}$

← $x=1+\sqrt{2}i$ も解であるから, x^3+ax^2+x+b が $(x-1-\sqrt{2}i)(x-1+\sqrt{2}i)=x^2-2x+3$ で割り切れることを用いてもよい.

方程式は, $x^3-x^2+x+3=0$ $\iff$ $(x^2-2x+3)(x+1)=0$ ← 因数定理.

となり, **他の解は** $\boldsymbol{1+\sqrt{2}\,i,\ -1}$

48 (与式) $\iff$ $(x+1)(x^2-2ax+2)=0$

← 方程式の左辺を $P(x)$ とすると $P(-1)=0$

より $x^2-2ax+2=0$ が $x\neq-1$ の異なる 2 実数解をもてばよいから

$a^2-2>0$ かつ $2a+3\neq0$ ← $\dfrac{D}{4}=a^2-2$

$\iff$ 「$a<-\sqrt{2},\ \sqrt{2}<a$」かつ $a\neq-\dfrac{3}{2}$

$\iff$ $\boldsymbol{a<-\dfrac{3}{2},\ -\dfrac{3}{2}<a<-\sqrt{2},\ \sqrt{2}<a}$

§6　点，直線

49

中点　$\left(\mathbf{1},\ \dfrac{\mathbf{15}}{\mathbf{2}}\right)$

$$\frac{3\cdot(-4)+1\cdot6}{1+3}=-\frac{3}{2},\quad \frac{3\cdot6+1\cdot9}{1+3}=\frac{27}{4}$$

$$\frac{-3\cdot(-4)+1\cdot6}{1-3}=-9,\quad \frac{-3\cdot6+1\cdot9}{1-3}=\frac{9}{2}$$

内分点　$\left(-\dfrac{\mathbf{3}}{\mathbf{2}},\ \dfrac{\mathbf{27}}{\mathbf{4}}\right)$，　外分点　$\left(\mathbf{-9},\ \dfrac{\mathbf{9}}{\mathbf{2}}\right)$

$\mathrm{AB}=\sqrt{(-4-6)^2+(6-9)^2}=\boldsymbol{\sqrt{109}}$

⬅ $\left(\dfrac{nx_1+mx_2}{m+n},\ \dfrac{ny_1+my_2}{m+n}\right)$
$mn>0$：内分
$mn<0$：外分

50

(1)　$\boldsymbol{\dfrac{x}{3}+\dfrac{y}{2}=1}$　$\left(2x+3y-6=0,\ y=-\dfrac{2}{3}x+2\right)$

⬅切片形
x 切片 a，y 切片 b
$(ab\neq0)$ の直線は
$\dfrac{x}{a}+\dfrac{y}{b}=1$

(2)　$\boldsymbol{y=x-1}$　$(x-y-1=0)$

(3)　$\boldsymbol{x=-3}$

⬅y 軸に平行．

51

(1)　$\dfrac{|2\cdot3-3\cdot1+1|}{\sqrt{2^2+(-3)^2}}=\boldsymbol{\dfrac{4\sqrt{13}}{13}}$

(2)　$|3-(-1)|=\mathbf{4}$

⬅l は y 軸に平行．

52

(1)　$l:(x-3y+3)k+(2x-y-4)=0$ より

⬅k に関する恒等式．

$$\begin{cases}x-3y+3=0\\2x-y-4=0\end{cases}\iff\begin{cases}x=3\\y=2\end{cases}$$

定点 **(3, 2)** を通る．

(2)　$x=1,\ y=1$ とおくと $\boldsymbol{k=3}$

$\boldsymbol{l:x-2y+1=0}$

53

(1)　$\mathrm{AB}=5,\ \mathrm{BC}=5\sqrt{2},\ \mathrm{CA}=5$

A を直角の頂点とする直角二等辺三角形

(2) $AB=\sqrt{85}$, $BC=\sqrt{85}$, $CA=2\sqrt{5}$

AB = BC の二等辺三角形

⬅頂角 B は鋭角.

54 求める点を $P(x,y)$ とする.

⬅2 点 B, P を結ぶ線分の中点は A である.

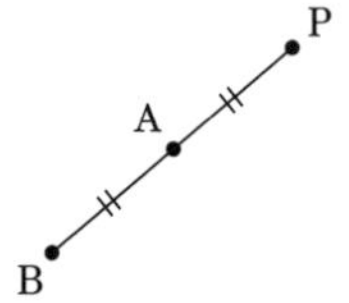

(1) $\dfrac{1+x}{2}=2,\ \dfrac{-1+y}{2}=3 \iff x=3,\ y=7$

$P(\mathbf{3},\mathbf{7})$

(2) $\dfrac{-1+x}{2}=1,\ \dfrac{4+y}{2}=3 \iff x=3,\ y=2$

$P(\mathbf{3},\mathbf{2})$

55

(1) 求める点の座標を (x,y) とする.

$$(x-1)^2+(y-9)^2=(x+2)^2+(y-4)^2=(x-3)^2+(y-1)^2$$

$$\iff -2x-18y+82=4x-8y+20=-6x-2y+10$$

$$\iff \begin{cases}3x+5y-31=0\\ x-4y+18=0\end{cases} \iff \begin{cases}x=2\\ y=5\end{cases}$$

$(\mathbf{2},\mathbf{5})$

(2) 3 頂点の座標をそれぞれ (x_1,y_1), (x_2,y_2), (x_3,y_3) とする.

$$\begin{cases}\dfrac{x_1+x_2}{2}=1\\ \dfrac{x_2+x_3}{2}=-1\\ \dfrac{x_3+x_1}{2}=3\end{cases} \iff \begin{cases}x_1+x_2=2\\ x_2+x_3=-2\\ x_3+x_1=6\end{cases} \iff \begin{cases}x_1=5\\ x_2=-3\\ x_3=1\end{cases}$$

$$\begin{cases}\dfrac{y_1+y_2}{2}=1\\ \dfrac{y_2+y_3}{2}=0\\ \dfrac{y_3+y_1}{2}=-1\end{cases} \iff \begin{cases}y_1+y_2=2\\ y_2+y_3=0\\ y_3+y_1=-2\end{cases} \iff \begin{cases}y_1=0\\ y_2=2\\ y_3=-2\end{cases}$$

3 頂点の座標は $(\mathbf{5},\mathbf{0})$, $(\mathbf{-3},\mathbf{2})$, $(\mathbf{1},\mathbf{-2})$

$\dfrac{5+(-3)+1}{3}=1,\ \dfrac{0+2+(-2)}{3}=0$ より重心の座標は $(\mathbf{1},\mathbf{0})$

(3) C の座標を (x,y) とする. $AB=BC=CA$ であるから

$(x+2)^2+(y-3)^2=20$ ……①

⬅$AB=2\sqrt{5}$

$(x-2)^2+(y-1)^2=20$ ……②

①，② より

$$8x-4y+8=0 \iff y=2x+2 \quad \cdots\cdots③$$

①に代入して　$(x+2)^2+(2x-1)^2=20 \iff x=\pm\sqrt{3}$

③に代入して　$y=2\pm2\sqrt{3}$

$\mathbf{C(\pm\sqrt{3},\,2\pm2\sqrt{3})}$（複号同順）

56

(1)　2 点 $(-1,1)$，$(1,-3)$ を通る直線 $y=-2x-1$ 上に点 $(a,3)$ があるから

⬅傾きだけで求めることもできる．

$$3=-2a-1 \iff a=\mathbf{-2}$$

(2)　2 点 $(6,-1)$，$(0,a)$ を通る直線 $y=-\dfrac{a+1}{6}x+a$ 上に点 $(a,1)$ があるから

$$1=\frac{-(a+1)a}{6}+a \iff a^2-5a+6=0$$

$$\iff a=\mathbf{2,\ 3}$$

57

(1)　平行　$y+1=2(x-2) \iff \boldsymbol{y=2x-5}$

垂直　$y+1=-\dfrac{1}{2}(x-2) \iff \boldsymbol{y=-\dfrac{1}{2}x}$

(2)　l は $y=-\dfrac{2}{3}x-\dfrac{4}{3}$ と変形できるから

平行　$y-1=-\dfrac{2}{3}(x-3) \iff \boldsymbol{y=-\dfrac{2}{3}x+3}$

$(2x+3y-9=0)$

垂直　$y-1=\dfrac{3}{2}(x-3) \iff \boldsymbol{y=\dfrac{3}{2}x-\dfrac{7}{2}}$

$(3x-2y-7=0)$

58　2 点 $(-1,1)$，$(2,5)$ を通る直線の方程式は $4x-3y+7=0$ で，点 $(3,2)$ からこの直線までの距離 d は

⬅$y-1=\dfrac{5-1}{2-(-1)}(x+1)$

$$d=\frac{|4\cdot3-3\cdot2+7|}{\sqrt{4^2+(-3)^2}}=\frac{13}{5}$$

2 点 $(-1,1)$，$(2,5)$ 間の距離 a は

$$a=\sqrt{(2+1)^2+(5-1)^2}=5$$

求める面積は　$\dfrac{1}{2}ad=\mathbf{\dfrac{13}{2}}$

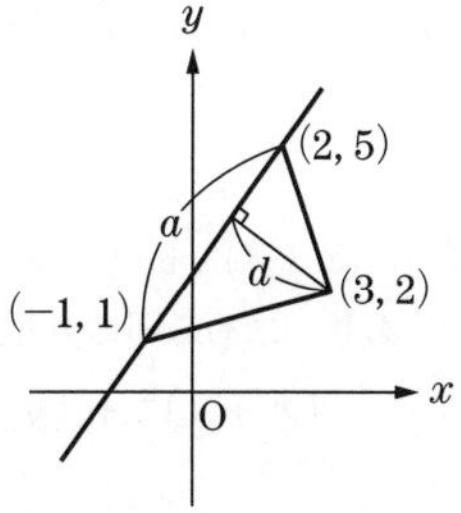

（参考）　O，$A(a_1,a_2)$，$B(b_1,b_2)$ を 3 頂点とする △OAB の面積は $\frac{1}{2}|a_1b_2-a_2b_1|$ で求められる．

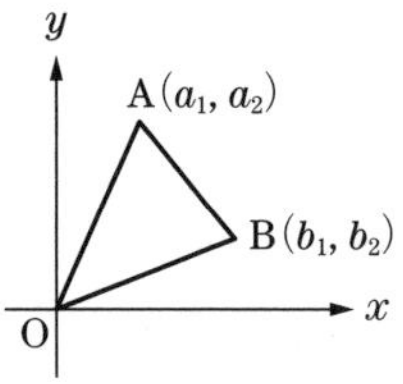

3 点を x 軸方向に 1，y 軸方向に -1 平行移動すると，$(0,0)$，$(3,4)$，$(4,1)$ となるから，面積は $\frac{1}{2}|3\cdot1-4\cdot4|=\frac{13}{2}$

§7　円の方程式

59

(1)　$\boldsymbol{(x-1)^2+(y-2)^2=9}$ $(x^2+y^2-2x-4y-4=0)$

(2)　$\boldsymbol{(x+3)^2+(y-1)^2=4}$ $(x^2+y^2+6x-2y+6=0)$

(3)　$(x+1)^2+(y-2)^2=r^2$ が点 $(3,3)$ を通るから　　⬅円の標準形．

$r^2=4^2+1^2=17$

$\boldsymbol{(x+1)^2+(y-2)^2=17}$ $(x^2+y^2+2x-4y-12=0)$

(4)　中心は $(2,-1)$，半径は $\sqrt{(5-2)^2+(1+1)^2}=\sqrt{13}$　　⬅中心は 2 点 $(-1,-3)$，$(5,1)$ の中点．

$\boldsymbol{(x-2)^2+(y+1)^2=13}$ $(x^2+y^2-4x+2y-8=0)$

(5)　$x^2+y^2+ax+by+c=0$ が 3 点を通るとする．　　⬅円の一般形．

$$\begin{cases}8a+4b+c+80=0\\3a-b+c+10=0\\6a+8b+c+100=0\end{cases}\iff\begin{cases}a=-6\\b=-8\\c=0\end{cases}$$

$\boldsymbol{x^2+y^2-6x-8y=0}$ $((x-3)^2+(y-4)^2=25)$

60

(1)　$x^2+(y+1)^2=5$　中心 $\boldsymbol{(0,-1)}$，半径 $\boldsymbol{\sqrt{5}}$

(2)　$(x-3)^2+y^2=9$　中心 $\boldsymbol{(3,0)}$，半径 $\boldsymbol{3}$

(3)　$(x-1)^2+(y+1)^2=4$　中心 $\boldsymbol{(1,-1)}$，半径 $\boldsymbol{2}$

(4)　$(x+2)^2+(y-3)^2=2$　中心 $\boldsymbol{(-2,3)}$，半径 $\boldsymbol{\sqrt{2}}$

(5)　$(x-3)^2+(y+2)^2=13$　中心 $\boldsymbol{(3,-2)}$，半径 $\boldsymbol{\sqrt{13}}$

61

(1)　$(x+1)^2+(y-2)^2=5$ は，中心 $(-1,2)$，半径 $\sqrt{5}$ の円であり，求める円の方程式は

$\boldsymbol{(x+1)^2+(y-2)^2=20}$　$(x^2+y^2+2x-4y-15=0)$

(2)　$(x-3)^2+(y+4)^2=20$ は，中心は $(3,-4)$ の円であり，求める円の方程式は $(x-3)^2+(y+4)^2=r^2$ とおける．これが原点を通るから $r^2=25$

$$\boldsymbol{(x-3)^2+(y+4)^2=25} \quad (x^2+y^2-6x+8y=0)$$

(3)　$\boldsymbol{(x+2)^2+(y+4)^2=4} \quad (x^2+y^2+4x+8y+16=0)$

⬅ y 軸に接するから半径は 2

(4)　中心は $(2,2)$ であるから

$$\boldsymbol{(x-2)^2+(y-2)^2=4} \quad (x^2+y^2-4x-4y+4=0)$$

(5)　中心 $(-a,a)$，半径 a $(a>0)$ としてよい．

⬅ 点 $(-1,8)$ は第 2 象限の点であり，中心も第 2 象限にある．

円 $(x+a)^2+(y-a)^2=a^2$ が点 $(-1,8)$ を通るから

$$(-1+a)^2+(8-a)^2=a^2 \iff a^2-18a+65=0$$
$$\iff a=13,\ 5$$

$$\boldsymbol{(x+13)^2+(y-13)^2=169} \quad (x^2+y^2+26x-26y+169=0)$$
$$\boldsymbol{(x+5)^2+(y-5)^2=25} \quad (x^2+y^2+10x-10y+25=0)$$

(6)　円 $(x-a)^2+y^2=r^2$ が点 $(-1,2)$，$(4,-3)$ を通るから

⬅ 中心 $(a,0)$ としてよい．$x^2+y^2+px+q=0$ とおくこともできる．

$$\begin{cases}(-1-a)^2+4=r^2\\(4-a)^2+9=r^2\end{cases} \iff \begin{cases}a=2\\r^2=13\end{cases}$$

⬅ r を消去して $(a+1)^2+4=(a-4)^2+9 \iff a=2$

$$\boldsymbol{(x-2)^2+y^2=13} \quad (x^2+y^2-4x-9=0)$$

(7)　円 $(x-a)^2+(y-a)^2=10$ が点 $(-1,-5)$ を通るから

⬅ 中心が $y=x$ 上にあるから (a,a) とおける．

$$(-1-a)^2+(-5-a)^2=10$$
$$\iff a^2+6a+8=0 \iff a=-2,\ -4$$

$$\boldsymbol{(x+2)^2+(y+2)^2=10} \quad (x^2+y^2+4x+4y-2=0)$$
$$\boldsymbol{(x+4)^2+(y+4)^2=10} \quad (x^2+y^2+8x+8y+22=0)$$

62　2 円の半径を r_1，r_2，中心間の距離を d とする．

(1)　$r_1=2$，$r_2=1$，$d=\sqrt{10}$ より

$d>r_1+r_2$ となり，**2 円は共有点がない．（分離）**

(2)　$r_1=\sqrt{3}$，$r_2=1$，$d=\sqrt{2}$ から

⬅ $x^2+y^2=3$，$(x-1)^2+(y-1)^2=1$

$r_1+r_2=\sqrt{3}+1$，$r_1-r_2=\sqrt{3}-1$ より

$r_1-r_2<d<r_1+r_2$ となり，**2 円は交わる．**

(3) $r_1 = 2\sqrt{2}$, $r_2 = \sqrt{2}$, $d = \dfrac{5\sqrt{2}}{2}$ から

$r_1 + r_2 = 3\sqrt{2}$, $r_1 - r_2 = \sqrt{2}$ より

$r_1 - r_2 < d < r_1 + r_2$ となり，2 円は**交わる.**

← $(x-2)^2+(y-3)^2=8$, $\left(x+\dfrac{1}{2}\right)^2+\left(y-\dfrac{1}{2}\right)^2=2$

(4) $r_1 = 3\sqrt{5}$, $r_2 = 2\sqrt{5}$, $d = \sqrt{5}$ より

$d = r_1 - r_2 (\neq 0)$ となり，2 円は**内接する.**

← $x^2+y^2=45$, $(x-2)^2+(y+1)^2=20$

(5) $r_1 = 1$, $r_2 = 4$, $d = 5$ より

$d = r_1 + r_2$ となり，2 円は**外接する.**

← $(x+1)^2+(y-1)^2=1$, $(x-2)^2+(y-5)^2=16$

63

(1) 2 円の中心間の距離は 5 であり，求める円の半径を r とすると

$$r + 2 = 5 \iff r = 3$$

← $r + R = d$

$$\boldsymbol{(x+4)^2 + (y-3)^2 = 9} \quad (x^2 + y^2 + 8x - 6y + 16 = 0)$$

(2) 求める円の中心を (a, b) とすると，中心間の距離は $\sqrt{a^2+b^2}$

$$a^2 + b^2 = 36 \qquad \cdots\cdots①$$

← 中心間の距離が半径の和で 6

$(x-a)^2 + (y-b)^2 = 16$ が点 $(5, 5\sqrt{3})$ を通るから

$$(5-a)^2 + (5\sqrt{3}-b)^2 = 16$$

$$\iff a^2 + b^2 - 10a - 10\sqrt{3}b + 84 = 0 \qquad \cdots\cdots②$$

①，②より $36 - 10a - 10\sqrt{3}b + 84 = 0 \iff a = -\sqrt{3}b + 12$

①に代入して $(-\sqrt{3}b + 12)^2 + b^2 = 36 \iff b^2 - 6\sqrt{3}b + 27 = 0$

ゆえに，$a = 3$, $b = 3\sqrt{3}$

$$\boldsymbol{(x-3)^2 + (y-3\sqrt{3})^2 = 16} \quad (x^2 + y^2 - 6x - 6\sqrt{3}y + 20 = 0)$$

(3) $(x-a)^2 + (y-a-1)^2 = 16$ が点 $(5, 10)$ を通るから

← 中心は $(a, a+1)$ とおける.

$$(5-a)^2 + (9-a)^2 = 16 \iff a^2 - 14a + 45 = 0$$

$$\iff a = 5,\ 9$$

$$\boldsymbol{(x-5)^2 + (y-6)^2 = 16} \quad (x^2 + y^2 - 10x - 12y + 45 = 0)$$

$$\boldsymbol{(x-9)^2 + (y-10)^2 = 16} \quad (x^2 + y^2 - 18x - 20y + 165 = 0)$$

(4) $(x-a)^2 + (y-2a+9)^2 = r^2$ が 2 点 $(-1, -1)$, $(4, 4)$ を通るから

← 中心は $(a, 2a-9)$ とおける.

$$\begin{cases} (-1-a)^2 + (8-2a)^2 = r^2 \\ (4-a)^2 + (13-2a)^2 = r^2 \end{cases} \iff \begin{cases} a = 4 \\ r^2 = 25 \end{cases}$$

← 2 点 $(-1, -1)$, $(4, 4)$ を結ぶ線分の垂直二等分線と直線 $y = 2x - 9$ の交点が円の中心であることを用いてもよい.

$$\boldsymbol{(x-4)^2 + (y+1)^2 = 25} \quad (x^2 + y^2 - 8x + 2y - 8 = 0)$$

64　$x+3y-7=0$　……①

$x-3y-1=0$　……②

$x-y+1=0$　……③

①，②の交点は $(4,1)$

②，③の交点は $(-2,-1)$

①，③の交点は $(1,2)$

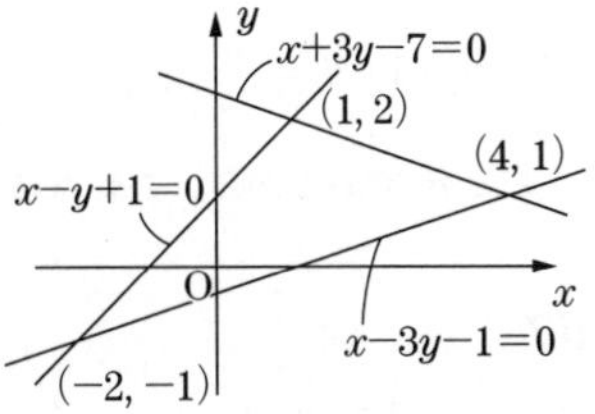

$x^2+y^2+ax+by+c=0$ がこの 3 点を通るから

$$\begin{cases} 4a+b+c+17=0 \\ -2a-b+c+5=0 \\ a+2b+c+5=0 \end{cases} \iff \begin{cases} a=-3 \\ b=3 \\ c=-8 \end{cases}$$

$$\boldsymbol{x^2+y^2-3x+3y-8=0} \quad \left(\left(x-\frac{3}{2}\right)^2+\left(y+\frac{3}{2}\right)^2=\frac{25}{2}\right)$$

§8　円と直線

65

(1)　$\boldsymbol{4x-3y=25}$　$\left(y=\frac{4}{3}x-\frac{25}{3}\right)$

(2)　中心 $(2,3)$ を原点に平行移動すると

円：$x^2+y^2=10$，接点：$(-3,1)$

$x^2+y^2=10$ 上の点 $(-3,1)$ における接線の方程式は

$-3x+y=10$

これを x 軸方向に 2，y 軸方向に 3 だけ平行移動して

$-3(x-2)+(y-3)=10 \iff \boldsymbol{3x-y=-7}$

←x 軸方向に -2，y 軸方向に -3 平行移動．

←接線は点 A$(-1,4)$ を通り，中心 $(2,3)$ と点 A を結ぶ傾き $-\frac{1}{3}$ の直線に垂直な直線である．

(3)　中心 $(-3,2)$ を原点に平行移動すると

円：$x^2+y^2=34$，接点：$(5,3)$

$x^2+y^2=34$ 上の点 $(5,3)$ における接線の方程式は

$5x+3y=34$

これを x 軸方向に -3，y 軸方向に 2 だけ平行移動して

$5(x+3)+3(y-2)=34 \iff \boldsymbol{5x+3y=25}$

←円の方程式は $(x+3)^2+(y-2)^2=34$

←接線は点 A$(2,5)$ を通り，中心 $(-3,2)$ と点 A を結ぶ傾き $\frac{3}{5}$ の直線に垂直な直線である．

66　円の半径を r，円の中心から直線までの距離を d とする．

(1)　$r=\sqrt{2}$，$d=\dfrac{|-3|}{\sqrt{1^2+(-2)^2}}=\dfrac{3}{\sqrt{5}}$

←点と直線の距離の公式．

$r>d$ であるから，2 点で**交わる**．

(2) $r=3$, $d=\dfrac{|-6|}{\sqrt{(\sqrt{3})^2+1^2}}=3$

$r=d$ であるから，**接する**.

⬅接点の座標は $\left(\dfrac{3\sqrt{3}}{2}, \dfrac{3}{2}\right)$

(3) $r=1$, $d=\dfrac{|3\cdot 1-(-1)+1|}{\sqrt{3^2+(-1)^2}}=\dfrac{\sqrt{10}}{2}$

⬅円の方程式は $(x-1)^2+(y+1)^2=1$

$r<d$ であるから，**共有点はない**.

67

(1) 円の中心は $(2,-2)$，半径は $\sqrt{5}$ であり，傾きが 2 の直線は

⬅円の方程式は $(x-2)^2+(y+2)^2=5$

$$y=2x+n \iff 2x-y+n=0$$

これが与えられた円と接するから

$$\frac{|2\cdot 2-(-2)+n|}{\sqrt{2^2+(-1)^2}}=\sqrt{5} \iff |n+6|=5$$

⬅(中心から接線までの距離) = (半径)

$$\iff n=-1,\ -11$$

接線の方程式は　$\boldsymbol{y=2x-1,\ y=2x-11}$

(2) 円の中心は $(4,0)$，半径は $\sqrt{13}$ であり，傾きが $\dfrac{2}{3}$ の直線は

⬅円の方程式は $(x-4)^2+y^2=13$

$$y=\frac{2}{3}x+n \iff 2x-3y+3n=0$$

これが与えられた円と接するから

$$\frac{|2\cdot 4-3\cdot 0+3n|}{\sqrt{2^2+(-3)^2}}=\sqrt{13} \iff |3n+8|=13$$

$$\iff n=\frac{5}{3},\ -7$$

接線の方程式は　$\boldsymbol{y=\dfrac{2}{3}x+\dfrac{5}{3},\ y=\dfrac{2}{3}x-7}$

68

(1) 直線 $x=1$ は C の接線である.

⬅A は C 上の点ではない.

C の中心 $(0,0)$ から A を通る直線

$$y-2=m(x-1) \iff mx-y-m+2=0$$

までの距離が 1 であるから

$$\frac{|-m+2|}{\sqrt{m^2+(-1)^2}}=1 \iff (-m+2)^2=m^2+1$$

⬅点と直線の距離の公式.

$$\iff m=\frac{3}{4}$$

接線は　$\boldsymbol{x=1,\ y=\frac{3}{4}x+\frac{5}{4}}$

(2)　C の中心 $(3,1)$ から A を通る直線

$y=mx \iff mx-y=0$ までの距離が 1 であるから

$$\frac{|3m-1|}{\sqrt{m^2+(-1)^2}}=1 \iff (3m-1)^2=m^2+1$$
$$\iff m(4m-3)=0$$
$$\iff m=0,\ \frac{3}{4}$$

$m=0$ のとき　$\boldsymbol{y=0}$

$m=\frac{3}{4}$ のとき　$\boldsymbol{y=\frac{3}{4}x}$

←接点 (x_1,y_1) の接線 $x_1x+y_1y=1$ が A を通るから $x_1+2y_1=1$ これと ${x_1}^2+{y_1}^2=1$ より $(x_1,y_1)=(1,0)$, $\left(-\frac{3}{5},\frac{4}{5}\right)$ として求めてもよい.

69

(1)　$$\frac{|1+2k|}{\sqrt{1^2+(-2)^2}}=1 \iff |2k+1|=\sqrt{5}$$
$$\iff k=\boldsymbol{\frac{-1\pm\sqrt{5}}{2}}$$

←円 $(x-1)^2+y^2=1$ の中心 $(1,0)$ から直線 $x-2y+2k=0$ までの距離が半径 1 に等しい.

(2)　$$\frac{|k|}{\sqrt{2^2+(-1)^2}}<\sqrt{5} \iff |k|<5$$
$$\iff \boldsymbol{-5<k<5}$$

←円の中心 $(0,0)$ から直線 $2x-y+k=0$ までの距離が半径 $\sqrt{5}$ より小さい.

(3)　$$\frac{|-2+4|}{\sqrt{k^2+(-1)^2}}>\sqrt{2} \iff 2>\sqrt{2(k^2+1)}$$
$$\iff (k+1)(k-1)<0$$
$$\iff \boldsymbol{-1<k<1}$$

←円 $x^2+(y-2)^2=2$ の中心 $(0,2)$ から直線 $kx-y+4=0$ までの距離が半径 $\sqrt{2}$ より大きい.

70

l と C の交点を A, B, 線分 AB の中点を M とする.

(1)　円 C の中心は原点 O

←原点 O と直線 l の距離は OM に等しい.

$$\mathrm{OM}=\frac{|-1|}{\sqrt{1^2+1^2}}=\frac{1}{\sqrt{2}}$$

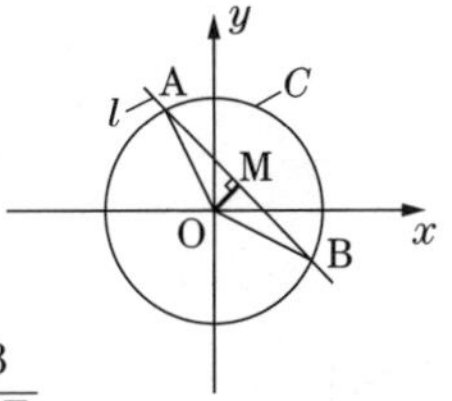

円の半径は $\sqrt{5}$ であるから, $\mathrm{OA}=\sqrt{5}$

$$\mathrm{AM}=\sqrt{\mathrm{OA}^2-\mathrm{OM}^2}$$
$$=\sqrt{(\sqrt{5})^2-\left(\frac{1}{\sqrt{2}}\right)^2}=\frac{3}{\sqrt{2}}$$

←OM ⊥ AB より三平方の定理が使える.

$\mathrm{AB}=2\mathrm{AM}=\boldsymbol{3\sqrt{2}}$

(2)　$C:(x-2)^2+(y-1)^2=3$
より，円 C は中心 $\mathrm{C}(2,1)$，
半径 $\sqrt{3}$ の円.

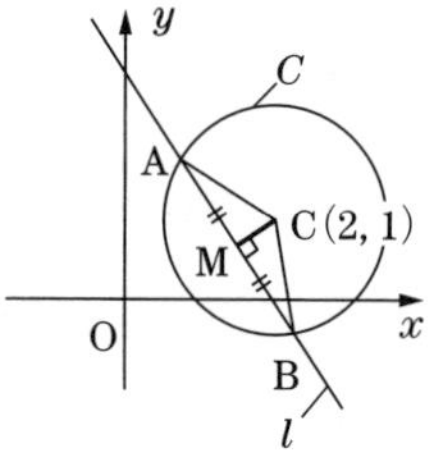

$$\mathrm{CM}=\frac{|2\cdot 2+1-3|}{\sqrt{2^2+1^2}}=\frac{2}{\sqrt{5}}$$

←点 C と l の距離は CM に等しい.

$$\mathrm{AM}=\sqrt{\mathrm{AC}^2-\mathrm{CM}^2}$$
$$=\sqrt{(\sqrt{3})^2-\left(\frac{2}{\sqrt{5}}\right)^2}=\sqrt{\frac{11}{5}}$$

←△CAM に三平方の定理を用いる.

$$\mathrm{AB}=2\mathrm{AM}=\boldsymbol{\frac{2\sqrt{55}}{5}}$$

71　C は中心 $\mathrm{C}(1,2)$，半径 1 の円.

←$(x-1)^2+(y-2)^2=1$

$$\text{直線 } l: y=mx+1 \iff mx-y+1=0$$

と円 C の交点を A，B とし，線分 AB の中点を M とする.

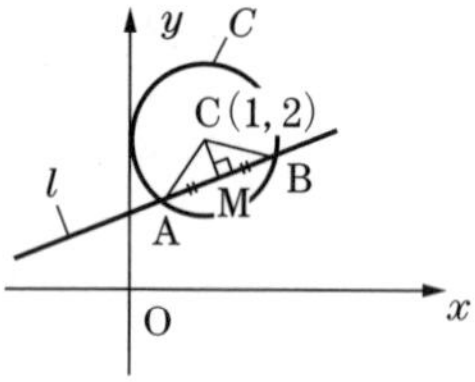

$$\mathrm{CM}=\sqrt{\mathrm{CA}^2-\left(\frac{\mathrm{AB}}{2}\right)^2}=\sqrt{1^2-\left(\frac{\sqrt{2}}{2}\right)^2}=\frac{\sqrt{2}}{2}$$

これが中心 C と直線 l の距離に等しいから

$$\frac{|m-1|}{\sqrt{m^2+1}}=\frac{\sqrt{2}}{2} \iff 2(m-1)^2=m^2+1$$
$$\iff m^2-4m+1=0 \iff m=\boldsymbol{2\pm\sqrt{3}}$$

72

(1)　円の半径を r とする.

$$r=\frac{|3\cdot 3-4+5|}{\sqrt{3^2+(-1)^2}}=\sqrt{10}$$

←点 $(3,4)$ から直線までの距離が求める円の半径に等しい.

$$\boldsymbol{(x-3)^2+(y-4)^2=10}$$

(2)　$(x+3y-1)+k(2x-y+5)=0$ が点 $(1,3)$ を通るから

←2 直線の交点 $(-2,1)$ と点 $(1,3)$ を通る直線として求めてもよい.

$$9+4k=0 \iff k=-\frac{9}{4}$$
$$x+3y-1-\frac{9}{4}(2x-y+5)=0$$
$$\iff \boldsymbol{2x-3y+7=0}$$

(3)　2円は異なる2点で交わり，交点を通る直線の方程式は

$$(x^2+y^2-4x+2y+3)-(x^2+y^2+2x+4y-1)=0$$

$$\iff \quad \boldsymbol{3x+y-2=0}$$

←2円の交点の座標は $\left(\frac{11\pm\sqrt{11}}{10}, \frac{-13\mp3\sqrt{11}}{10}\right)$（複号同順）

(4)　2円は異なる2点で交わり，交点を通る円

$$(x^2+y^2-25)+k(x^2+y^2-2x-4y-15)=0$$

が原点を通るから

$$-25-15k=0 \iff k=-\frac{5}{3}$$

$$x^2+y^2-25-\frac{5}{3}(x^2+y^2-2x-4y-15)=0$$

$$\iff \quad \boldsymbol{x^2+y^2-5x-10y=0}$$

←2円の交点 $(5,0)$，$(-3,4)$ と $(0,0)$ を通る円として求めてもよい．

(5)　2円は異なる2点で交わり，交点を通る円

$$(x^2+y^2-25)+k(x^2+y^2-14x-7y+45)=0$$

が点 $(1,0)$ を通るから

$$-24+32k=0 \iff k=\frac{3}{4}$$

$$x^2+y^2-25+\frac{3}{4}(x^2+y^2-14x-7y+45)=0$$

$$\iff \quad \boldsymbol{x^2+y^2-6x-3y+5=0}$$

←2円の交点 $(3,4)$, $(5,0)$ と $(1,0)$ を通る円として求めてもよい．

§9　軌跡，領域

73　$\mathrm{P}(x,y)$，$\mathrm{Q}(X,Y)$ とおく．

(1)　$\mathrm{AP}=\mathrm{BP}$

$$\iff \quad (x+2)^2+y^2=(x-1)^2+(y+1)^2$$

$$\iff \quad \boldsymbol{3x-y+1=0}$$

←AB の垂直二等分線．

(2)　$2\mathrm{AP}=\mathrm{BP}$

$$\iff \quad 4\{(x+3)^2+y^2\}=(x-3)^2+y^2$$

$$\iff \quad \boldsymbol{x^2+y^2+10x+9=0} \quad ((x+5)^2+y^2=16)$$

←アポロニウスの円．

(3)　$\mathrm{AP}^2+\mathrm{BP}^2=10$

$$\iff \quad \{(x-1)^2+y^2\}+\{(x+1)^2+y^2\}=10$$

$$\iff \quad \boldsymbol{x^2+y^2=4}$$

(4)　$\mathrm{AP}^2-\mathrm{BP}^2=1$

$$\iff \quad \{(x+1)^2+(y-1)^2\}-\{(x-3)^2+(y-2)^2\}=1$$

$$\iff \quad \boldsymbol{4x+y=6}$$

(5)　$x=\dfrac{X+2}{2}$，$y=\dfrac{Y+1}{2}$　$\iff$　$X=2x-2$，$Y=2y-1$

$X-2Y=3$ に上式を代入して

$(2x-2)-2(2y-1)=3 \iff \boldsymbol{2x-4y-3=0}$

⬅Q は直線 $x-2y=3$ 上の点.

(6)　$x=\dfrac{X+1}{2}$，$y=\dfrac{Y+1}{2}$　$\iff$　$X=2x-1$，$Y=2y-1$

$Y=(X-2)^2$ に上式を代入して

$2y-1=(2x-3)^2 \iff \boldsymbol{y=2x^2-6x+5}$

⬅Q は放物線 $y=(x-2)^2$ 上の点.

74

(1)　$y=3(x+2)+1 \iff y=3x+7$

直線 $\boldsymbol{y=3x+7}$

⬅t を消去する.

(2)　$y=4\left(\dfrac{x-1}{2}\right)^2+2\left(\dfrac{x-1}{2}\right)+1 \iff y=x^2-x+1$

⬅t を消去する.

$0\leqq t\leqq 1 \iff 0\leqq \dfrac{x-1}{2}\leqq 1 \iff 1\leqq x\leqq 3$

⬅x の変域を調べる.

放物線 $\boldsymbol{y=x^2-x+1}$ の $\boldsymbol{1\leqq x\leqq 3}$ の部分

75

求める領域は図の影をつけた部分．境界線のうち実線は含み，破線は含まない．

(1)

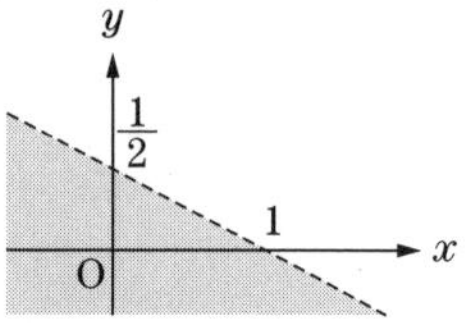

⬅$y<-\dfrac{1}{2}x+\dfrac{1}{2}$ より直線 $y=-\dfrac{1}{2}x+\dfrac{1}{2}$ の下方.

(2)

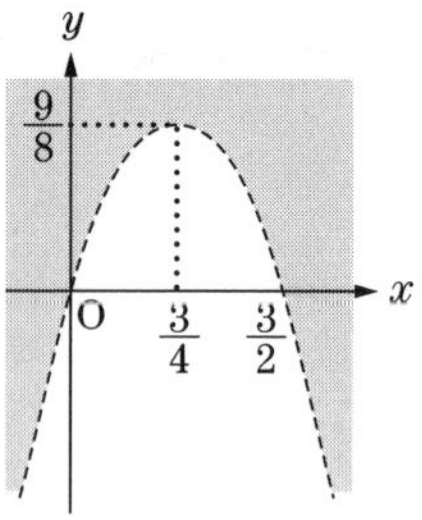

⬅放物線 $y=-2\left(x-\dfrac{3}{4}\right)^2+\dfrac{9}{8}$ の上方.

(3)

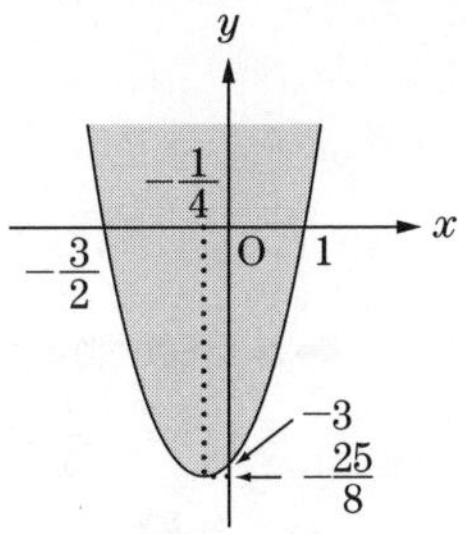

⬅放物線
$y=2\left(x+\frac{1}{4}\right)^2-\frac{25}{8}$
の上方と線上.

(4)

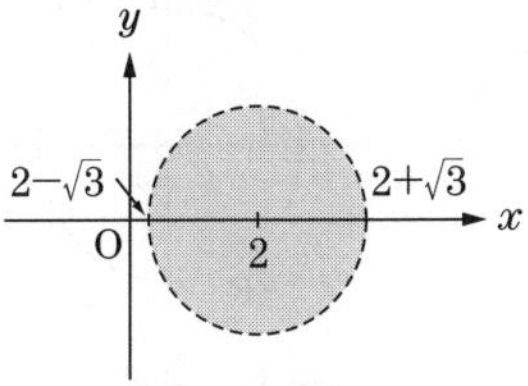

⬅$(x-2)^2+y^2<3$ より円 $(x-2)^2+y^2=3$ の内部.

76　P(X, Y) とおく.

(1) $\dfrac{|2X-Y-3|}{\sqrt{2^2+(-1)^2}}=\dfrac{|X+2Y-4|}{\sqrt{1^2+2^2}}$

$\iff\quad 2X-Y-3=\pm(X+2Y-4)$

$\iff\quad X-3Y+1=0,\ 3X+Y-7=0$

$\boldsymbol{x-3y+1=0,\ 3x+y-7=0}$

⬅2 直線のなす角の二等分線.

⬅X, Y を x, y に書き直す.

(2) 頂点の座標は $(-a, -a^2+a-2)$ であるから

$$\begin{cases} X=-a \\ Y=-a^2+a-2 \end{cases}$$

これより a を消去して, $Y=-X^2-X-2$

$\boldsymbol{y=-x^2-x-2}$

⬅$y=(x+a)^2-a^2+a-2$

(3) 頂点の座標は $\left(\dfrac{k+5}{2}, -\dfrac{(k+5)^2}{4}+k\right)$ であるから

$$\begin{cases} X=\dfrac{k+5}{2} \\ Y=-\dfrac{(k+5)^2}{4}+k \end{cases}$$

これより k を消去して, $Y=-X^2+2X-5$

$\boldsymbol{y=-x^2+2x-5}$

⬅$y=\left(x-\dfrac{k+5}{2}\right)^2-\dfrac{1}{4}(k+5)^2+k$

⬅$k=2X-5$

(4)　$y=2x+k$，$x^2+y^2=5$ より y を消去して

$$x^2+(2x+k)^2=5 \iff 5x^2+4kx+k^2-5=0$$

この x の 2 次方程式の解を α，β とおくと

$$\mathrm{Q}(\alpha, 2\alpha+k),\ \mathrm{R}(\beta, 2\beta+k)$$

$$\begin{cases} X=\dfrac{\alpha+\beta}{2}=-\dfrac{2}{5}k \\ Y=2X+k \end{cases} \quad \cdots\cdots①$$

⬅解と係数の関係より $\alpha+\beta=-\dfrac{4}{5}k$

これより k を消去して，$Y=-\dfrac{X}{2}$

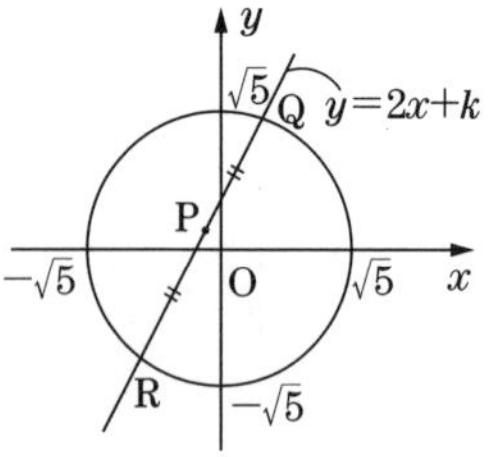

$y=2x+k$ と $x^2+y^2=5$ が異なる 2 点で交わる条件は

$$\frac{|k|}{\sqrt{2^2+(-1)^2}}<\sqrt{5} \iff |k|<5$$

$$\iff -5<k<5$$

よって①より，$-2<X<2$

⬅X の範囲に注意.

$$\boldsymbol{y=-\frac{x}{2}\quad(-2<x<2)}$$

(5)　$y=m(x-1)$，$y=x^2$ より y を消去して

$$x^2-mx+m=0 \quad \cdots\cdots①$$

$$m^2-4m>0 \iff m<0,\ 4<m \quad \cdots\cdots②$$

⬅A, B が存在する条件は (①の判別式) >0

x の 2 次方程式①の解を α，β とおくと

$$\mathrm{A}(\alpha, m(\alpha-1)),\ \mathrm{B}(\beta, m(\beta-1))$$

$$\begin{cases} X=\dfrac{\alpha+\beta}{2}=\dfrac{m}{2} \\ Y=m(X-1) \end{cases} \quad \cdots\cdots③$$

⬅解と係数の関係より $\alpha+\beta=m$

これより m を消去して，$Y=2X(X-1)$

②，③より $X<0$，$2<X$

$$\boldsymbol{y=2x^2-2x\quad(x<0,\ 2<x)}$$

77　直線 AB は円 C と共有点をもたないから，△PAB がつねに存在する．$\mathrm{P}(p, q)$，$\mathrm{G}(X, Y)$ とおくと

$$\begin{cases} X=\dfrac{p+8}{3} \\ Y=\dfrac{q+5}{3} \end{cases}$$

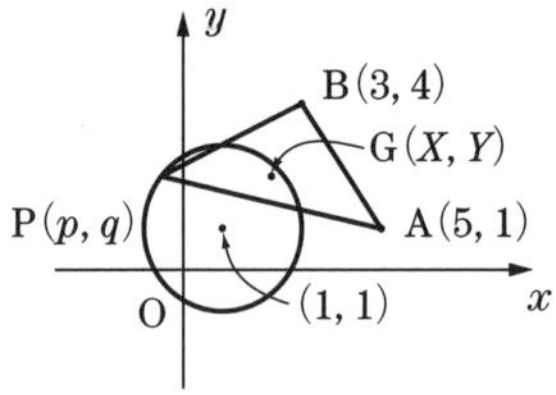

⬅C の中心と直線 AB の距離 $\dfrac{12}{\sqrt{13}}$ は C の半径 2 より大きい.

$$\iff \begin{cases} p = 3X - 8 \\ q = 3Y - 5 \end{cases}$$

P は C 上の点であるから，$(p-1)^2+(q-1)^2=4$ であり

$$(3X-9)^2+(3Y-6)^2=4$$

G の軌跡は

$$円\ \boldsymbol{(x-3)^2+(y-2)^2=\frac{4}{9}} \quad \left(x^2+y^2-6x-4y+\frac{113}{9}=0\right)$$

78 求める領域は図の影をつけた部分．境界線のうち実線は含み，破線は含まない．

(1)

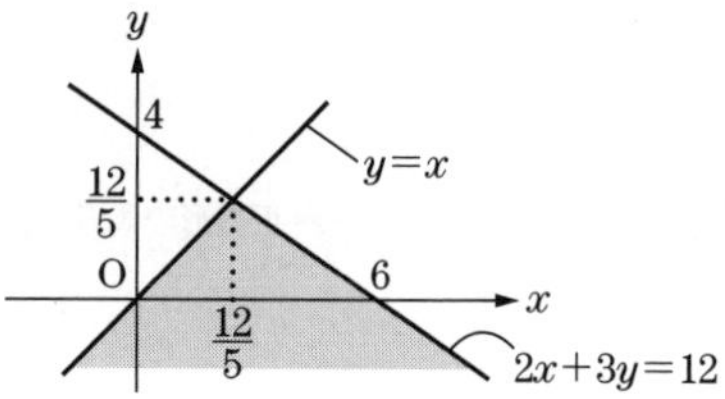

⬅ $2x+3y \leqq 12$

$\iff \quad y \leqq -\dfrac{2}{3}x+4$

(2)

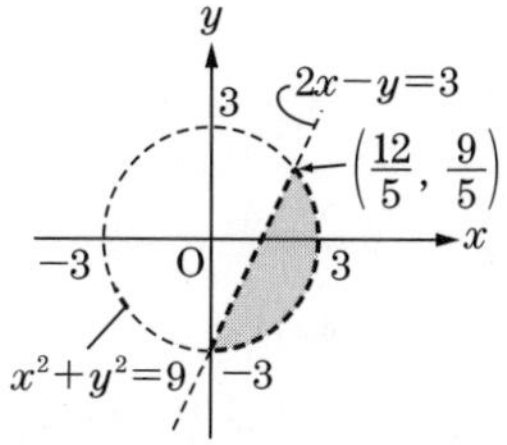

⬅ $2x-y>3$

$\iff \quad y<2x-3$

(3) $\begin{cases} x+2y-4 \geqq 0 \\ x-y+1 \geqq 0 \end{cases}$ または $\begin{cases} x+2y-4 \leqq 0 \\ x-y+1 \leqq 0 \end{cases}$

$$\iff \begin{cases} y \geqq -\dfrac{1}{2}x+2 \\ y \leqq x+1 \end{cases} \text{または} \begin{cases} y \leqq -\dfrac{1}{2}x+2 \\ y \geqq x+1 \end{cases}$$

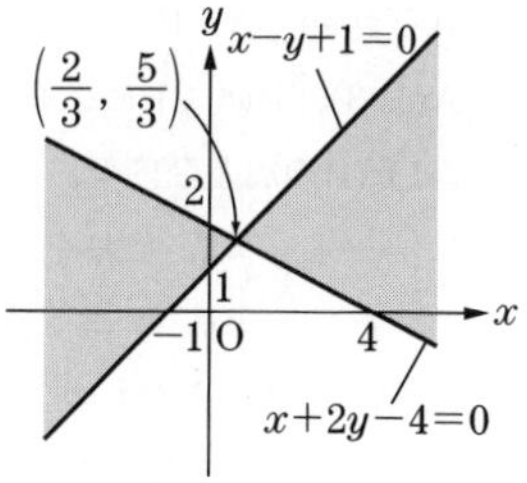

(4) $\begin{cases} x+y-2>0 \\ x^2+y^2-4>0 \end{cases}$ または $\begin{cases} x+y-2<0 \\ x^2+y^2-4<0 \end{cases}$

$$\iff \begin{cases} y>-x+2 \\ x^2+y^2>4 \end{cases} \text{または} \begin{cases} y<-x+2 \\ x^2+y^2<4 \end{cases}$$

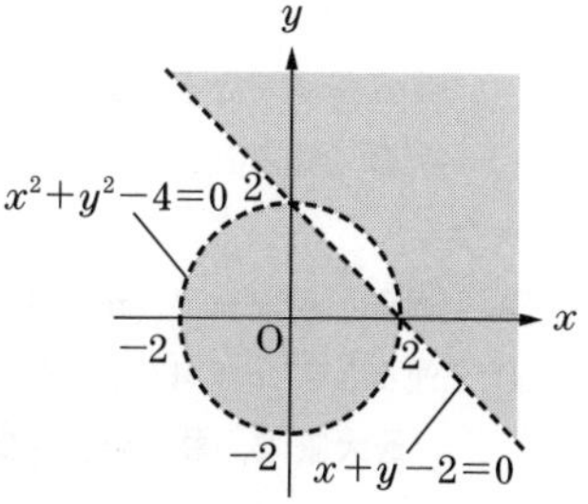

(5) $\begin{cases} y \leqq -|x|+1 & (y \geqq 0) \\ y \geqq |x|-1 & (y < 0) \end{cases}$

$y \leqq -|x|+1$，$y \geqq |x|-1$ は次図の影をつけた部分のようになる．

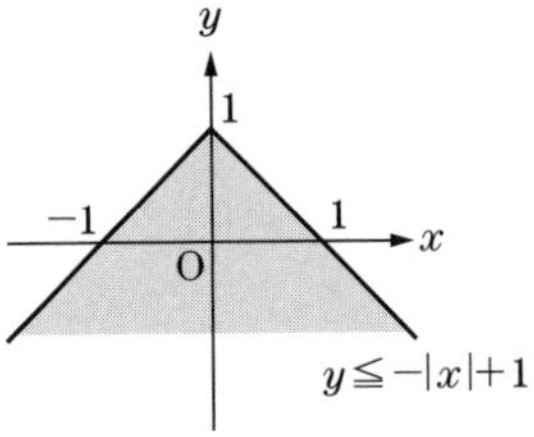

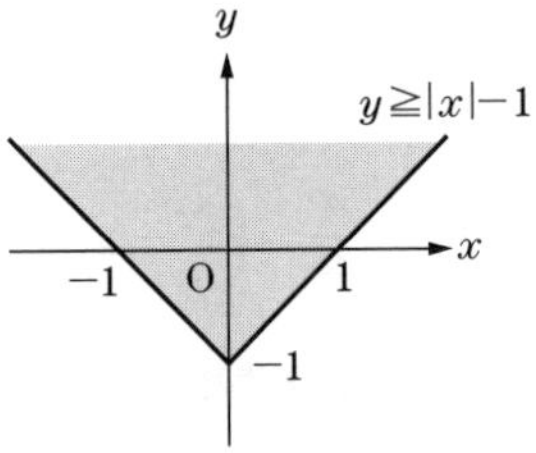

y の範囲に注意して，まとめると

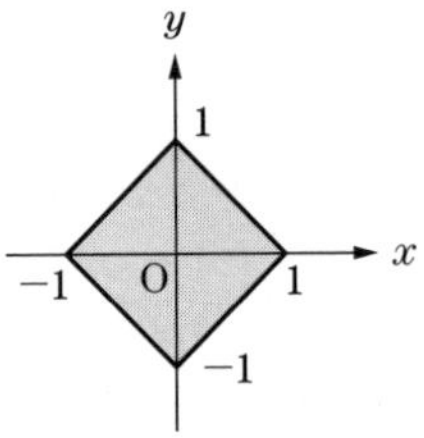

⬅正方形の周及び内部．

79 $3x-y=0$……①，$x-2y=0$……②，

$x+3y-10=0$……③ とおく．

①，②；①，③；②，③の交点をそれぞれ O，A，B とすると O(0,0)，A(1,3)，B(4,2) となるから，D は△OABの周及び内部．

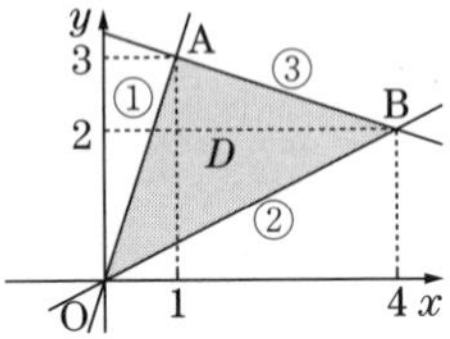

⬅D は

$y \leqq 3x$，$y \geqq \dfrac{1}{2}x$，

$y \leqq -\dfrac{1}{3}x + \dfrac{10}{3}$

$l : -x+y=k$ とおく．

$-x+y=k \iff y=x+k$

⬅k は直線の y 切片．

l が D と共有点をもつような k の値の範囲を考えればよい．

⬅直線の傾きに注意．

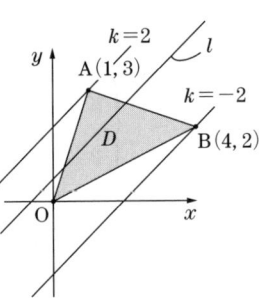

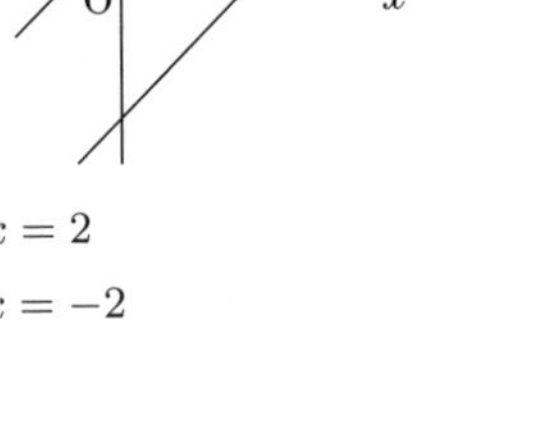

図より，k は l が

点 A を通るとき最大，

点 B を通るとき最小

となる．

A を通るとき $x=1$，$y=3$ で $k=2$

B を通るとき $x=4$，$y=2$ で $k=-2$

最大値 2，最小値 −2

80　不等式 $x^2+y^2+2x-4y+4<0$ の表す領域を A,
不等式 $2x-y-1<0$ の表す領域を B とする.

A は円 $(x+1)^2+(y-2)^2<1$ の内部, B は直線 $y=2x-1$ の上方であり, グラフより $A \subset B$

よって

$x^2+y^2+2x-4y+4<0$ ならば $2x-y-1<0$

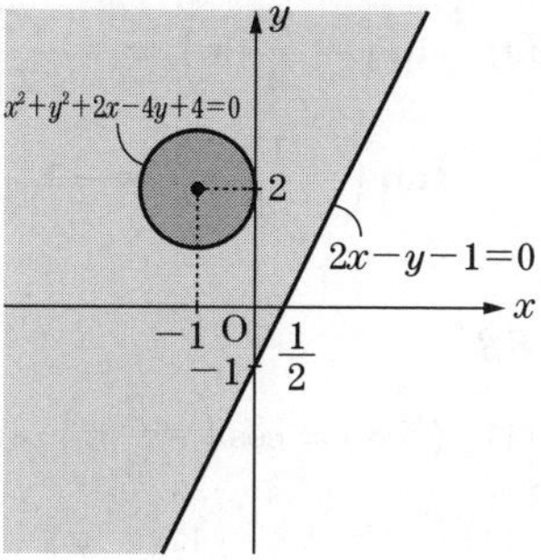

§10　三角関数の性質

81

(1)　$\boldsymbol{\dfrac{\pi}{4}}$, **第 1 象限**　　← $45° \cdot \dfrac{\pi}{180°} = \dfrac{\pi}{4}$

(2)　$\boldsymbol{\dfrac{5}{3}\pi}$, **第 4 象限**

(3)　$\boldsymbol{-390°}$, **第 4 象限**

(4)　$\boldsymbol{840°}$, **第 2 象限**

82

(1)　$\boldsymbol{\sin\dfrac{8}{3}\pi = \dfrac{\sqrt{3}}{2}}$,　$\boldsymbol{\cos\dfrac{8}{3}\pi = -\dfrac{1}{2}}$,

$\boldsymbol{\tan\dfrac{8}{3}\pi = -\sqrt{3}}$

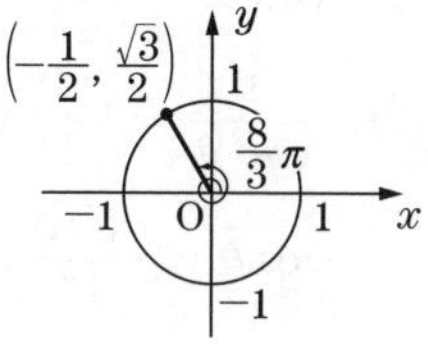

(2)　$\boldsymbol{\sin\dfrac{7}{2}\pi = -1}$, $\boldsymbol{\cos\dfrac{7}{2}\pi = 0}$,

$\boldsymbol{\tan\dfrac{7}{2}\pi}$ **の値はない.**

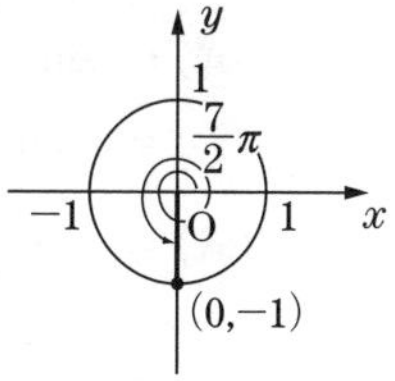

(3)　$\boldsymbol{\sin\left(-\dfrac{11}{6}\pi\right) = \dfrac{1}{2}}$,　$\boldsymbol{\cos\left(-\dfrac{11}{6}\pi\right) = \dfrac{\sqrt{3}}{2}}$,

$\boldsymbol{\tan\left(-\dfrac{11}{6}\pi\right) = \dfrac{\sqrt{3}}{3}}$

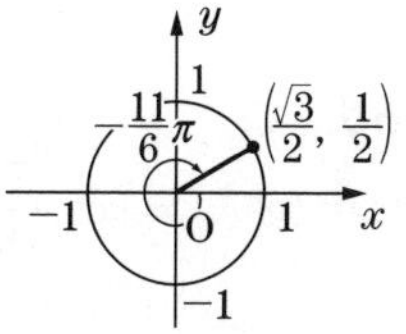

(4) $\boldsymbol{\sin\left(-\frac{17}{4}\pi\right) = -\frac{\sqrt{2}}{2}}$, $\boldsymbol{\cos\left(-\frac{17}{4}\pi\right) = \frac{\sqrt{2}}{2}}$,

$\boldsymbol{\tan\left(-\frac{17}{4}\pi\right) = -1}$

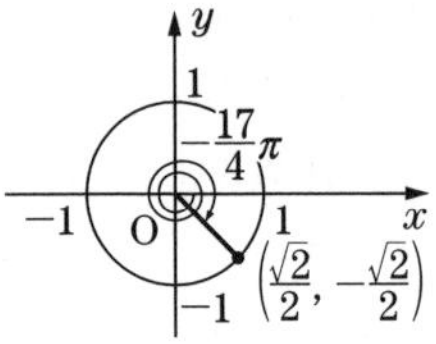

83

(1) (与式) $= \cos\left(-\frac{2}{3}\pi\right)\cdot\sin\frac{\pi}{3} + \sin\frac{\pi}{3}\cdot\cos\frac{\pi}{3} + \cos\frac{3}{4}\pi\cdot\sin\frac{\pi}{4}$

$= \left(-\frac{1}{2}\right)\cdot\frac{\sqrt{3}}{2} + \frac{\sqrt{3}}{2}\cdot\frac{1}{2} + \left(-\frac{1}{\sqrt{2}}\right)\cdot\frac{1}{\sqrt{2}} = \boldsymbol{-\frac{1}{2}}$

(2) (与式) $= -\tan\frac{5}{6}\pi\cdot\sin\frac{\pi}{3} + \cos\frac{2}{3}\pi\cdot\sin\frac{\pi}{6} + \tan\frac{3}{4}\pi\cdot\cos\frac{2}{3}\pi$

$= -\left(-\frac{\sqrt{3}}{3}\right)\cdot\frac{\sqrt{3}}{2} + \left(-\frac{1}{2}\right)\cdot\frac{1}{2} + (-1)\cdot\left(-\frac{1}{2}\right) = \boldsymbol{\frac{3}{4}}$

84

(1) $\boldsymbol{\sin\theta} = \sqrt{1-\cos^2\theta} = \sqrt{1-\left(-\frac{2}{3}\right)^2} = \boldsymbol{\frac{\sqrt{5}}{3}}$　　⬅ $\sin\theta > 0$

$\boldsymbol{\tan\theta} = \frac{\sin\theta}{\cos\theta} = \boldsymbol{-\frac{\sqrt{5}}{2}}$

(2) $\frac{1}{\cos^2\theta} = 1 + \tan^2\theta = 10$ より

$\boldsymbol{\cos\theta = \frac{\sqrt{10}}{10}}$,　$\boldsymbol{\sin\theta} = \cos\theta\tan\theta = \boldsymbol{-\frac{3\sqrt{10}}{10}}$　　⬅ $\cos\theta > 0$

85

(1) (与式) $= (\sin^2\theta + 2\sin\theta\cos\theta + \cos^2\theta) + (\sin^2\theta - 2\sin\theta\cos\theta + \cos^2\theta)$

$= 2(\sin^2\theta + \cos^2\theta) = \boldsymbol{2}$

(2) (与式) $= \frac{\cos\theta}{1-\sin\theta} - \frac{\sin\theta}{\cos\theta}$

$= \frac{\cos^2\theta - \sin\theta(1-\sin\theta)}{(1-\sin\theta)\cos\theta} = \frac{1-\sin\theta}{(1-\sin\theta)\cos\theta} = \boldsymbol{\frac{1}{\cos\theta}}$

86

(1) (与式) $= \cos\frac{7}{18}\pi = \sin\frac{\pi}{9} = \boldsymbol{a}$　　⬅ $\frac{7}{18}\pi = \frac{\pi}{2} - \frac{\pi}{9}$

(2)　(与式) $= \cos\dfrac{\pi}{9}$

$= \sqrt{1-\sin^2\dfrac{\pi}{9}} = \boldsymbol{\sqrt{1-a^2}}$

⬅ $-\dfrac{29}{18}\pi = -2\pi + \dfrac{7}{18}\pi$

⬅ $\cos\dfrac{\pi}{9} > 0$

(3)　(与式) $= \dfrac{1}{\tan\dfrac{\pi}{9}} = \dfrac{\cos\dfrac{\pi}{9}}{\sin\dfrac{\pi}{9}} = \boldsymbol{\dfrac{\sqrt{1-a^2}}{a}}$

⬅ $\dfrac{25}{18}\pi = \dfrac{3}{2}\pi - \dfrac{\pi}{9}$

87

(1)　(左辺) $= 1 + \sin^2\theta + \cos^2\theta + 2\sin\theta\cos\theta + 2\sin\theta + 2\cos\theta$

$= 2(\sin\theta\cos\theta + \sin\theta + \cos\theta + 1)$

$= 2\{\sin\theta(\cos\theta + 1) + (\cos\theta + 1)\}$

$= 2(1+\sin\theta)(1+\cos\theta)$

⬅ $(a+b+c)^2$
$= a^2+b^2+c^2+2ab$
$+2bc+2ca$

(2)　(左辺) − (右辺)

$= \dfrac{\sin\theta}{1-\cos\theta} + \dfrac{\sin\theta}{1+\cos\theta} - \dfrac{2}{\sin\theta}$

$= \dfrac{\sin\theta(1+\cos\theta) + \sin\theta(1-\cos\theta)}{(1-\cos\theta)(1+\cos\theta)} - \dfrac{2}{\sin\theta}$

$= \dfrac{2\sin\theta}{1-\cos^2\theta} - \dfrac{2}{\sin\theta} = \dfrac{2\sin\theta}{\sin^2\theta} - \dfrac{2}{\sin\theta} = 0$

88

(1)　$(\sin\theta + \cos\theta)^2 = \dfrac{1}{9} \iff 1 + 2\sin\theta\cos\theta = \dfrac{1}{9}$

$\iff \boldsymbol{\sin\theta\cos\theta = -\dfrac{4}{9}}$

⬅ $\sin\theta + \cos\theta = \dfrac{1}{3}$ の両辺を平方する．

$\boldsymbol{\tan\theta + \dfrac{1}{\tan\theta}} = \dfrac{\sin\theta}{\cos\theta} + \dfrac{\cos\theta}{\sin\theta} = \dfrac{\sin^2\theta + \cos^2\theta}{\sin\theta\cos\theta}$

$= \dfrac{1}{\sin\theta\cos\theta} = \boldsymbol{-\dfrac{9}{4}}$

(2)　$(\sin\theta + \cos\theta)^2 = 1 + 2\sin\theta\cos\theta = 1 + 2\cdot\dfrac{3}{8} = \dfrac{7}{4}$

θ は第 3 象限の角であるから，$\sin\theta < 0$，$\cos\theta < 0$ であり

$\boldsymbol{\sin\theta + \cos\theta = -\dfrac{\sqrt{7}}{2}}$

$\boldsymbol{\dfrac{\sin^2\theta}{\cos\theta} + \dfrac{\cos^2\theta}{\sin\theta}} = \dfrac{\sin^3\theta + \cos^3\theta}{\sin\theta\cos\theta}$

$= \dfrac{(\sin\theta + \cos\theta)(1 - \sin\theta\cos\theta)}{\sin\theta\cos\theta} = \boldsymbol{-\dfrac{5\sqrt{7}}{6}}$

⬅ $a^3 + b^3$
$= (a+b)(a^2-ab+b^2)$
で $a^2 + b^2 = 1$

89

(1)　(与式) $= \cos\theta \cdot (-\cos\theta) - \sin\theta \cdot \sin\theta$

$$= -\cos^2\theta - \sin^2\theta = \mathbf{-1}$$

⬅ $\sin^2\theta + \cos^2\theta = 1$

(2)　(与式) $= \left(1 + \dfrac{\sin\theta}{\cos\theta} - \dfrac{1}{\cos\theta}\right)\left(1 + \dfrac{\cos\theta}{\sin\theta} + \dfrac{1}{\sin\theta}\right)$

$$= \frac{\cos\theta + \sin\theta - 1}{\cos\theta} \cdot \frac{\sin\theta + \cos\theta + 1}{\sin\theta}$$

$$= \frac{(\sin\theta + \cos\theta)^2 - 1}{\sin\theta\cos\theta} = \frac{1 + 2\sin\theta\cos\theta - 1}{\sin\theta\cos\theta} = \mathbf{2}$$

§11　三角関数のグラフと三角方程式，不等式

90

(1)

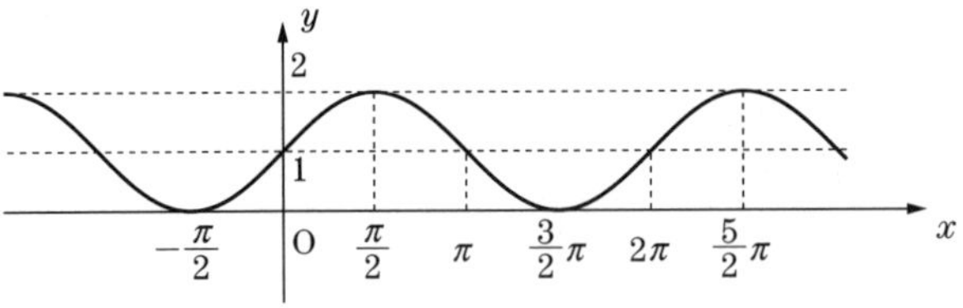

$\boldsymbol{y}$ 軸方向に **1** だけ平行移動したもの

(2)

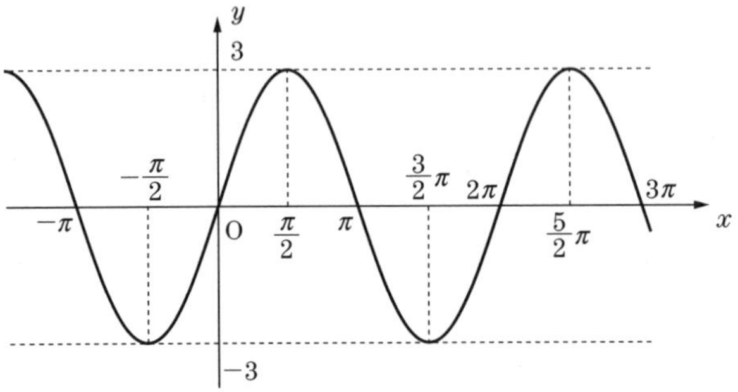

$\boldsymbol{x}$ 軸をもとにして $\boldsymbol{y}$ 軸方向に **3** 倍に拡大したもの

(3)

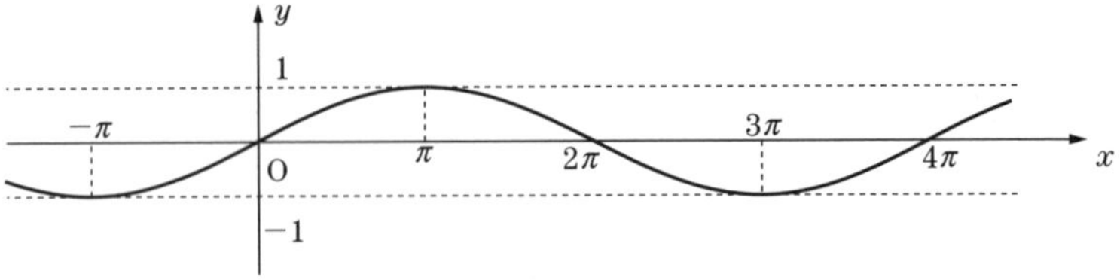

$\boldsymbol{y}$ 軸をもとにして $\boldsymbol{x}$ 軸方向に **2** 倍に拡大したもの

91　n は整数とする．

(1)　$\boldsymbol{\theta = \frac{\pi}{2}}$，　一般角は $\boldsymbol{\theta = \frac{\pi}{2} + 2n\pi}$

(2)　$\boldsymbol{\theta = \frac{\pi}{2},\ \frac{3}{2}\pi}$，　一般角は $\boldsymbol{\theta = \pm\frac{\pi}{2} + 2n\pi}$

⬅$\theta = \frac{\pi}{2} + n\pi$ とまとめることもできる．

(3)　$\boldsymbol{\theta = \frac{7}{6}\pi,\ \frac{11}{6}\pi}$，　一般角は $\boldsymbol{\theta = \frac{7}{6}\pi + 2n\pi,\ \frac{11}{6}\pi + 2n\pi}$

(4)　$\boldsymbol{\theta = \frac{5}{6}\pi,\ \frac{7}{6}\pi}$，　一般角は $\boldsymbol{\theta = \pm\frac{5}{6}\pi + 2n\pi}$

(5)　$\boldsymbol{\theta = \frac{\pi}{6},\ \frac{7}{6}\pi}$，　一般角は $\boldsymbol{\theta = \frac{\pi}{6} + n\pi}$

(6)　$\boldsymbol{\theta = \frac{3}{4}\pi,\ \frac{7}{4}\pi}$，　一般角は $\boldsymbol{\theta = \frac{3}{4}\pi + n\pi}$

92

(1)　$\boldsymbol{\pi < \theta < 2\pi}$

(2)　$\boldsymbol{0 \leqq \theta < \frac{7}{6}\pi,\ \frac{11}{6}\pi < \theta < 2\pi}$

(3)　$\boldsymbol{0 \leqq \theta \leqq \frac{\pi}{6},\ \frac{11}{6}\pi \leqq \theta < 2\pi}$

(4)　$\boldsymbol{\frac{3}{4}\pi \leqq \theta \leqq \frac{5}{4}\pi}$

(5)　$\boldsymbol{0 \leqq \theta < \frac{\pi}{6},\ \frac{\pi}{2} < \theta < \frac{7}{6}\pi,\ \frac{3}{2}\pi < \theta < 2\pi}$

(6)　$\boldsymbol{0 \leqq \theta < \frac{\pi}{2},\ \frac{3}{4}\pi \leqq \theta < \frac{3}{2}\pi,\ \frac{7}{4}\pi \leqq \theta < 2\pi}$

93

(1)　周期は $\boldsymbol{4\pi}$

⬅基本周期

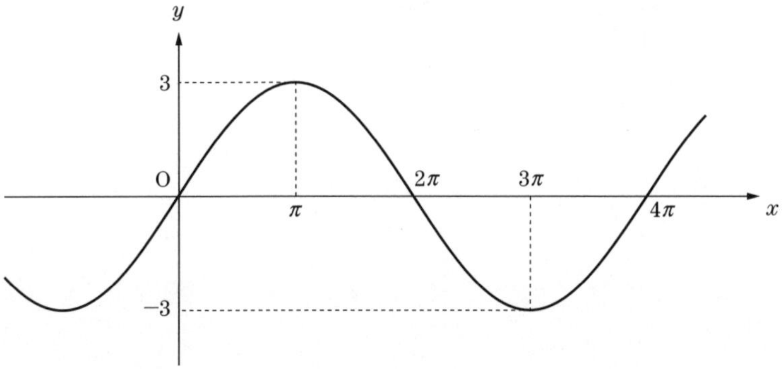

(2)　周期は $\boldsymbol{\pi}$

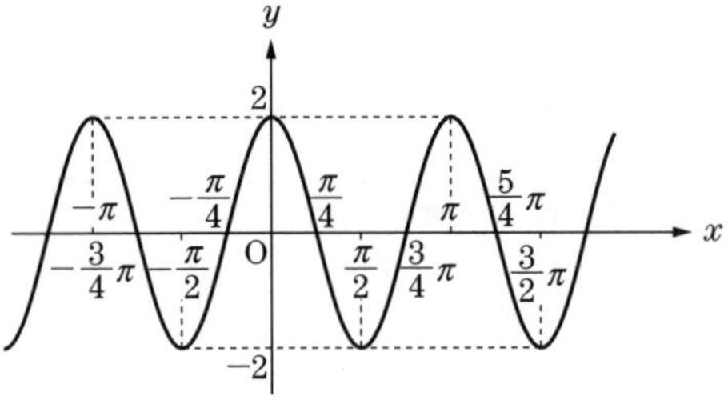

(3)　周期は $\boldsymbol{4\pi}$

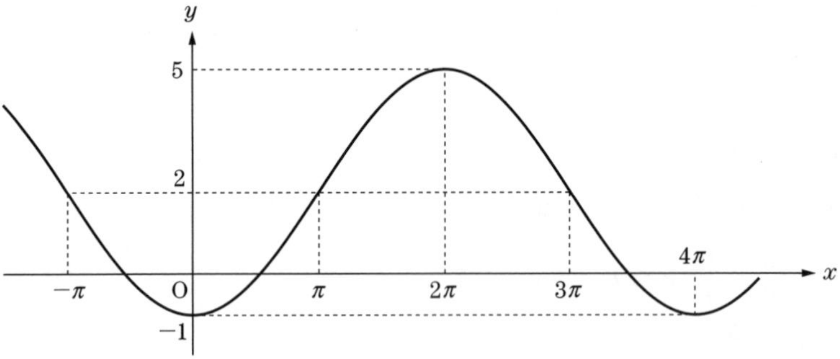

(4)　周期は $\boldsymbol{2\pi}$　　⬅ $y=-2\cos x$

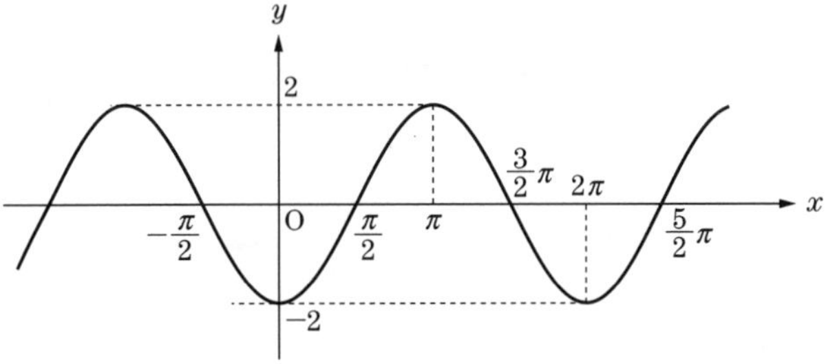

(5) 周期は $\boldsymbol{\pi}$

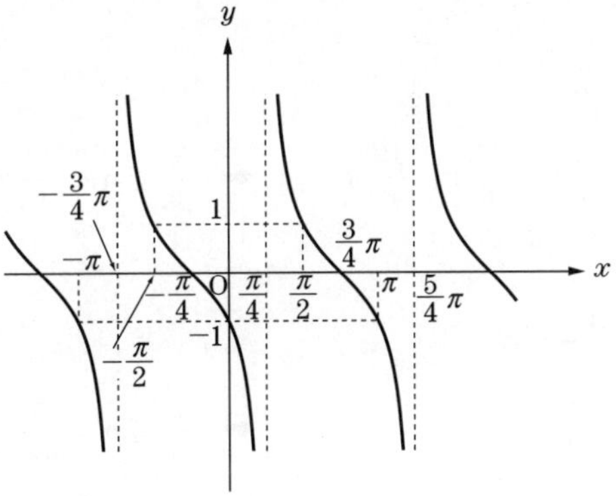

(6) $y = \sin 3\left(x + \frac{\pi}{6}\right) = \cos 3x$, 周期は $\boldsymbol{\frac{2}{3}\pi}$

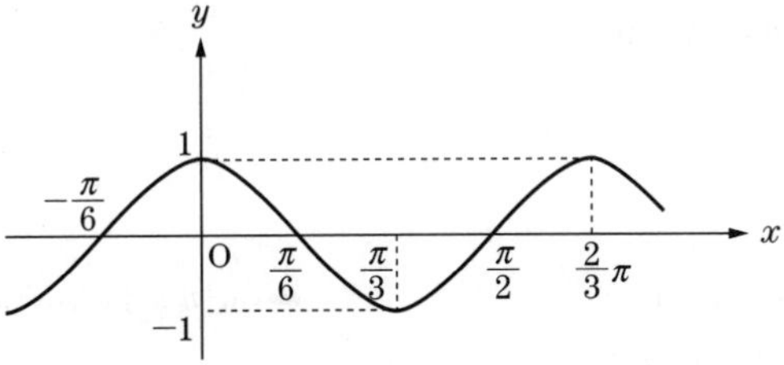

94

(1) $2\theta = \frac{\pi}{3},\ \frac{2}{3}\pi,\ \frac{7}{3}\pi,\ \frac{8}{3}\pi$ ⬅ $0 \leqq 2\theta < 4\pi$

$\theta = \boldsymbol{\frac{\pi}{6},\ \frac{\pi}{3},\ \frac{7}{6}\pi,\ \frac{4}{3}\pi}$

(2) $2\theta = \frac{3}{4}\pi,\ \frac{5}{4}\pi,\ \frac{11}{4}\pi,\ \frac{13}{4}\pi$ ⬅ $0 \leqq 2\theta < 4\pi$

$\theta = \boldsymbol{\frac{3}{8}\pi,\ \frac{5}{8}\pi,\ \frac{11}{8}\pi,\ \frac{13}{8}\pi}$

(3) $\theta - \frac{\pi}{3} = \alpha$ とおくと, $\theta = \alpha + \frac{\pi}{3}$

$\sin\alpha = \frac{1}{2} \iff \alpha = \frac{\pi}{6},\ \frac{5}{6}\pi$ ⬅ $-\frac{\pi}{3} \leqq \alpha < \frac{5}{3}\pi$

$\theta = \boldsymbol{\frac{\pi}{2},\ \frac{7}{6}\pi}$

(4) $\theta + \frac{\pi}{6} = \alpha$ とおくと, $\theta = \alpha - \frac{\pi}{6}$

$\cos\alpha = 1 \iff \alpha = 2\pi$　　　⬅ $\dfrac{\pi}{6} \leqq \alpha < \dfrac{13}{6}\pi$

$\theta = \boldsymbol{\dfrac{11}{6}\pi}$

(5) $2\theta - \dfrac{\pi}{6} = \alpha$ とおくと，$\theta = \dfrac{\alpha}{2} + \dfrac{\pi}{12}$

$\sin\alpha = -\dfrac{1}{2} \iff \alpha = -\dfrac{\pi}{6},\ \dfrac{7}{6}\pi,\ \dfrac{11}{6}\pi,\ \dfrac{19}{6}\pi$　　　⬅ $-\dfrac{\pi}{6} \leqq \alpha < \dfrac{23}{6}\pi$

$\theta = \boldsymbol{0,\ \dfrac{2}{3}\pi,\ \pi,\ \dfrac{5}{3}\pi}$

(6) $\dfrac{\theta}{3} - \dfrac{\pi}{4} = \alpha$ とおくと，$\theta = 3\alpha + \dfrac{3}{4}\pi$

$\cos\alpha = \dfrac{1}{\sqrt{2}} \iff \alpha = -\dfrac{\pi}{4},\ \dfrac{\pi}{4}$　　　⬅ $-\dfrac{\pi}{4} \leqq \alpha < \dfrac{5}{12}\pi$

$\theta = \boldsymbol{0,\ \dfrac{3}{2}\pi}$

(7) (与式) $\iff 2\sin^2\theta - 5\sin\theta + 2 = 0$　　　⬅ $\cos^2\theta = 1 - \sin^2\theta$

$\iff (2\sin\theta - 1)(\sin\theta - 2) = 0$

$-1 \leqq \sin\theta \leqq 1$ より $\sin\theta = \dfrac{1}{2}$

$\theta = \boldsymbol{\dfrac{\pi}{6},\ \dfrac{5}{6}\pi}$

(8) (与式) $\iff 2\cos^2\theta + 9\cos\theta + 4 = 0$　　　⬅ $\sin^2\theta = 1 - \cos^2\theta$

$\iff (2\cos\theta + 1)(\cos\theta + 4) = 0$

$-1 \leqq \cos\theta \leqq 1$ より $\cos\theta = -\dfrac{1}{2}$

$\theta = \boldsymbol{\dfrac{2}{3}\pi,\ \dfrac{4}{3}\pi}$

95

(1) $2\theta = \alpha$ とおくと，$\theta = \dfrac{\alpha}{2}$

$\sin\alpha > \dfrac{1}{2} \iff \dfrac{\pi}{6} < \alpha < \dfrac{5}{6}\pi,\ \dfrac{13}{6}\pi < \alpha < \dfrac{17}{6}\pi$　　　⬅ $0 \leqq \alpha < 4\pi$

$\boldsymbol{\dfrac{\pi}{12} < \theta < \dfrac{5}{12}\pi,\ \dfrac{13}{12}\pi < \theta < \dfrac{17}{12}\pi}$

(2) $\dfrac{\theta}{2} = \alpha$ とおくと，$\theta = 2\alpha$

$\tan\alpha \leqq \sqrt{3} \iff 0 \leqq \alpha \leqq \dfrac{\pi}{3},\ \dfrac{\pi}{2} < \alpha < \pi$　　　⬅ $0 \leqq \alpha < \pi$

$\boldsymbol{0 \leqq \theta \leqq \dfrac{2}{3}\pi,\ \pi < \theta < 2\pi}$

(3)　$\theta+\dfrac{\pi}{6}=\alpha$ とおくと，$\theta=\alpha-\dfrac{\pi}{6}$

$\cos\alpha \leqq \dfrac{1}{2} \iff \dfrac{\pi}{3} \leqq \alpha \leqq \dfrac{5}{3}\pi$　　⬅ $\dfrac{\pi}{6} \leqq \alpha < \dfrac{13}{6}\pi$

$\boldsymbol{\dfrac{\pi}{6} \leqq \theta \leqq \dfrac{3}{2}\pi}$

(4)　$\theta+\dfrac{\pi}{3}=\alpha$ とおくと，$\theta=\alpha-\dfrac{\pi}{3}$

$\sin\alpha > \dfrac{1}{\sqrt{2}} \iff \dfrac{\pi}{3} \leqq \alpha < \dfrac{3}{4}\pi,\ \dfrac{9}{4}\pi < \alpha < \dfrac{7}{3}\pi$　　⬅ $\dfrac{\pi}{3} \leqq \alpha < \dfrac{7}{3}\pi$

$\boldsymbol{0 \leqq \theta < \dfrac{5}{12}\pi,\ \dfrac{23}{12}\pi < \theta < 2\pi}$

(5)　(与式) $\iff (2\cos\theta-\sqrt{2})(\cos\theta+3\sqrt{2})<0$

$\iff \cos\theta < \dfrac{\sqrt{2}}{2}$　　⬅ $-1 \leqq \cos\theta \leqq 1$ より $\cos\theta+3\sqrt{2}>0$

$\boldsymbol{\dfrac{\pi}{4} < \theta < \dfrac{7}{4}\pi}$

(6)　(与式) $\iff 2\sin^2\theta+\sin\theta-1 \geqq 0$

$\iff (\sin\theta+1)(2\sin\theta-1) \geqq 0$

$\sin\theta=-1$ または $\sin\theta \geqq \dfrac{1}{2}$　　⬅ $-1 \leqq \sin\theta \leqq 1$

$\boldsymbol{\theta=\dfrac{3}{2}\pi,\ \dfrac{\pi}{6} \leqq \theta \leqq \dfrac{5}{6}\pi}$

96

(1)　$y=(1-\sin^2 x)+\sin x+1=-\sin^2 x+\sin x+2$

$\sin x=t$ とおくと

$y=-t^2+t+2=-\left(t-\dfrac{1}{2}\right)^2+\dfrac{9}{4}$

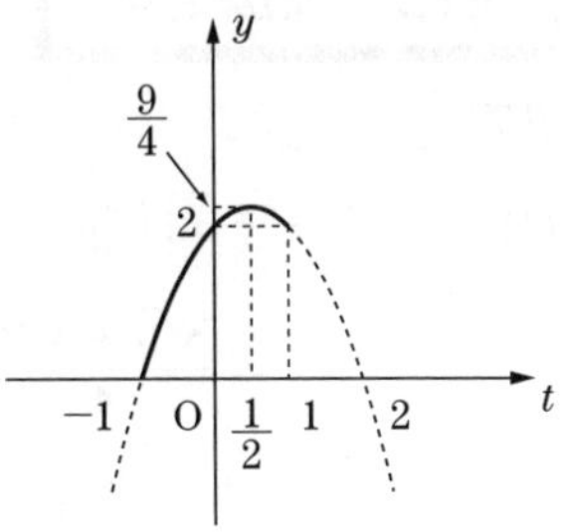

$0 \leqq x < 2\pi$ より，$-1 \leqq t \leqq 1$ であり，y は

$t=\dfrac{1}{2}$ のとき 最大値 $\dfrac{9}{4}$

$t=-1$ のとき 最小値 0 をとる．

$0 \leqq x < 2\pi$ より

$t=\dfrac{1}{2} \iff x=\dfrac{\pi}{6},\ \dfrac{5}{6}\pi$　　⬅ $\sin x=\dfrac{1}{2}$

$t=-1 \iff x=\dfrac{3}{2}\pi$　　⬅ $\sin x=-1$

最大値 $\boldsymbol{\frac{9}{4}}$ $\left(\boldsymbol{x=\frac{\pi}{6},\ \frac{5}{6}\pi}\ \textbf{のとき}\right)$

最小値 $\boldsymbol{0}$ $\left(\boldsymbol{x=\frac{3}{2}\pi}\ \textbf{のとき}\right)$

(2)　$y=(1-\cos^2 x)-\sqrt{3}\cos x$

$=-\cos^2 x-\sqrt{3}\cos x+1$

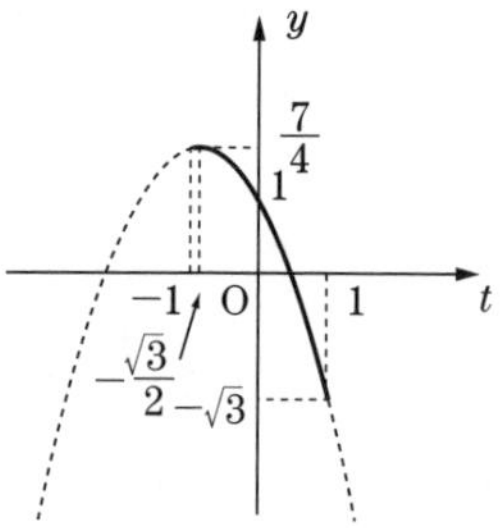

$\cos x=t$ とおくと

$$y=-t^2-\sqrt{3}t+1=-\left(t+\frac{\sqrt{3}}{2}\right)^2+\frac{7}{4}$$

$0\leqq x<2\pi$ であるから，$-1\leqq t\leqq 1$ であり，y は

$t=-\frac{\sqrt{3}}{2}$ のとき 最大値 $\frac{7}{4}$

$t=1$ 　　のとき 最小値 $-\sqrt{3}$ をとる．

$0\leqq x<2\pi$ より

$t=-\frac{\sqrt{3}}{2}\iff x=\frac{5}{6}\pi,\ \frac{7}{6}\pi$　　← $\cos x=-\frac{\sqrt{3}}{2}$

$t=1\iff x=0$　　← $\cos x=1$

最大値 $\boldsymbol{\frac{7}{4}}$ $\left(\boldsymbol{x=\frac{5}{6}\pi,\ \frac{7}{6}\pi}\ \textbf{のとき}\right)$

最小値 $\boldsymbol{-\sqrt{3}}$ $(\boldsymbol{x=0}\ \textbf{のとき})$

§12　加法定理

97

(1)　$\sin\frac{7}{12}\pi=\sin\left(\frac{\pi}{3}+\frac{\pi}{4}\right)=\sin\frac{\pi}{3}\cos\frac{\pi}{4}+\cos\frac{\pi}{3}\sin\frac{\pi}{4}$

$$=\boldsymbol{\frac{\sqrt{6}+\sqrt{2}}{4}}$$

(2)　$\cos\left(-\frac{\pi}{12}\right)=\cos\frac{\pi}{12}=\cos\left(\frac{\pi}{4}-\frac{\pi}{6}\right)$　　← $\frac{\pi}{12}=\frac{\pi}{3}-\frac{\pi}{4}$ でもよい．

$=\cos\frac{\pi}{4}\cos\frac{\pi}{6}+\sin\frac{\pi}{4}\sin\frac{\pi}{6}$

$$=\boldsymbol{\frac{\sqrt{6}+\sqrt{2}}{4}}$$

(3)　$\tan\frac{11}{12}\pi=\tan\left(\frac{\pi}{4}+\frac{2}{3}\pi\right)=\dfrac{\tan\frac{\pi}{4}+\tan\frac{2}{3}\pi}{1-\tan\frac{\pi}{4}\tan\frac{2}{3}\pi}$

$$= \frac{1-\sqrt{3}}{1+\sqrt{3}} = \mathbf{-2+\sqrt{3}}$$

(4) $\sin^2 \frac{\pi}{8} = \frac{1-\cos\frac{\pi}{4}}{2} = \frac{2-\sqrt{2}}{4}$ ⬅半角の公式.

$\sin\frac{\pi}{8} = \mathbf{\frac{\sqrt{2-\sqrt{2}}}{2}}$ ⬅$\sin\frac{\pi}{8} > 0$

(5) $\cos^2 \frac{5}{8}\pi = \frac{1+\cos\frac{5}{4}\pi}{2} = \frac{2-\sqrt{2}}{4}$ ⬅半角の公式.

$\cos\frac{5}{8}\pi = \mathbf{-\frac{\sqrt{2-\sqrt{2}}}{2}}$ ⬅$\cos\frac{5}{8}\pi < 0$

(6) $\tan^2 \frac{\pi}{12} = \frac{1-\cos\frac{\pi}{6}}{1+\cos\frac{\pi}{6}} = (2-\sqrt{3})^2$

$\tan\frac{\pi}{12} = \sqrt{(2-\sqrt{3})^2} = \mathbf{2-\sqrt{3}}$ ⬅$\tan\frac{\pi}{12} > 0$

98

(1) $\cos\theta = \sqrt{1-\left(\frac{3}{5}\right)^2} = \frac{4}{5}$ より ⬅$\cos\theta > 0$

$\mathbf{\sin 2\theta} = 2\sin\theta\cos\theta = \mathbf{\frac{24}{25}}$

$\mathbf{\cos 2\theta} = 1-2\sin^2\theta = \mathbf{\frac{7}{25}}$

$\mathbf{\sin\frac{\theta}{2}} = \sqrt{\frac{1-\cos\theta}{2}} = \mathbf{\frac{\sqrt{10}}{10}}$ ⬅$0 < \frac{\theta}{2} < \frac{\pi}{2}$ より

$\mathbf{\cos\frac{\theta}{2}} = \sqrt{\frac{1+\cos\theta}{2}} = \mathbf{\frac{3\sqrt{10}}{10}}$ $\sin\frac{\theta}{2} > 0$, $\cos\frac{\theta}{2} > 0$

(2) $\mathbf{\tan 2\theta} = \frac{2\tan\theta}{1-\tan^2\theta} = \mathbf{-\frac{4}{3}}$

$\cos^2\theta = \frac{1}{1+\tan^2\theta} = \frac{1}{5}$ より $\cos\theta = \frac{1}{\sqrt{5}}$ ⬅$\cos\theta > 0$

$\mathbf{\cos\frac{\theta}{2}} = \sqrt{\frac{1+\cos\theta}{2}} = \mathbf{\sqrt{\frac{5+\sqrt{5}}{10}}}$ ⬅$\cos\frac{\theta}{2} > 0$

99

(1)　$(\text{与式}) = 2\left(\dfrac{1}{2}\sin\theta + \dfrac{\sqrt{3}}{2}\cos\theta\right)$

$= \boldsymbol{2\sin\left(\theta + \dfrac{\pi}{3}\right)}$

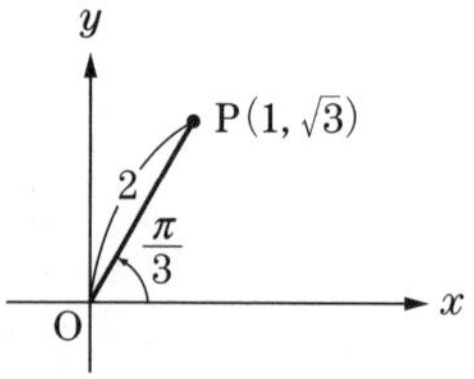

(2)　$(\text{与式}) = 2\sqrt{2}\left(\dfrac{1}{2}\sin\theta - \dfrac{\sqrt{3}}{2}\cos\theta\right)$

$= \boldsymbol{2\sqrt{2}\sin\left(\theta - \dfrac{\pi}{3}\right)}$

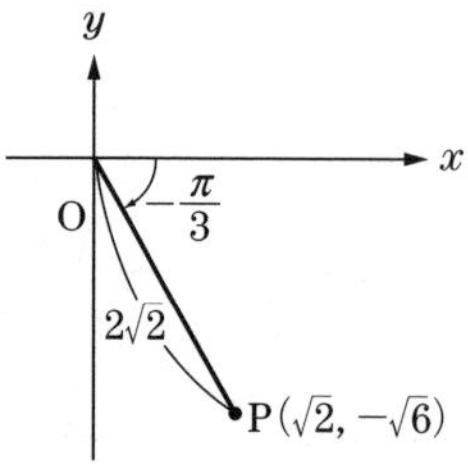

100

(1)　$\sin\alpha = \dfrac{3}{5}$　$\left(0 < \alpha < \dfrac{\pi}{2}\right)$ より $\cos\alpha = \dfrac{4}{5}$

$\sin\beta = \dfrac{5}{13}$　$\left(\dfrac{\pi}{2} < \beta < \pi\right)$ より $\cos\beta = -\dfrac{12}{13}$

$\boldsymbol{\sin(\alpha+\beta)} = \dfrac{3}{5}\cdot\left(-\dfrac{12}{13}\right) + \dfrac{4}{5}\cdot\dfrac{5}{13} = \boldsymbol{-\dfrac{16}{65}}$

$\boldsymbol{\cos(\alpha+\beta)} = \dfrac{4}{5}\cdot\left(-\dfrac{12}{13}\right) - \dfrac{3}{5}\cdot\dfrac{5}{13} = \boldsymbol{-\dfrac{63}{65}}$

⬅$\cos\alpha > 0$，$\cos\beta < 0$

⬅加法定理.

(2)　$\sin\alpha = \dfrac{3}{\sqrt{10}}$　$\left(0 < \alpha < \dfrac{\pi}{2}\right)$ より $\cos\alpha = \dfrac{1}{\sqrt{10}}$

$\cos\beta = -\dfrac{1}{\sqrt{5}}$　$\left(\pi < \beta < \dfrac{3}{2}\pi\right)$ より $\sin\beta = -\dfrac{2}{\sqrt{5}}$

よって，$\tan\alpha = 3$，$\tan\beta = 2$ であるから

$\boldsymbol{\tan(\alpha+\beta)} = \dfrac{3+2}{1-3\cdot 2} = \boldsymbol{-1}$

$\boldsymbol{\tan(\alpha-\beta)} = \dfrac{3-2}{1+3\cdot 2} = \boldsymbol{\dfrac{1}{7}}$

⬅$1+\tan^2\beta = \dfrac{1}{\cos^2\beta}$ から直接 $\tan\beta$ を求めてもよい.

(3)　$\sin\alpha = -\dfrac{4}{5}$　$\left(\pi < \alpha < \dfrac{3}{2}\pi\right)$ より $\cos\alpha = -\dfrac{3}{5}$

$\boldsymbol{\sin 2\alpha} = 2\sin\alpha\cos\alpha = \boldsymbol{\dfrac{24}{25}}$

$\sin^2\dfrac{\alpha}{2} = \dfrac{1-\cos\alpha}{2} = \dfrac{4}{5}$

⬅2 倍角の公式.

$\sin\dfrac{\alpha}{2}>0$ より　$\boldsymbol{\sin\dfrac{\alpha}{2}=\dfrac{2\sqrt{5}}{5}}$

← $\dfrac{\pi}{2}<\dfrac{\alpha}{2}<\dfrac{3}{4}\pi$

$$\cos^2\frac{\alpha}{2}=\frac{1+\cos\alpha}{2}=\frac{1}{5}$$

$$\tan^2\frac{\alpha}{2}=\frac{1}{\cos^2\dfrac{\alpha}{2}}-1=4$$

$\tan\dfrac{\alpha}{2}<0$ より　$\boldsymbol{\tan\dfrac{\alpha}{2}=-2}$

← $\tan\dfrac{\alpha}{2}=-\sqrt{\dfrac{1-\cos\alpha}{1+\cos\alpha}}=-2$ としてもよい.

101

(1)　$(与式)=\sqrt{13}\sin(\theta+\alpha)$

$\left(\alpha\ は\ \sin\alpha=-\dfrac{2}{\sqrt{13}},\ \cos\alpha=\dfrac{3}{\sqrt{13}}\ を満たす角\right)$

であり, $0\leqq\theta<2\pi$ のとき $-1\leqq\sin(\theta+\alpha)\leqq 1$

最大値 $\boldsymbol{\sqrt{13}}$, 最小値 $\boldsymbol{-\sqrt{13}}$

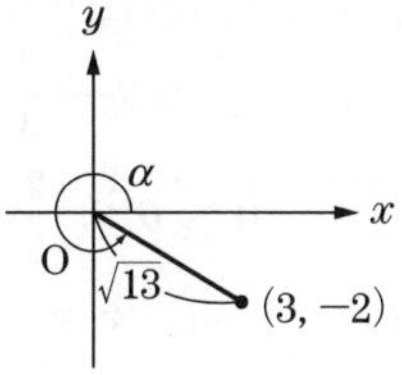

(2)　$(与式)=5\sin(\theta+\alpha)+1$

$\left(\alpha\ は\ \sin\alpha=\dfrac{4}{5},\ \cos\alpha=\dfrac{3}{5}\ を満たす角\right)$

であり, $0\leqq\theta<2\pi$ のとき $-1\leqq\sin(\theta+\alpha)\leqq 1$

最大値 6, 最小値 −4

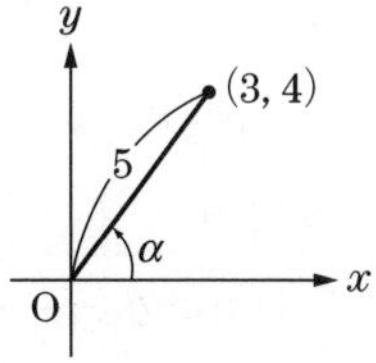

(参考)　$a\cos\theta+b\sin\theta=\sqrt{a^2+b^2}\cos(\theta-\beta)$

$(a=b=0\ ではない)$

と合成することもできる.

(1) $(与式)=\sqrt{13}\cos(\theta-\beta)$

$\left(\beta\ は\ \sin\beta=\dfrac{3}{\sqrt{13}},\ \cos\beta=-\dfrac{2}{\sqrt{13}}\ を満たす角\right)$

(2) $(与式)=5\cos(\theta-\beta)+1$

$\left(\beta\ は\ \sin\beta=\dfrac{3}{5},\ \cos\beta=\dfrac{4}{5}\ を満たす角\right)$

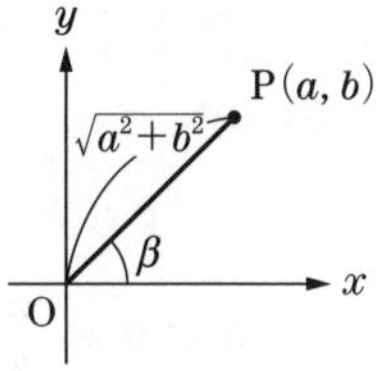

102

(1)　$(与式)\iff 2\sin\left(\theta-\dfrac{\pi}{6}\right)=\sqrt{2}$

$\iff \sin\left(\theta-\dfrac{\pi}{6}\right)=\dfrac{\sqrt{2}}{2}$

$\theta-\dfrac{\pi}{6}=\dfrac{\pi}{4},\ \dfrac{3}{4}\pi \iff \boldsymbol{\theta=\dfrac{5}{12}\pi,\ \dfrac{11}{12}\pi}$

← $-\dfrac{\pi}{6}\leqq\theta-\dfrac{\pi}{6}<\dfrac{11}{6}\pi$

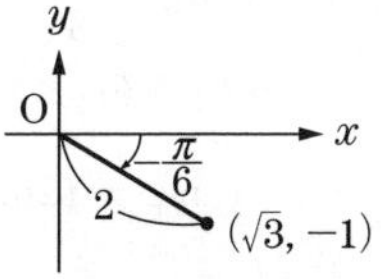

(2) (与式) $\iff 2\cos^2\theta - 3\cos\theta - 2 = 0$

$\iff (2\cos\theta + 1)(\cos\theta - 2) = 0$

$-1 \leqq \cos\theta \leqq 1$ より $\cos\theta = -\dfrac{1}{2}$

$\boldsymbol{\theta = \dfrac{2}{3}\pi,\ \dfrac{4}{3}\pi}$

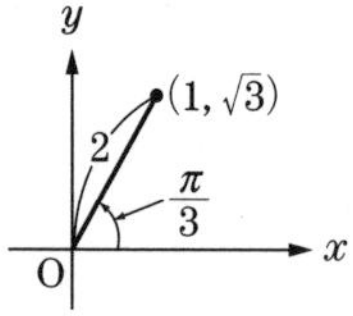

(3) (与式) $\iff 2\sin\left(\theta + \dfrac{\pi}{3}\right) \geqq 0$

$\iff \sin\left(\theta + \dfrac{\pi}{3}\right) \geqq 0$

$\dfrac{\pi}{3} \leqq \theta + \dfrac{\pi}{3} \leqq \pi,\ 2\pi \leqq \theta + \dfrac{\pi}{3} < \dfrac{7}{3}\pi$

← $\dfrac{\pi}{3} \leqq \theta + \dfrac{\pi}{3} < \dfrac{7}{3}\pi$

$\boldsymbol{0 \leqq \theta \leqq \dfrac{2}{3}\pi,\ \dfrac{5}{3}\pi \leqq \theta < 2\pi}$

(4) (与式) $\iff 2\sin\theta\cos\theta - \sin\theta > 0$

$\iff \sin\theta(2\cos\theta - 1) > 0$

$\sin\theta > 0$ かつ $\cos\theta > \dfrac{1}{2}$ ……①

$\sin\theta < 0$ かつ $\cos\theta < \dfrac{1}{2}$ ……②

①より

$0 < \theta < \pi$ かつ「$0 \leqq \theta < \dfrac{\pi}{3}$ または $\dfrac{5}{3}\pi < \theta < 2\pi$」

$\iff 0 < \theta < \dfrac{\pi}{3}$

② より

$\pi < \theta < 2\pi$ かつ $\dfrac{\pi}{3} < \theta < \dfrac{5}{3}\pi \iff \pi < \theta < \dfrac{5}{3}\pi$

$\boldsymbol{0 < \theta < \dfrac{\pi}{3},\ \pi < \theta < \dfrac{5}{3}\pi}$

103 与えられた直線のうち前者を l_1，後者を l_2 とし，l_1，l_2 が x 軸の正方向となす角をそれぞれ θ_1，θ_2 とする．

(1) $\tan\theta_1 = \dfrac{1}{3}$，　$\tan\theta_2 = -\dfrac{1}{2}$

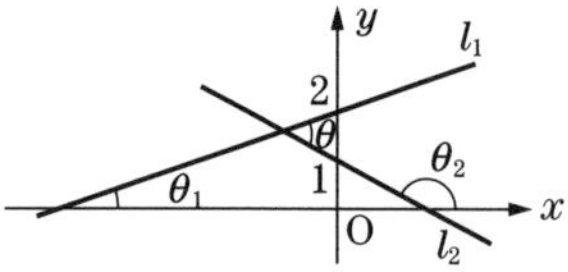

$\varphi = \theta_2 - \theta_1$ とおくと

$\tan\varphi = \tan(\theta_2 - \theta_1) = \dfrac{\tan\theta_2 - \tan\theta_1}{1 + \tan\theta_2\tan\theta_1} = -1$

$\tan\theta = |\tan\varphi| = 1$　　$\theta = \boldsymbol{\dfrac{\pi}{4}}$

← 図より $\theta = \pi - \varphi$

(2) $l_1 : y = -\dfrac{2}{\sqrt{3}}x + \dfrac{5}{\sqrt{3}}$

$l_2 : y = \dfrac{5}{\sqrt{3}}x - \dfrac{6}{\sqrt{3}}$

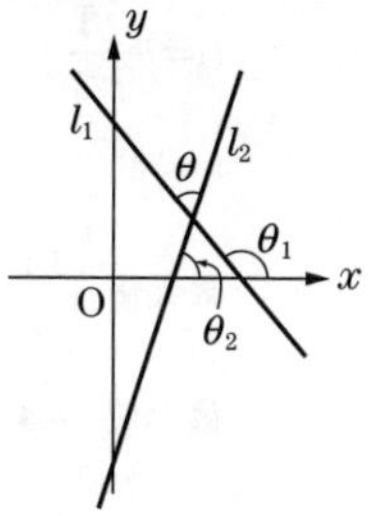

$\tan\theta_1 = -\dfrac{2}{\sqrt{3}}$, $\tan\theta_2 = \dfrac{5}{\sqrt{3}}$

$$\tan\theta = \tan(\theta_1 - \theta_2) = \frac{\tan\theta_1 - \tan\theta_2}{1 + \tan\theta_1 \tan\theta_2} = \sqrt{3}$$

$\theta = \boldsymbol{\dfrac{\pi}{3}}$

104

(1) $y = \cos 2x - 2\sqrt{3}\cos x = 2\cos^2 x - 2\sqrt{3}\cos x - 1$

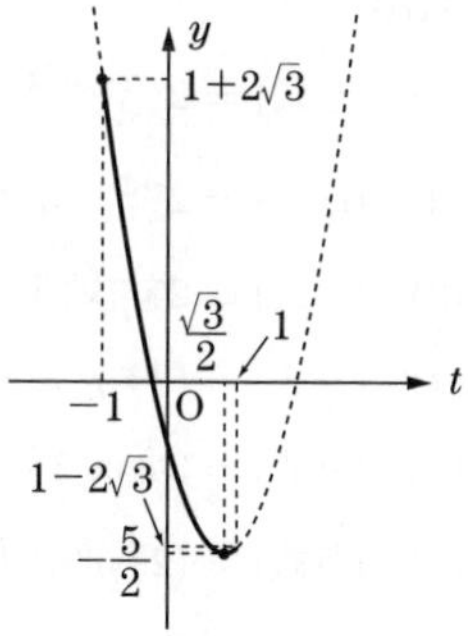

$\cos x = t$ とおくと，$-1 \leqq t \leqq 1$

$$y = 2t^2 - 2\sqrt{3}t - 1 = 2\left(t - \frac{\sqrt{3}}{2}\right)^2 - \frac{5}{2}$$

$t = -1$ のとき　最大値 $1 + 2\sqrt{3}$

$t = \dfrac{\sqrt{3}}{2}$ のとき　最小値 $-\dfrac{5}{2}$

$0 \leqq x < 2\pi$ より

$t = -1 \iff x = \pi$　← $\cos x = -1$

$t = \dfrac{\sqrt{3}}{2} \iff x = \dfrac{\pi}{6},\ \dfrac{11}{6}\pi$　← $\cos x = \dfrac{\sqrt{3}}{2}$

最大値 $\boldsymbol{1 + 2\sqrt{3}}$　($\boldsymbol{x = \pi}$ のとき)

最小値 $\boldsymbol{-\dfrac{5}{2}}$　$\boldsymbol{\left(x = \dfrac{\pi}{6},\ \dfrac{11}{6}\pi\right.}$ のとき)

(2) $y = \cos^2 x + \cos 2x - 3\sin x$

$= (1 - \sin^2 x) + (1 - 2\sin^2 x) - 3\sin x$

$= -3\sin^2 x - 3\sin x + 2$

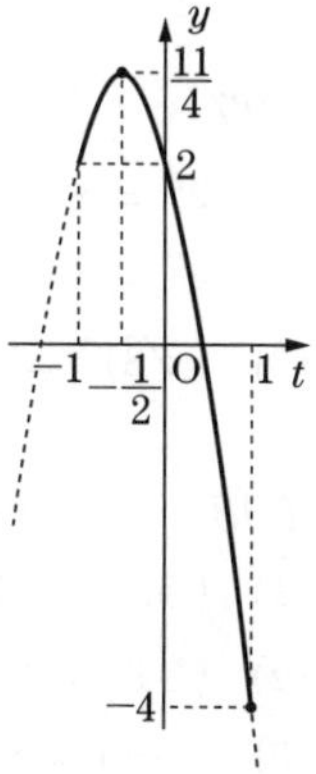

$\sin x = t$ とおくと，$-1 \leqq t \leqq 1$

$$y = -3t^2 - 3t + 2 = -3\left(t + \frac{1}{2}\right)^2 + \frac{11}{4}$$

$t = -\dfrac{1}{2}$ のとき　最大値 $\dfrac{11}{4}$

$t = 1$ のとき　最小値 -4

$0 \leqq x < 2\pi$ より

$$t = -\frac{1}{2} \iff x = \frac{7}{6}\pi,\ \frac{11}{6}\pi$$ ← $\sin x = -\frac{1}{2}$

$$t = 1 \iff x = \frac{\pi}{2}$$ ← $\sin x = 1$

最大値 $\boldsymbol{\frac{11}{4}}$ $\left(\boldsymbol{x = \frac{7}{6}\pi,\ \frac{11}{6}\pi}\ \text{のとき}\right)$

最小値 $\boldsymbol{-4}$ $\left(\boldsymbol{x = \frac{\pi}{2}}\ \text{のとき}\right)$

§13　指数・対数の計算

105

(1)　(与式) $= 2^{-2+3-2} = 2^{-1} = \boldsymbol{\frac{1}{2}}$

(2)　(与式) $= 2^{-3} \times 3^{-2} \times (2^4 \times 3^4) = 2 \times 3^2 = \boldsymbol{18}$

(3)　(与式) $= 2^{\frac{1}{4}-\left(-\frac{3}{4}\right)} = \boldsymbol{2}$

(4)　(与式) $= (3^{\frac{1}{3}})^6 = \boldsymbol{9}$

(5)　(与式) $= 3^{\frac{1}{3}} \times 3^{\frac{2}{3}} = \boldsymbol{3}$

(6)　(与式) $= (2^{\frac{1}{3}})^6 \times \{(2^5)^2\}^{\frac{1}{5}} = 2^2 \times 2^2 = \boldsymbol{16}$

106

(1)　$\boldsymbol{4 = \log_2 16}$

(2)　$\boldsymbol{\frac{1}{4} = \log_{81} 3}$

(3)　$\boldsymbol{-1 = \log_5 0.2}$

(4)　$\boldsymbol{0 = \log_9 1}$

107

(1)　$\boldsymbol{2^3 = 8}$

(2)　$\boldsymbol{4^0 = 1}$

(3)　$\boldsymbol{(\sqrt{3})^6 = 27}$

108

(1)　(与式) $= (2 \times 3)^3 \times (3^2)^{-2} \times 2^{-3} \times (3^{-2})^{-1} = 2^{3-3} \times 3^{3-4+2} = \boldsymbol{3}$

(2)　(与式) $= 3^{3+(-2)} \times 2^{-(-2)+3} = 3 \times 2^5 = \boldsymbol{96}$

(3)　(与式) $= 5 \times 1 \times (2^{-3})^{-1} = 5 \times 2^3 = \boldsymbol{40}$

(4) (与式) $=\{3^{\frac{1}{2}+\frac{3}{2}}\times 4^{-\frac{1}{3}+(-\frac{5}{3})}\}^{\frac{1}{2}}=(3^2\times 4^{-2})^{\frac{1}{2}}=3\times 4^{-1}=\mathbf{\frac{3}{4}}$

(5) (与式) $=(2\times 3^4)^{\frac{1}{2}}\times(2\times 3^3)^{\frac{1}{3}}\div(2\times 3^{\frac{3}{2}}\times 2^{\frac{5}{6}})$

$=2^{\frac{1}{2}+\frac{1}{3}-1-\frac{5}{6}}\times 3^{2+1-\frac{3}{2}}=2^{-1}\times 3^{\frac{3}{2}}=\mathbf{\frac{3\sqrt{3}}{2}}$

(6) (与式) $=(5^{\frac{3}{4}}\times 6^{\frac{3}{2}})^{\frac{4}{3}}=5\times 6^2=\mathbf{180}$

109

(1) (与式) $=\log_2 12+\log_2 36^{\frac{1}{2}}-\log_2 6^2$

$=\log_2\dfrac{12\times 6}{36}=\log_2 2=\mathbf{1}$

(2) (与式) $=\log_5\left(\dfrac{2}{5^{\frac{1}{2}}}\right)^3+\log_5\dfrac{5}{6}-\log_5\dfrac{4}{3}$

$=\log_5\left(\dfrac{2^3}{5^{\frac{3}{2}}}\times\dfrac{5}{2\times 3}\times\dfrac{3}{2^2}\right)$

$=\log_5\dfrac{1}{5^{\frac{1}{2}}}=-\dfrac{1}{2}\log_5 5=\mathbf{-\frac{1}{2}}$

(3) (与式) $=\log_2\dfrac{\sqrt{3}\times(\sqrt{2})^3}{\sqrt{6}}=\log_2 2=\mathbf{1}$

⬅(与式)
$=\dfrac{1}{2}\log_2 3+\dfrac{3}{2}\log_2 2$
$-\dfrac{1}{2}(\log_2 2+\log_2 3)$
$=\log_2 2=1$
としてもよい.

(4) (与式) $=\log_2 24+\log_2 6-\log_2(3\sqrt{2})^2=\log_2\dfrac{24\times 6}{18}$

$=\log_2 8=\mathbf{3}$

(5) (与式) $=\log_2 2^{\frac{3}{5}}+\log_3 3^{\frac{3}{4}}=\dfrac{3}{5}+\dfrac{3}{4}=\mathbf{\frac{27}{20}}$

(6) (与式) $=\log_3 2\times\dfrac{\log_3 3}{\log_3 8}=\log_3 2\times\dfrac{1}{3\log_3 2}=\mathbf{\frac{1}{3}}$

⬅底を 3 にそろえる.

(7) (与式) $=\dfrac{\log_2 32\sqrt[5]{4}}{\log_2 2\sqrt{2}}=\dfrac{\log_2(2^5\times 2^{\frac{2}{5}})}{\log_2(2\times 2^{\frac{1}{2}})}=\dfrac{\log_2 2^{\frac{27}{5}}}{\log_2 2^{\frac{3}{2}}}$

$=\dfrac{\frac{27}{5}}{\frac{3}{2}}=\mathbf{\frac{18}{5}}$

(8) (与式) $=(\log_2 3+1)(\log_3 2+1)-\log_3 2-\log_2 3$

$=\log_2 3\times\log_3 2+1=\log_2 3\times\dfrac{1}{\log_2 3}+1=\mathbf{2}$

110

(1)　(与式) $= a^{-2-3+8} = \boldsymbol{a^3}$

(2)　(与式) $= (a^8b^{-12}) \div (a^2b^{-4}) = a^6b^{-8} = \boldsymbol{\dfrac{a^6}{b^8}}$

(3)　(与式) $= (a^{-6}b^3) \times (ab^{-2}) \div (a^{-2}b^2) = a^{-3}b^{-1} = \boldsymbol{\dfrac{1}{a^3b}}$

(4)　(与式) $= \dfrac{a^{\frac{3}{4}} \times a^{\frac{5}{6}}}{a^{\frac{7}{12}}} = a^{\frac{3}{4}+\frac{5}{6}-\frac{7}{12}} = a^1 = \boldsymbol{a}$

(5)　(与式) $= (a^3b)^{\frac{1}{2}} \times (a^5b)^{\frac{1}{6}} \div (a^4b^2)^{\frac{1}{3}}$

$= (a^{\frac{3}{2}}b^{\frac{1}{2}}) \times (a^{\frac{5}{6}}b^{\frac{1}{6}}) \div (a^{\frac{4}{3}}b^{\frac{2}{3}})$

$= a^{\frac{3}{2}+\frac{5}{6}-\frac{4}{3}} \times b^{\frac{1}{2}+\frac{1}{6}-\frac{2}{3}} = a^1b^0 = \boldsymbol{a}$

(6)　(与式) $= (\sqrt[3]{a})^3 - 1 = \boldsymbol{a - 1}$

(7)　(与式) $= \{(a^{\frac{1}{2}})^2 - (b^{\frac{1}{2}})^2\}(a+b) = (a-b)(a+b)$

$= \boldsymbol{a^2 - b^2}$

111

(1)　(与式) $= \log_{10} 2 + \dfrac{1}{2}\log_{10} 5^3 + \dfrac{\log_{10} 2^{\frac{1}{2}}}{\log_{10} 10}$

$= \log_{10} 2 + \dfrac{3}{2}\log_{10} 5 + \dfrac{1}{2}\log_{10} 2$

$= \dfrac{3}{2}(\log_{10} 2 + \log_{10} 5) = \boldsymbol{\dfrac{3}{2}}$

(2)　(与式) $= \left(2\log_2 3 + \dfrac{\log_2 3}{3}\right)\left(\dfrac{4}{\log_2 3} + \dfrac{2}{2\log_2 3}\right)$

$= \dfrac{7}{3}\log_2 3 \times \dfrac{5}{\log_2 3} = \boldsymbol{\dfrac{35}{3}}$

(3)　(与式) $= \log_a b \times \dfrac{\log_a c}{\log_a b} \times \dfrac{\log_a a}{\log_a c} = \boldsymbol{1}$

(4)　(与式) $= \log_a b \times \dfrac{\log_a c^2}{\log_a b} \times \dfrac{\log_a a^3}{\log_a c}$

$= \log_a b \times \dfrac{2\log_a c}{\log_a b} \times \dfrac{3}{\log_a c} = \boldsymbol{6}$

(5)　(与式) $= 10^{\log_{10} 9} = \boldsymbol{9}$　　← $a^{\log_a b} = b$

(6)　(与式) $= (100^{\frac{1}{2}})^{\log_{100} 5} = 100^{\frac{1}{2}\log_{100} 5} = 100^{\log_{100}\sqrt{5}} = \boldsymbol{\sqrt{5}}$

112　$b=\log_3 5=\dfrac{\log_2 5}{\log_2 3}=\dfrac{\log_2 5}{a}$ より　$\log_2 5=ab$

$\boldsymbol{\log_2 10}=\log_2 2+\log_2 5=\boldsymbol{1+ab}$

$\boldsymbol{\log_{15} 40}=\dfrac{3+\log_2 5}{\log_2 3+\log_2 5}=\boldsymbol{\dfrac{3+ab}{a+ab}}$　　⬅ $40=2^3\cdot 5$

§14　指数関数・対数関数のグラフ，常用対数

113

(1)

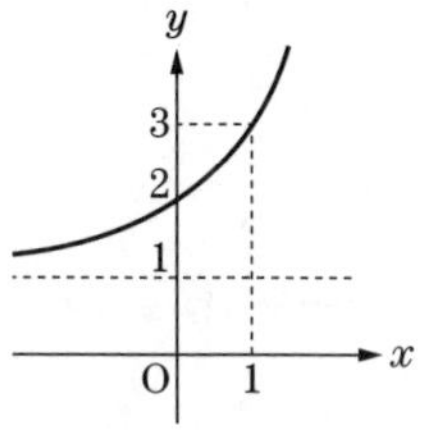

y 軸方向に 1 平行移動したもの　　⬅ 漸近線 $y=1$

(2)

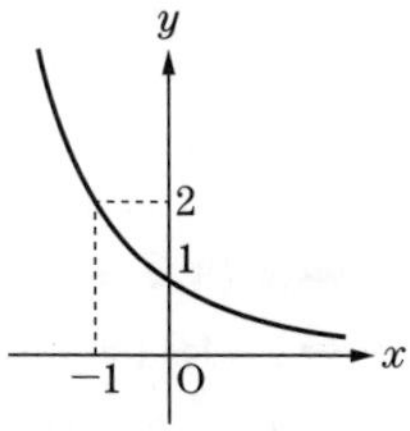

y 軸に関して対称に移動したもの　　⬅ 漸近線 $y=0$

(3)

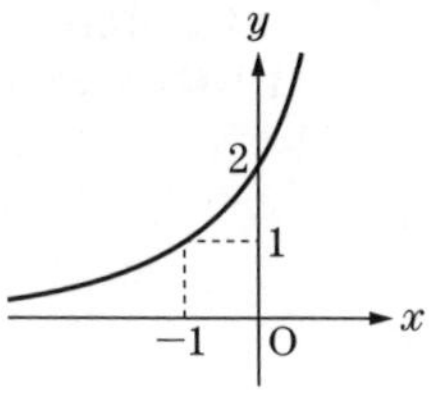

x 軸方向に −1 平行移動したもの　　⬅ 漸近線 $y=0$

(4)

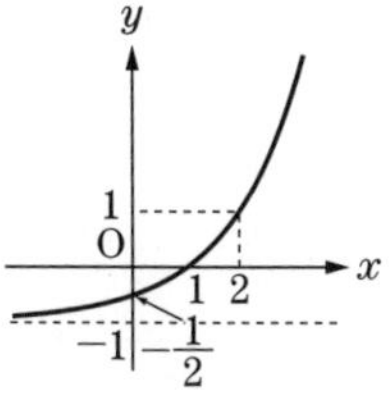

x 軸方向に 1，y 軸方向に −1 平行移動したもの　　⬅ 漸近線 $y=-1$

114

(1)

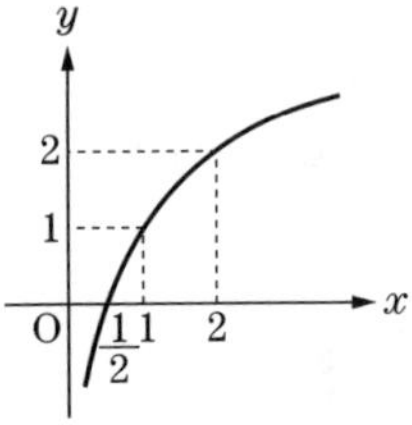

***y* 軸方向に 1 平行移動したもの**

⬅ $y = \log_2 x + 1$
漸近線 $x = 0$

(2)

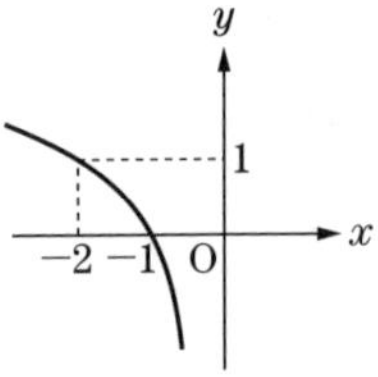

***y* 軸に関して対称に移動したもの**

⬅ 漸近線 $x = 0$

(3)

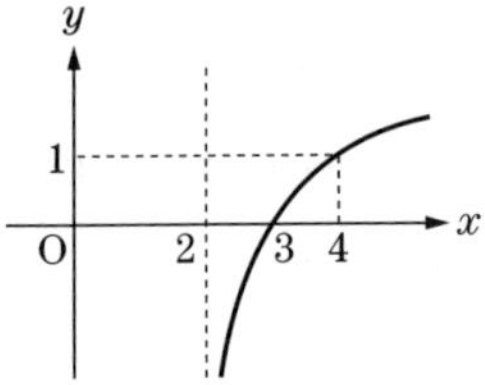

***x* 軸方向に 2 平行移動したもの**

⬅ 漸近線 $x = 2$

(4)

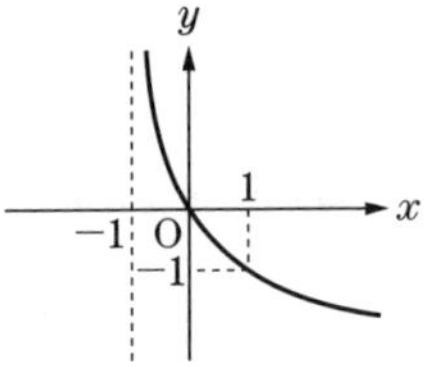

***x* 軸に関して対称に移動し，**
さらに *x* 軸方向に −1 平行移動
したもの

⬅ 漸近線 $x = -1$

⬅ $y = \log_{\frac{1}{2}} x$（すなわち $y = -\log_2 x$）のグラフを x 軸方向に -1 平行移動したものである．

115

(1)　$(\text{与式}) = \log_{10}\dfrac{4}{10} = 2\log_{10} 2 - 1 = 2 \times 0.3010 - 1$

$$= \mathbf{-0.3980}$$

(2)　$(\text{与式}) = \dfrac{1}{2}(\log_{10} 8 + \log_{10} 9) = \dfrac{1}{2}(3\log_{10} 2 + 2\log_{10} 3)$

$$= \frac{1}{2}(3 \times 0.3010 + 2 \times 0.4771) = \mathbf{0.9286}$$

(3)　$(\text{与式}) = \dfrac{1}{3}(\log_{10} 5 + \log_{10} 27) = \dfrac{1}{3}\left(\log_{10}\dfrac{10}{2} + 3\log_{10} 3\right)$

$$= \frac{1}{3}(1 - \log_{10} 2 + 3\log_{10} 3)$$

$$= \frac{1}{3}(1 - 0.3010 + 3 \times 0.4771) = \mathbf{0.7101}$$

116

(1)

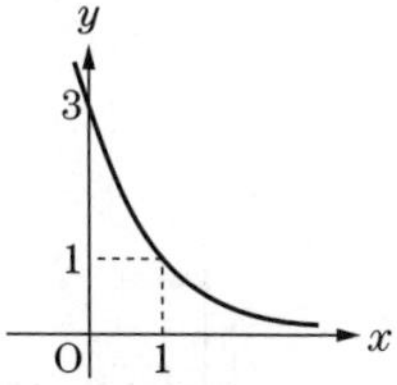

$\boldsymbol{y}$ **軸に関して対称に移動し，さらに** $\boldsymbol{x}$ **軸方向に 1 平行移動**したもの

⬅漸近線 $y = 0$

⬅$y = \left(\frac{1}{3}\right)^x$ のグラフを x 軸方向に 1 平行移動したものである．

(2)

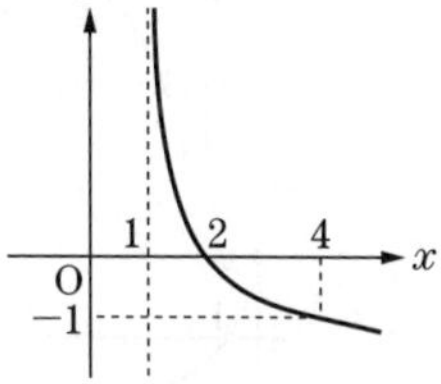

直線 $\boldsymbol{y = x}$ **に関して対称に移動し，さらに** $\boldsymbol{x}$ **軸に関して対称に移動した後，** $\boldsymbol{x}$ **軸方向に 1 平行移動**したもの

⬅漸近線　$x = 1$

⬅$y = a^x$ と $y = \log_a x$ のグラフは直線 $y = x$ に関して対称．

⬅$y = \log_{\frac{1}{3}} x$（すなわち $y = -\log_3 x$）のグラフを x 軸方向に 1 平行移動したものである．

117

(1)　$2^{36} = (2^3)^{12} = 8^{12}$,　$3^{24} = (3^2)^{12} = 9^{12}$ より

$6^{12} < 8^{12} < 9^{12} \iff \boldsymbol{6^{12} < 2^{36} < 3^{24}}$

⬅指数をそろえる．

(2)　$(\sqrt[4]{3})^{12} = 3^3 = 27$,　$(\sqrt[6]{5})^{12} = 5^2 = 25$ より

$\sqrt[6]{5} < \sqrt[4]{3}$　……①

$(\sqrt[7]{7})^{28} = 7^4 = 2401$,　$(\sqrt[4]{3})^{28} = 3^7 = 2187$ より

$\sqrt[4]{3} < \sqrt[7]{7}$　……②

①，②より　$\boldsymbol{\sqrt[6]{5} < \sqrt[4]{3} < \sqrt[7]{7}}$

(3)　$3\log_4 3 = \dfrac{3\log_2 3}{\log_2 4} = \dfrac{3}{2}\log_2 3$

⬅底を 2 にそろえる．

$5\log_8 3 = \dfrac{5\log_2 3}{\log_2 8} = \dfrac{5}{3}\log_2 3$ より

$\boldsymbol{3\log_4 3 < 5\log_8 3 < 2\log_2 3}$

⬅$\log_2 3 > 0$ で $\dfrac{3}{2} < \dfrac{5}{3} < 2$

(4)　$\dfrac{2}{3} = \dfrac{2}{3}\log_3 3 = \dfrac{1}{3}\log_3 9$

$\log_3 2 = \dfrac{1}{3}\log_3 2^3 = \dfrac{1}{3}\log_3 8$ より

$\log_3 2 < \dfrac{2}{3}$　……①

$$\frac{2}{3} = \frac{2}{3}\log_7 7 = \frac{1}{3}\log_7 49$$

$$\log_7 4 = \frac{1}{3}\log_7 4^3 = \frac{1}{3}\log_7 64 \text{ より}$$

$$\frac{2}{3} < \log_7 4 \qquad \cdots\cdots②$$

①，②より　$\mathbf{\log_3 2 < \frac{2}{3} < \log_7 4}$

118

(1)　$y = \log_3 x$　のグラフより

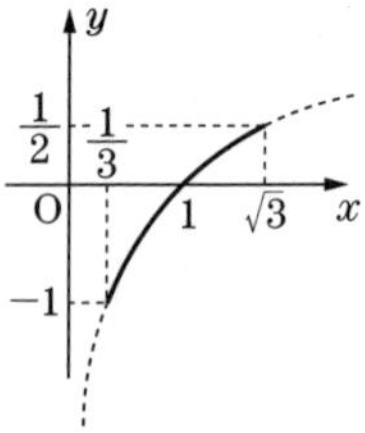

$x = \sqrt{3}$ のとき　**最大値** $\mathbf{\frac{1}{2}}$

$x = \frac{1}{3}$ のとき　**最小値** $\mathbf{-1}$

(2)　$y = \log_{\frac{1}{4}} x$　のグラフより

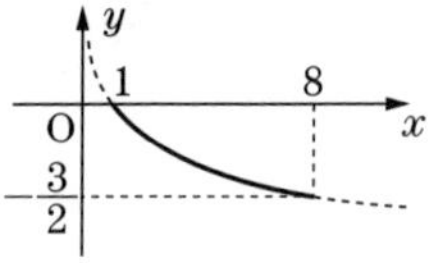

$x = 1$ のとき　**最大値** $\mathbf{0}$

$x = 8$ のとき　**最小値** $\mathbf{-\frac{3}{2}}$

119

(1)　$y = 2^{2x} - 2 \cdot 2^x + 2$

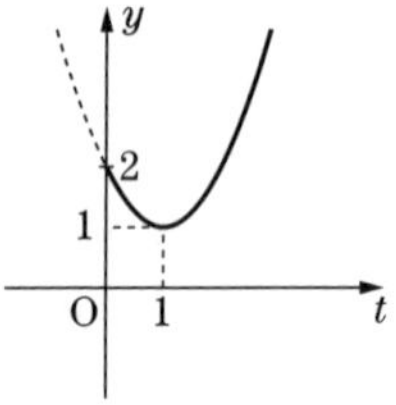

$2^x = t$ とおくと，$t > 0$ であり

$$y = t^2 - 2t + 2 = (t-1)^2 + 1$$

$t = 1$ $(x = 0)$ のとき，最小となり　**最小値 1**

(2)　真数条件より $x > 0$

$$y = \frac{2}{3}(\log_4 x)^2 + 2\log_4 x - \log_4 2$$

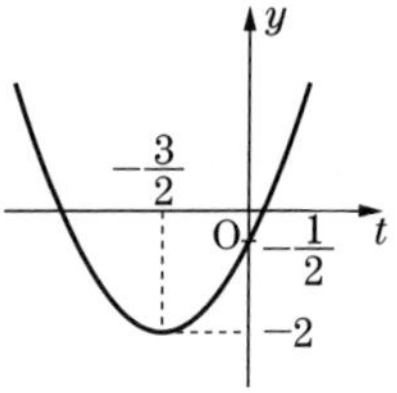

$\log_4 x = t$ とおくと

$$y = \frac{2}{3}t^2 + 2t - \frac{1}{2} = \frac{2}{3}\left(t + \frac{3}{2}\right)^2 - 2$$

$$t = -\frac{3}{2} \iff \log_4 x = -\frac{3}{2} \iff x = 4^{-\frac{3}{2}} = \frac{1}{8}$$

のとき，最小となり　**最小値** $\mathbf{-2}$

(3)　真数条件より $2 < x < 18$

$$y = \log_2(x-2)(18-x)$$
$$= \log_2\left(-x^2+20x-36\right)$$
$$= \log_2\left\{-(x-10)^2+64\right\}$$
$$z = -(x-10)^2+64 \ (2 < x < 18)$$

がとり得る値の範囲は

$$0 < z \leqq 64$$

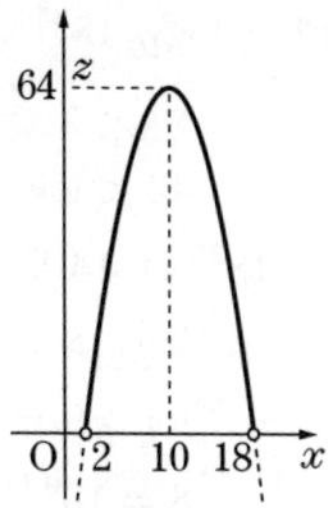

y は $x=10$ のとき，最大となり $\log_2 64 = 6$ より　**最大値 6**

⬅(底) > 1 より z が最大のとき y は最大.

(4)　真数条件より $x > 0$

$$y = (2-\log_3 x)(\log_3 x + 1)$$
$$= -(\log_3 x)^2 + \log_3 x + 2$$

$\log_3 x = t$ とおくと

$$y = -t^2+t+2 = -\left(t-\frac{1}{2}\right)^2 + \frac{9}{4}$$

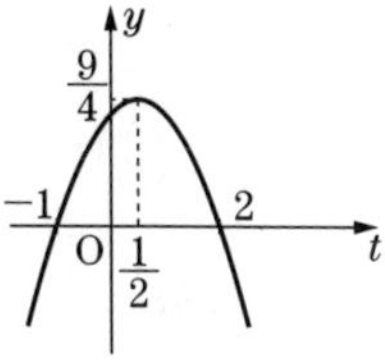

$$t = \frac{1}{2} \iff \log_3 x = \frac{1}{2} \iff x = \sqrt{3}$$

のとき，最大となり　**最大値 $\mathbf{\frac{9}{4}}$**

120

(1)　$\log_{10} 3^{12} = 12\log_{10} 3 = 5.7252$

$$5 < \log_{10} 3^{12} < 6 \iff 10^5 < 3^{12} < 10^6$$

3^{12} は **6** 桁の整数

$$\log_{10} 3^{-9} = -9\log_{10} 3 = -4.2939$$
$$-5 < \log_{10} 3^{-9} < -4 \iff 10^{-5} < 3^{-9} < 10^{-4}$$

3^{-9} で初めて 0 でない数字が現れるのは　**小数点以下第 5 位**

(2)　$\sqrt{x} = \left(2^{32}\right)^{\frac{1}{2}} = 2^{16}$ より

$$\log_{10}\sqrt{x} = \log_{10} 2^{16} = 16\log_{10} 2 = 4.8160$$
$$4 < \log_{10}\sqrt{x} < 5 \iff 10^4 < \sqrt{x} < 10^5$$

$\sqrt{x}$ は **5** 桁の整数

$$\log_{10}\frac{1}{x} = \log_{10} 2^{-32} = -32\log_{10} 2 = -9.6320$$
$$-10 < \log_{10}\frac{1}{x} < -9 \iff 10^{-10} < \frac{1}{x} < 10^{-9}$$

$\frac{1}{x}$ で初めて 0 でない数字が現れるのは　**小数点以下第 10 位**

(3) $\log_{10} 18^{35} = 35\log_{10} 18 = 35(\log_{10} 2 + 2\log_{10} 3)$

$= 35 \times (0.3010 + 2 \times 0.4771) = 43.9320$

$43 < \log_{10} 18^{35} < 44 \iff 10^{43} < 18^{35} < 10^{44}$

18^{35} は **44** 桁の整数

$\log_{10} 8 = 3\log_{10} 2 = 0.9030$

$\log_{10} 9 = 2\log_{10} 3 = 0.9542$

$8 = 10^{0.9030} < 10^{0.9320} < 10^{0.9542} = 9$ より

$8 \cdot 10^{43} < 18^{35} < 9 \cdot 10^{43}$

18^{35} の最高位の数字は **8**

(4) (与式) $\iff \log_{10} 4000 < \log_{10}\left(\dfrac{5}{4}\right)^n < \log_{10} 5000$

$\iff \log_{10} 4 + 3 < n(\log_{10} 5 - \log_{10} 4) < \log_{10} 5 + 3$

$\iff 3.6020 < (0.6990 - 0.6020)n < 3.6990$

$\iff \dfrac{3.6020}{0.0970} < n < \dfrac{3.6990}{0.0970}$

$\iff 37.134\cdots < n < 38.134\cdots$

← $\log_{10} 4 = 2\log_{10} 2 = 0.6020$
$\log_{10} 5 = 1 - \log_{10} 2 = 0.6990$

$n = \mathbf{38}$

(5) $\log_{10} 1.6^n = n\log_{10}\dfrac{16}{10} = n(4\log_{10} 2 - 1) = 0.2040 \times n$

1.6^n の整数部分が 3 桁であるから

$10^2 \leqq 1.6^n < 10^3 \iff 2 \leqq \log_{10} 1.6^n < 3$

$\iff 2 \leqq 0.2040 \times n < 3$

$\iff 9.80\cdots \leqq n < 14.70\cdots$

$n = \mathbf{10, 11, 12, 13, 14}$

(6) x 時間では 2^{2x} 倍になるから

← 1 時間で 2^2 倍になる．

$100 \cdot 2^{2x} \geqq 10^8 \iff 2^{2x} \geqq 10^6$

$\iff 2x\log_{10} 2 \geqq 6$

$\iff x \geqq \dfrac{3}{0.3010} = 9.9\cdots$

10 時間後

§15 指数・対数の方程式，不等式

121

(1) (与式) $\iff 2^{4x} = 2^3 \iff \boldsymbol{x = \dfrac{3}{4}}$

(2) (与式) $\iff$ $3^x=3^{-3}$ $\iff$ $\boldsymbol{x=-3}$

(3) (与式) $\iff$ $3^{-x}=3^{-4}$ $\iff$ $\boldsymbol{x=4}$

← $\left(\frac{1}{3}\right)^x=\left(\frac{1}{3}\right)^4$ と考えてもよい.

(4) (与式) $\iff$ $2^x>2^3$ $\iff$ $\boldsymbol{x>3}$

(5) (与式) $\iff$ $2^x \leqq 2^{-4}$ $\iff$ $\boldsymbol{x\leqq -4}$

(6) (与式) $\iff$ $3^{-2x}<3^3$ $\iff$ $\boldsymbol{x>-\frac{3}{2}}$

122

(1) (与式) $\iff$ $3^{2(2x-1)}=3^5$ $\iff$ $2(2x-1)=5$

$\iff$ $\boldsymbol{x=\frac{7}{4}}$

(2) (与式) $\iff$ $3^{2x}=3^{2(1-2x)}$ $\iff$ $2x=2(1-2x)$

$\iff$ $\boldsymbol{x=\frac{1}{3}}$

(3) (与式) $\iff$ $2^{x-1}=2^{-(x+1)}$ $\iff$ $x-1=-(x+1)$

$\iff$ $\boldsymbol{x=0}$

(4) (与式) $\iff$ $3^{2x+1}>3^3$ $\iff$ $2x+1>3$

$\iff$ $\boldsymbol{x>1}$

(5) (与式) $\iff$ $0.2^{x-2}\geqq 0.2^0$ $\iff$ $x-2\leqq 0$

$\iff$ $\boldsymbol{x\leqq 2}$

← $0<0.2<1$ より，不等号の向きに注意.

(6) (与式) $\iff$ $2^{-x}<2^{2(x+1)}$ $\iff$ $-x<2(x+1)$

$\iff$ $\boldsymbol{x>-\frac{2}{3}}$

123

(1) (与式) $\iff$ $x=3^4$ $\iff$ $\boldsymbol{x=81}$

(2) (与式) $\iff$ $x=\left(\frac{1}{3}\right)^2$ $\iff$ $\boldsymbol{x=\frac{1}{9}}$

(3) (与式) $\iff$ $x-1=2$ $\iff$ $\boldsymbol{x=3}$

(4) (与式) $\iff$ $\log_2 x>\log_2 8$ $\iff$ $\boldsymbol{x>8}$

(5) (与式) $\iff$ $\log_{\frac{1}{2}} x\leqq \log_{\frac{1}{2}}\frac{1}{16}$ $\iff$ $\boldsymbol{x\geqq \frac{1}{16}}$

← $y=\log_{\frac{1}{2}} x$ は減少関数.

(6) (与式) $\iff$ $\log_5 x<\log_5 \frac{1}{5}$ $\iff$ $\boldsymbol{0<x<\frac{1}{5}}$

← 真数条件より $x>0$

(7) (与式) $\iff$ $\log_3(x+1)>\log_3 9$ $\iff$ $\boldsymbol{x>8}$

(8) (与式) $\iff$ $\log_{\frac{1}{2}}(x-2)\leqq \log_{\frac{1}{2}}\frac{1}{2}$ $\iff$ $\boldsymbol{x\geqq \frac{5}{2}}$

124

(1) (与式) $\iff$ $x^3 = 64$ $\iff$ $\boldsymbol{x = 4}$ ⬅x は実数.

(2) (与式) $\iff$ $x^2 = 10^4$ $\iff$ $\boldsymbol{x = \pm 100}$

(3) 真数条件より

$x+1>0,\ -x+1>0 \iff -1<x<1$ ……①

与式より

$x+1<-x+1 \iff x<0$ ……② ⬅底は 1 より大きい.

①, ②より $\boldsymbol{-1<x<0}$

(4) 真数条件より

$x-1>0,\ 3x-2>0 \iff x>1$ ……①

与式より

$x-1<3x-2 \iff x>\dfrac{1}{2}$ ……② ⬅底は 1 より小さい.

①, ②より $\boldsymbol{x>1}$

125

(1) $3^x = t$ とおくと

(与式) $\iff$ $t^2+t-12=0$ $\iff$ $(t-3)(t+4)=0$

$t>0$ より $t=3$ であるから $\boldsymbol{x=1}$

(2) $2^x = t$ とおくと

(与式) $\iff$ $4t^2-28t-32=0$ $\iff$ $(t-8)(t+1)=0$

$t>0$ より $t=8$ であるから $\boldsymbol{x=3}$

(3) $2^x = t$ とおくと

(与式) $\iff$ $t^2+\dfrac{3}{2}t-1=0$

$\iff$ $(2t-1)(t+2)=0$

$t>0$ より $t=\dfrac{1}{2}$ であるから $\boldsymbol{x=-1}$

(4) $2^x = t$ とおくと

(与式) $\iff$ $t^2-3t+2<0$ $\iff$ $1<t<2$

$1<2^x<2$ $\iff$ $\boldsymbol{0<x<1}$

(5) $3^x = t$ とおくと

(与式) $\iff$ $t^2-3t-4 \geqq 0$ $\iff$ $(t-4)(t+1) \geqq 0$

$t>0$ より

$t \geqq 4$ $\iff$ $3^x \geqq 4$ $\iff$ $\boldsymbol{x \geqq 2\log_3 2}$

(6) $\left(\frac{1}{2}\right)^x = t$ とおくと

$$(\text{与式}) \iff t^2 - t - 12 \geqq 0 \iff (t-4)(t+3) \geqq 0$$

$t > 0$ より

$$t \geqq 4 \iff \left(\frac{1}{2}\right)^x \geqq 4 \iff \boldsymbol{x \leqq -2}$$

126

(1) $\log_2 x = t$ とおくと

$$(\text{与式}) \iff 2t^2 - 17t + 8 = 0$$

$$\iff t = \frac{1}{2},\ 8$$

$$\log_2 x = \frac{1}{2},\ 8 \iff \boldsymbol{x = \sqrt{2},\ 256}$$

(2) $$(\text{与式}) \iff \log_3 x + \frac{3}{\log_3 x} = 4$$

$$\iff (\log_3 x)^2 - 4\log_3 x + 3 = 0,\ \log_3 x \fallingdotseq 0$$

$$\iff \log_3 x = 1,\ 3 \iff \boldsymbol{x = 3,\ 27}$$

(3) 真数条件より

$$x^2 + 6x + 5 > 0,\ x + 3 > 0 \iff x > -1 \quad \cdots\cdots①$$

$(\text{与式}) \iff \log_3(x^2 + 6x + 5) = \log_3 3(x+3)$ より

$$x^2 + 6x + 5 = 3(x+3) \iff x = -4,\ 1 \quad \cdots\cdots②$$

①，②より　$\boldsymbol{x = 1}$

(4) 真数条件より

$$x > 0,\ x + 6 > 0 \iff x > 0 \quad \cdots\cdots①$$

$$\log_4(x+6) = \frac{\log_2(x+6)}{\log_2 4} = \frac{1}{2}\log_2(x+6)$$

$$(\text{与式}) \iff \log_2 x = \frac{1}{2}\log_2(x+6)$$

$\iff 2\log_2 x = \log_2(x+6)$ より

$$x^2 = x + 6 \iff x = 3,\ -2 \quad \cdots\cdots②$$

①，②より　$\boldsymbol{x = 3}$

(5) $\log_3 x = t$ とおくと

$$(\text{与式}) \iff t^2 - t - 6 \geqq 0$$

$$\iff (t-3)(t+2) \geqq 0$$

$$\iff t \leqq -2,\ t \geqq 3$$

$\log_3 x \leqq -2$, $\log_3 x \geqq 3$ より $\boldsymbol{0 < x \leqq \frac{1}{9}}$, $\boldsymbol{x \geqq 27}$ ⬅真数条件より $x > 0$

(6) 真数条件より

$x+2>0$, $x-5>0 \iff x>5$ ……①

$\log_2(x+2)(x-5) \leqq 3$ より

$(x+2)(x-5) \leqq 8 \iff -3 \leqq x \leqq 6$ ……② ⬅底は 1 より大きい.

①, ②より $\boldsymbol{5 < x \leqq 6}$

(7) 真数条件より

$x-1>0$, $x+3>0 \iff x>1$ ……①

$\log_{\frac{1}{2}}(x-1)^2 \geqq \log_{\frac{1}{2}}(x+3)$ より

$(x-1)^2 \leqq x+3 \iff \dfrac{3-\sqrt{17}}{2} \leqq x \leqq \dfrac{3+\sqrt{17}}{2}$ ⬅底は 1 より小さい.

……②

①, ②より $\boldsymbol{1 < x \leqq \dfrac{3+\sqrt{17}}{2}}$

127

(1) (与式) $\iff \begin{cases} 2^{3(x-1)} = 2^{2y} \\ 3^{2x} = 3^{y+3} \end{cases} \iff \begin{cases} 3x-3=2y \\ 2x=y+3 \end{cases}$

$\iff \boldsymbol{x=y=3}$

(2) (与式) $\iff \begin{cases} 2^x+5^y=5 \\ 2\cdot 2^x 5^y = 12 \end{cases} \iff \begin{cases} 2^x+5^y=5 \\ 2^x 5^y = 6 \end{cases}$

$t^2-5t+6=0$ の 2 解が 2^x, 5^y であり $t=2$, 3

⬅$\alpha+\beta=p$, $\alpha\beta=q$ のとき, α, β を 2 解とする 2 次方程式は $t^2-pt+q=0$ (§4 参照)

$\begin{cases} 2^x=2 \\ 5^y=3 \end{cases}$, $\begin{cases} 2^x=3 \\ 5^y=2 \end{cases}$

$\iff \begin{cases} \boldsymbol{x=1} \\ \boldsymbol{y=\log_5 3} \end{cases}$, $\begin{cases} \boldsymbol{x=\log_2 3} \\ \boldsymbol{y=\log_5 2} \end{cases}$

(3) 真数条件より

$x>0$ かつ $y>1$ ……①

第 1 式より

$\log_2 x(y-1)=3 \iff x(y-1)=8$

$x(y-1)=8$, $y=2x-5$ より y を消去して整理すると

$x^2-3x-4=0 \iff x=-1$, 4

①を考慮して　$\boldsymbol{x=4,\ y=3}$

(4)　(与式)　$\iff \begin{cases} \dfrac{1}{3}(\log_2 x+4)+\dfrac{1}{2}\log_2 y=4 \\ \log_2 x-\dfrac{1}{2}\log_2 y=0 \end{cases}$

$$\iff \begin{cases} 2\log_2 x+3\log_2 y=16 \\ 2\log_2 x-\log_2 y=0 \end{cases}$$

$$\iff \begin{cases} \log_2 x=2 \\ \log_2 y=4 \end{cases} \iff \begin{cases} \boldsymbol{x=4} \\ \boldsymbol{y=16} \end{cases}$$

128

(1)　(与式)　$\iff\ 2^{-2x} \leqq 2^{x-3} \leqq 2^{-x} \iff -2x \leqq x-3 \leqq -x$

$$\iff \boldsymbol{1 \leqq x \leqq \frac{3}{2}}$$

(2)　真数条件より

$3x-2>0,\ x+3>0 \iff x>\dfrac{2}{3}$　……①

(与式)　$\iff \log_2(x+3)-1<\log_2(3x-2)<\log_2(x+3)+1$

$$\iff \log_2\frac{x+3}{2}<\log_2(3x-2)<\log_2 2(x+3)$$

$$\frac{x+3}{2}<3x-2<2(x+3)$$

$$\iff \begin{cases} x+3<2(3x-2) \\ 3x-2<2(x+3) \end{cases}$$

$\iff \boldsymbol{\dfrac{7}{5}<x<8}$（これは①を満たす）

(3)　(与式)　$\iff \log_2\dfrac{1}{2}<\log_2\left(x^2-\dfrac{1}{2}x-1\right)<\log_2 4$

$\iff \dfrac{1}{2}<x^2-\dfrac{1}{2}x-1<4$　　⬅真数条件は成立している．

$$\iff \begin{cases} 2x^2-x-3>0 \\ 2x^2-x-10<0 \end{cases} \iff \begin{cases} x<-1,\ \dfrac{3}{2}<x \\ -2<x<\dfrac{5}{2} \end{cases}$$

$$\iff \boldsymbol{-2<x<-1,\ \frac{3}{2}<x<\frac{5}{2}}$$

129

(1) $t^2=4^x+4^{-x}+2$ より

$$\text{①} \iff 2(t^2-2)-9t+14=0$$
$$\iff \boldsymbol{2t^2-9t+10=0} \quad \cdots\cdots\text{②}$$

(2) ②より $t=\frac{5}{2}$，2

← $(2t-5)(t-2)=0$

(i) $t=\frac{5}{2}$ のとき

$$2^x+2^{-x}=\frac{5}{2} \iff (2^x)^2-5\cdot2^x+2=0$$
$$\iff (2\cdot2^x-1)(2^x-2)=0$$
$$\iff 2^x=\frac{1}{2},\ 2$$

← $2^x=X$ とおくと
$X+\frac{1}{X}=\frac{5}{2}$
$\iff 2X^2-5X+2=0$
$\iff (2X-1)(X-2)=0$

(ii) $t=2$ のとき

$$2^x+2^{-x}=2 \iff (2^x)^2-2\cdot2^x+1=0$$
$$\iff (2^x-1)^2=0$$
$$\iff 2^x=1$$

(i)，(ii) より $2^x=\frac{1}{2}$，1，2 $\iff$ $\boldsymbol{x=-1,\ 0,\ 1}$

§16　導関数

130

(1) $$\frac{f(2)-f(-1)}{2-(-1)}=\frac{(2^2-2\cdot2)-\{(-1)^2-2(-1)\}}{3}=\boldsymbol{-1}$$

(2) $$\frac{f(3)-f(1)}{3-1}=\frac{(-2\cdot3^2+3\cdot3-1)-(-2\cdot1^2+3\cdot1-1)}{2}=\boldsymbol{-5}$$

131

(1) $$f'(2)=\lim_{h\to0}\frac{\{(2+h)^2-(2+h)\}-(2^2-2)}{h}=\lim_{h\to0}(3+h)=\boldsymbol{3}$$

(2) $$f'(-1)=\lim_{h\to0}\frac{\{-(-1+h)^2+2(-1+h)+1\}-\{-(-1)^2+2(-1)+1\}}{h}$$
$$=\lim_{h\to0}(4-h)=\boldsymbol{4}$$

(3) $$f'(1)=\lim_{h\to0}\frac{\{(1+h)^3-4(1+h)-2\}-(1^3-4\cdot1-2)}{h}$$
$$=\lim_{h\to0}(-1+3h+h^2)=\boldsymbol{-1}$$

← $(a+b)^3$
$=a^3+3a^2b$
$+3ab^2+b^3$

132

(1) $y' = \lim_{h \to 0} \dfrac{2(x+h)^2 - 2x^2}{h} = \lim_{h \to 0}(4x + 2h) = \boldsymbol{4x}$

(2) $y' = \lim_{h \to 0} \dfrac{\{2(x+h)-1\}^2 - (2x-1)^2}{h}$

$= \lim_{h \to 0} \dfrac{\{(2x-1)+2h\}^2 - (2x-1)^2}{h}$

$= \lim_{h \to 0}\{4(2x-1) + 4h\} = \boldsymbol{4(2x-1)}$

⬅ $8x - 4$ でもよい.

(3) $y' = \lim_{h \to 0} \dfrac{\{(x+h)^3 + 3(x+h)\} - (x^3 + 3x)}{h}$

$= \lim_{h \to 0}(3x^2 + 3 + 3xh + h^2) = \boldsymbol{3x^2 + 3}$

133

(1) $y' = \boldsymbol{2}$

(2) $y' = \boldsymbol{-3}$

(3) $y' = \boldsymbol{2x - 6}$

(4) $y' = \boldsymbol{-4x + 1}$

(5) $y' = \boldsymbol{3x^2 - 10x + 3}$

(6) $y' = \boldsymbol{8x^3 - 9x^2}$

134

(1) $y = 2x^2 + x - 1$ より　$y' = \boldsymbol{4x + 1}$

(2) $y = 3x^2 - 5x + 2$ より　$y' = \boldsymbol{6x - 5}$

(3) $y = 4x^2 - 12x + 9$ より　$y' = \boldsymbol{8x - 12}$

⬅ $y' = 2 \cdot 2(2x-3)$
$= 4(2x-3)$
(4), (9), (10) も同様にできる.

(4) $y = 9x^2 + 12x + 4$ より　$y' = \boldsymbol{18x + 12}$

(5) $y = x^3 - 2x^2 + 3$ より　$y' = \boldsymbol{3x^2 - 4x}$

(6) $y = x^3 + x^2 - 3x + 1$ より　$y' = \boldsymbol{3x^2 + 2x - 3}$

(7) $y = -2x^3 + x^2 + 7x - 6$ より　$y' = \boldsymbol{-6x^2 + 2x + 7}$

(8) $y = -6x^3 + 13x^2 - 9x + 2$ より　$y' = \boldsymbol{-18x^2 + 26x - 9}$

(9) $y = 8x^3 + 36x^2 + 54x + 27$ より　$y' = \boldsymbol{24x^2 + 72x + 54}$

(10) $y = x^4 - 12x^3 + 54x^2 - 108x + 81$ より

$y' = \boldsymbol{4x^3 - 36x^2 + 108x - 108}$

135

(1)　$f'(x)=3x^2+4x+1$ より　$f'(x)=0 \iff 3x^2+4x+1=0$

$$\iff x=\mathbf{-1},\ \mathbf{-\frac{1}{3}}$$

(2)　$f(x)=4x^3-4x^2-x+1$ より

$f'(x)=12x^2-8x-1$

$f'(x)=3 \iff 12x^2-8x-1=3$

$$\iff x=\mathbf{-\frac{1}{3}},\ \mathbf{1}$$

136

(1)　$f'(x)=2ax+b$

$$\begin{cases} f'(0)=b=-3 \\ f'(1)=2a+b=1 \\ f(2)=4a+2b+c=3 \end{cases} \text{より} \begin{cases} \boldsymbol{a=2} \\ \boldsymbol{b=-3} \\ \boldsymbol{c=1} \end{cases}$$

(2)　$f'(x)=3x^2+2ax+b$

$$\begin{cases} f'(3)=6a+b+27=10 \\ f(1)=a+b+c+1=-3 \\ f(3)=9a+3b+c+27=1 \end{cases} \text{より} \begin{cases} \boldsymbol{a=-3} \\ \boldsymbol{b=1} \\ \boldsymbol{c=-2} \end{cases}$$

137

(1)　$f(x)=ax^2+bx+c\ (a \fallingdotseq 0)$ とおくと　$f'(x)=2ax+b$

$$\begin{cases} f'(0)=b=3 \\ f'(1)=2a+b=-1 \end{cases} \text{より} \begin{cases} a=-2\ (\fallingdotseq 0) \\ b=3 \end{cases}$$

$f'(x)=-4x+3$　より　$f'(2)=\mathbf{-5}$　　⬅ $f(x)=-2x^2+3x+c$

(2)　$f(x)=ax^3+bx^2+cx+d\ (a \fallingdotseq 0)$ とおくと

$f'(x)=3ax^2+2bx+c$

$$\begin{cases} f(1)=a+b+c+d=1 \\ f(2)=8a+4b+2c+d=1 \\ f'(1)=3a+2b+c=-2 \\ f'(2)=12a+4b+c=3 \end{cases} \text{より} \begin{cases} a=1\ (\fallingdotseq 0) \\ b=-2 \\ c=-1 \\ d=3 \end{cases}$$

$f'(x)=3x^2-4x-1$　より　$f'(0)=\mathbf{-1}$　　⬅ $f(x)=x^3-2x^2-x+3$

(3)　$f(x)=ax^3+bx^2+cx+d\ (a \fallingdotseq 0)$ とおくと

$f'(x)=3ax^2+2bx+c$

$$\begin{cases} f'(0)=c=3 \\ f'(1)=3a+2b+c=-1 \\ f'(2)=12a+4b+c=7 \end{cases} \text{ より } \begin{cases} a=2\ (\neq 0) \\ b=-5 \\ c=3 \end{cases}$$

$f'(x)=6x^2-10x+3$ より $f'(3)=\mathbf{27}$

⬅ $f(x)$
$=2x^3-5x^2+3x+d$

138

(1) $f(x)=ax^2+bx+c\ (a\neq 0)$ とおくと $f'(x)=2ax+b$

(与式) $\iff$ $(x+2)(2ax+b)+ax^2+bx+c=3x^2$

$\iff$ $3(a-1)x^2+2(2a+b)x+2b+c=0$ ⬅ x の恒等式.

$a-1=0$, $2a+b=0$, $2b+c=0$

$\iff$ $a=1\ (\neq 0)$, $b=-2$, $c=4$

$\boldsymbol{f(x)=x^2-2x+4}$

(2) $f(x)=ax^3+bx^2+cx+d\ (a\neq 0)$ とおくと

$f'(x)=3ax^2+2bx+c$

(与式) $\iff$ $(x-1)\{(3a+1)x^2+2bx+c\}$

$=4(ax^3+bx^2+cx+d)+x+3$

$\iff$ $(a-1)x^3+(3a+2b+1)x^2$

$+(2b+3c+1)x+c+4d+3=0$ ⬅ x の恒等式.

$a-1=0$, $3a+2b+1=0$, $2b+3c+1=0$, $c+4d+3=0$

$\iff$ $a=1\ (\neq 0)$, $b=-2$, $c=1$, $d=-1$

$\boldsymbol{f(x)=x^3-2x^2+x-1}$

§17 接線・法線，関数のグラフ

139

(1) $y'=-2x+3$ より，$x=1$ のとき $y'=1$

$\boldsymbol{y=x-1}$

(2) $y'=2x-1$ より，$x=2$ のとき $y'=3$

$y=3(x-2)+2$ $\iff$ $\boldsymbol{y=3x-4}$

(3) $y'=4x-3$ より，$x=2$ のとき $y'=5$

$y=5(x-2)+3$ $\iff$ $\boldsymbol{y=5x-7}$

(4) $y'=-2x-4$ より，$x=-1$ のとき $y'=-2$

$y=-2(x+1)+4$ $\iff$ $\boldsymbol{y=-2x+2}$

140

(1)　$y' = 2x - 2 = 2(x-1)$

$\boldsymbol{x \geqq 1}$ で 増加

$\boldsymbol{x \leqq 1}$ で 減少

←$x > 1$ で $y' > 0$ であるが，端点を含めて $x \geqq 1$ で増加といってよい．

(2)　$y' = 6 - 3x^2 = -3(x+\sqrt{2})(x-\sqrt{2})$

$\boldsymbol{-\sqrt{2} \leqq x \leqq \sqrt{2}}$ で　増加

$\boldsymbol{x \leqq -\sqrt{2},\ \sqrt{2} \leqq x}$ で　減少

(3)　$y' = 3x^2 + 6x = 3x(x+2)$

$\boldsymbol{x \leqq -2,\ 0 \leqq x}$ で　増加

$\boldsymbol{-2 \leqq x \leqq 0}$ で　減少

(4)　$y' = -1 + 6x - 9x^2 = -(3x-1)^2 \leqq 0$

つねに減少

←$x = \dfrac{1}{3}$ で $y' = 0$ となるが，$x < \dfrac{1}{3}$，$x > \dfrac{1}{3}$ で $y' < 0$

(5)　$y' = 4x^3 - 4x = 4x(x+1)(x-1)$

$\boldsymbol{-1 \leqq x \leqq 0,\ 1 \leqq x}$ で　増加

$\boldsymbol{x \leqq -1,\ 0 \leqq x \leqq 1}$ で　減少

141

(1)　$y' = -2x - 1$

$x = -\dfrac{1}{2}$ で極大値　$\boldsymbol{\dfrac{5}{4}}$

x		$-\dfrac{1}{2}$	
y'	+	0	−
y	↗	極大	↘

←$y = -\left(x + \dfrac{1}{2}\right)^2 + \dfrac{5}{4}$ より，頂点は $\left(-\dfrac{1}{2}, \dfrac{5}{4}\right)$

(2)　$y' = 6x^2 - 6 = 6(x+1)(x-1)$

$x = -1$ で極大値　**7**

$x = 1$ で極小値　**−1**

x		-1		1	
y'	+	0	−	0	+
y	↗	極大	↘	極小	↗

(3)　$y' = -3x^2 + 6x + 9 = -3(x+1)(x-3)$

$x = 3$ で極大値　**17**

$x = -1$ で極小値　**−15**

x		-1		3	
y'	−	0	+	0	−
y	↘	極小	↗	極大	↘

(4)　$y' = 3x^3 - 3x^2 - 6x = 3x(x+1)(x-2)$

$x = 0$ で極大値　$\mathbf{2}$

$x = -1$ で極小値　$\mathbf{\dfrac{3}{4}}$

$x = 2$ で極小値　$\mathbf{-6}$

x		-1		0		2	
y'	$-$	0	$+$	0	$-$	0	$+$
y	↘	極小	↗	極大	↘	極小	↗

142

(1)　$y' = 12x^2 - 6x - 6 = 6(x-1)(2x+1)$

x		$-\dfrac{1}{2}$		1	
y'	$+$	0	$-$	0	$+$
y	↗	$\dfrac{15}{4}$	↘	-3	↗

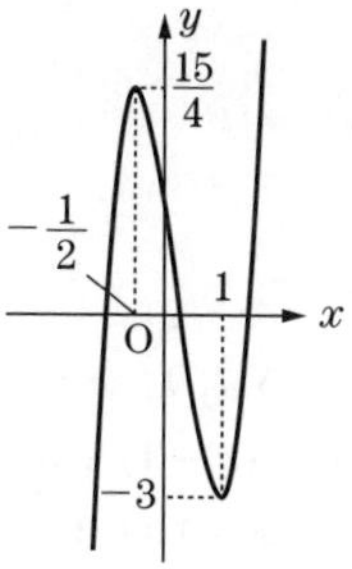

(2)　$y' = -3x^2 + 12x - 9 = -3(x-1)(x-3)$

x		1		3	
y'	$-$	0	$+$	0	$-$
y	↘	-4	↗	0	↘

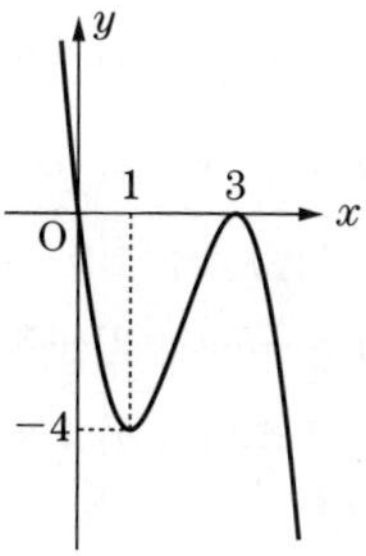

(3)　$y' = 3x^2 - 6x + 3 = 3(x-1)^2$

x		1	
y'	$+$	0	$+$
y	↗	5	↗

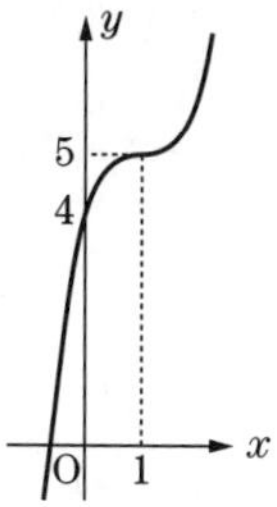

(4)　$y' = 4x^3 - 8x^2 - 4x + 8 = 4(x-2)(x-1)(x+1)$

x		-1		1		2	
y'	$-$	0	$+$	0	$-$	0	$+$
y	↘	$-\dfrac{19}{3}$	↗	$\dfrac{13}{3}$	↘	$\dfrac{8}{3}$	↗

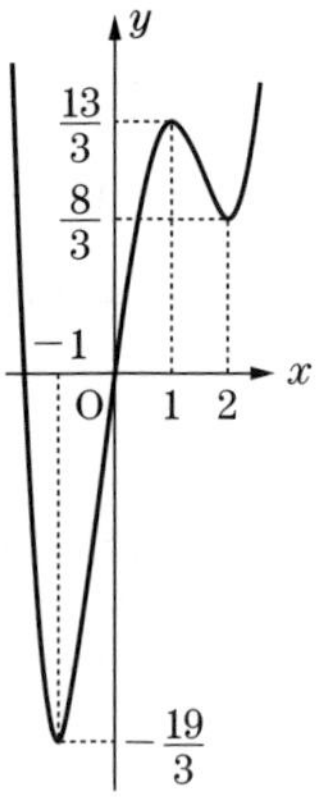

143

(1)　$y' = -6x^2 + 5$ より，$x = 1$ のとき $y' = -1$

接線　$y = -(x-1) + 3 \iff \boldsymbol{y = -x + 4}$

法線　$y = (x-1) + 3 \iff \boldsymbol{y = x + 2}$

(2)　$y' = 3x^2 - 6x$ より，$x = 1$ のとき $y' = -3$

接線　$y = -3(x-1) - 2 \iff \boldsymbol{y = -3x + 1}$

法線　$y = \dfrac{1}{3}(x-1) - 2 \iff \boldsymbol{y = \dfrac{1}{3}x - \dfrac{7}{3}}$

(3)　$y' = 3x^2 + 12x + 7$ より，$x = -2$ のとき $y' = -5$

接線　$y = -5(x+2) + 3 \iff \boldsymbol{y = -5x - 7}$

法線　$y = \dfrac{1}{5}(x+2) + 3 \iff \boldsymbol{y = \dfrac{1}{5}x + \dfrac{17}{5}}$

144

(1)　$y' = 3x^2 - 2x - 2$

$$y' = 3 \iff 3x^2 - 2x - 5 = 0$$

$$\iff x = \frac{5}{3},\ -1$$

接点の座標は $\left(\dfrac{5}{3}, \dfrac{41}{27}\right)$，$(-1, 3)$ であり

$$y = 3\left(x - \frac{5}{3}\right) + \frac{41}{27},\ y = 3(x+1) + 3$$

$$\iff \boldsymbol{y = 3x - \frac{94}{27}},\ \boldsymbol{y = 3x + 6}$$

(2)　$y' = -6x^2 + 10x + 2$

$$y' = -2 \iff 3x^2 - 5x - 2 = 0$$

$$\iff \quad x = -\frac{1}{3},\ 2$$

接点の座標は $\left(-\frac{1}{3}, \frac{26}{27}\right)$, $(2, 9)$ であり

$$y = -2\left(x + \frac{1}{3}\right) + \frac{26}{27},\ y = -2(x-2) + 9$$

$$\iff \quad \boldsymbol{y = -2x + \frac{8}{27},\ y = -2x + 13}$$

145

(1)　$y' = 3x^2 - 4x - 3$

$$y' = -4 \quad \iff \quad 3x^2 - 4x + 1 = 0$$

⬅接線の傾きは -4

$$\iff \quad x = \frac{1}{3},\ 1$$

接点の座標は $\left(\frac{1}{3}, \frac{22}{27}\right)$, $(1, -2)$ であり

$$y = -4\left(x - \frac{1}{3}\right) + \frac{22}{27},\ y = -4(x-1) - 2$$

$$\iff \quad \boldsymbol{y = -4x + \frac{58}{27},\ y = -4x + 2}$$

(2)　$y' = -3x^2 + 8x + 3$

$$y' = 7 \quad \iff \quad 3x^2 - 8x + 4 = 0$$

⬅接線の傾きは 7

$$\iff \quad x = \frac{2}{3},\ 2$$

接点の座標は $\left(\frac{2}{3}, \frac{13}{27}\right)$, $(2, 11)$ であり

$$y = 7\left(x - \frac{2}{3}\right) + \frac{13}{27},\ y = 7(x-2) + 11$$

$$\iff \quad \boldsymbol{y = 7x - \frac{113}{27},\ y = 7x - 3}$$

146

(1)　接点の座標を $(t, t^3 - 4t^2 + 5t)$ とすると接線の方程式は

⬅曲線外の点からの接線.

$$y = (3t^2 - 8t + 5)(x - t) + t^3 - 4t^2 + 5t$$

⬅$y' = 3x^2 - 8x + 5$

$$\iff \quad y = (3t^2 - 8t + 5)x - 2t^3 + 4t^2$$

であり，点 $(0, 0)$ を通るから

$$-2t^3 + 4t^2 = 0 \quad \iff \quad t = 0,\ 2$$

接線の方程式は　$\boldsymbol{y = 5x,\ y = x}$

(2) $y=x(x-2)^2=x^3-4x^2+4x$

接点の座標を (t, t^3-4t^2+4t) とすると接線の方程式は

$$y=(3t^2-8t+4)(x-t)+t^3-4t^2+4t$$

← $y'=3x^2-8x+4$

$$\iff \quad y=(3t^2-8t+4)x-2t^3+4t^2$$

であり，点 $(0,-18)$ を通るから

$$-2t^3+4t^2=-18 \iff t^3-2t^2-9=0$$

$$\iff (t-3)(t^2+t+3)=0$$

← 因数定理（§5）.

$$\iff t=3$$

← $t^2+t+3 =\left(t+\frac{1}{2}\right)^2+\frac{11}{4}>0$

接線の方程式は　$\boldsymbol{y=7x-18}$

(3) 接点を (t, t^3-3t+6) とすると接線の方程式は

$$y=(3t^2-3)(x-t)+t^3-3t+6$$

← $y'=3x^2-3$

$$\iff \quad y=(3t^2-3)x-2t^3+6$$

であり，点 $(0,8)$ を通るから

$$-2t^3+6=8 \iff t^3+1=0$$

$$\iff (t+1)(t^2-t+1)=0$$

$$\iff t=-1$$

← $t^2-t+1 =\left(t-\frac{1}{2}\right)^2+\frac{3}{4}>0$

接線の方程式は　$\boldsymbol{y=8}$

(4) 曲線 $y=x^2$ 上の点を (t, t^2) とすると法線の方程式は

← 曲線外の点からの法線.

$$2t(y-t^2)=-(x-t)$$

← $y'=2x$

であり，点 $(3,0)$ を通るから

$$-2t^3=-(3-t) \iff 2t^3+t-3=0$$

$$\iff (t-1)(2t^2+2t+3)=0$$

← 因数定理.

$$\iff t=1$$

← $2t^2+2t+3 =2\left(t+\frac{1}{2}\right)^2+\frac{5}{2}>0$

法線の方程式は　$\boldsymbol{y=-\frac{1}{2}x+\frac{3}{2}}$

147

(1)　$f(x)=3x^4-4x^3-1$ とおく．

$$f'(x)=12x^3-12x^2=12x^2(x-1)$$

x		0		1	
$f'(x)$	$-$	0	$-$	0	$+$
$f(x)$	↘	-1	↘	極小	↗

極小値 $f(-1)=-2$

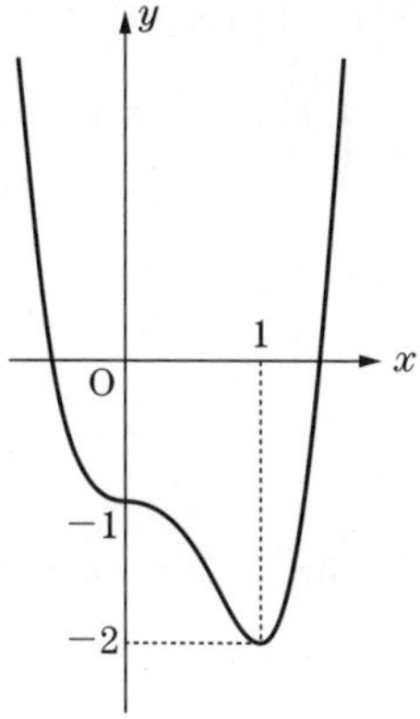

(2)　$f(x)=-x^4-4x^3-6x^2-4x+1$ とおく．

$$f'(x)=-4x^3-12x^2-12x-4=-4(x+1)^3$$

x		-1	
$f'(x)$	$+$	0	$-$
$f(x)$	↗	極小	↘

極大値 $f(-1)=2$

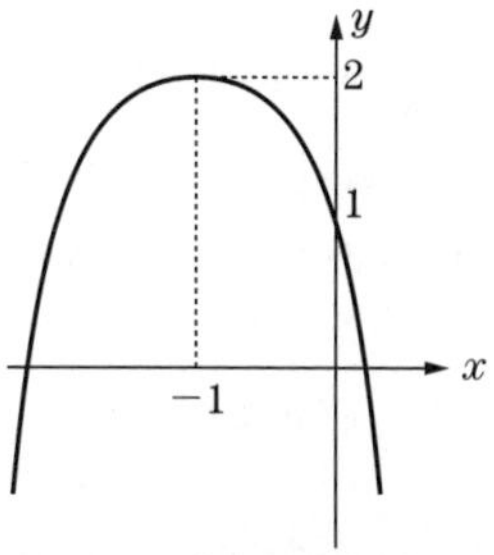

(3)　$f(x)=x^3-3x$ とおく．

$$f'(x)=3x^2-3=3(x+1)(x-1)$$

x		-1		1	
$f'(x)$	$+$	0	$-$	0	$+$
$f(x)$	↗	極大	↘	極小	↗

$f(-1)=2$

$f(1)=-2$

$f(x)=x(x+\sqrt{3})(x-\sqrt{3})$

$$|f(x)|=\begin{cases} f(x) & (-\sqrt{3}\leqq x\leqq 0,\ \sqrt{3}\leqq x) \\ -f(x) & (x<-\sqrt{3},\ 0<x<\sqrt{3}) \end{cases}$$

極大値 $2\ (x=\pm1)$，極小値 $0\ (x=\pm\sqrt{3},\ 0)$

⬅ $y=|f(x)|$ のグラフは $f(x)<0$ の部分を x 軸に関して上方に折り返したもの．

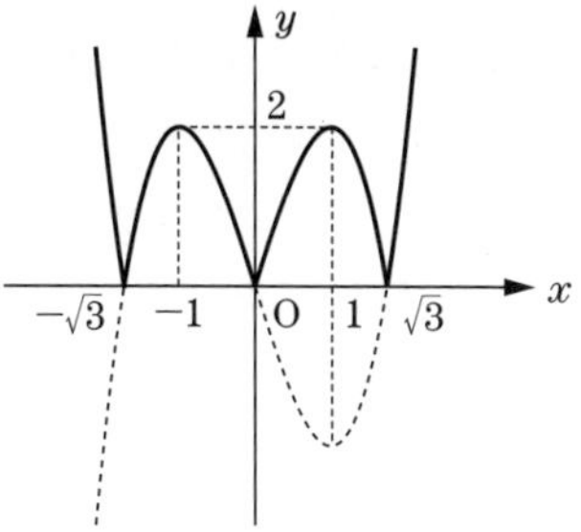

(4)　$f(x)=x^3-x^2-x+1$ とおく．

$$f'(x)=3x^2-2x-1=(3x+1)(x-1)$$

x		$-\frac{1}{3}$		1	
$f'(x)$	$+$	0	$-$	0	$+$
$f(x)$	↗	極大	↘	極小	↗

$f\left(-\frac{1}{3}\right)=\frac{32}{27}$

$f(1)=0$

$f(x)=(x-1)^2(x+1)$

$|f(x)|=\begin{cases} f(x) & (x \geqq -1) \\ -f(x) & (x<-1) \end{cases}$

極大値 $\dfrac{32}{27}\left(x=-\dfrac{1}{3}\right)$,　極小値 $0\ (x=\pm 1)$

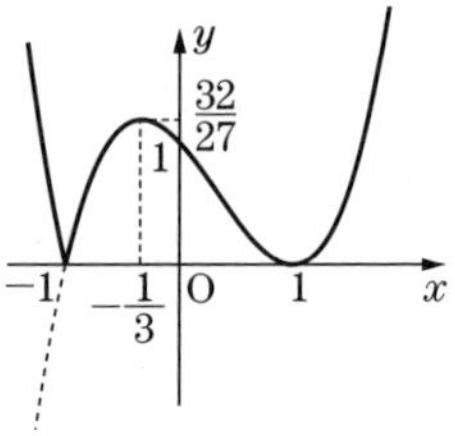

148

(1)　$f'(x)=3x^2+2ax+a=3\left(x+\dfrac{a}{3}\right)^2-\dfrac{a^2}{3}+a$

極値をもたない条件は，任意の x について $f'(x) \geqq 0$ が成り立つことであるから

$$-\frac{a^2}{3}+a \geqq 0 \iff a(a-3) \leqq 0$$

$$\iff \boldsymbol{0 \leqq a \leqq 3}$$

⬅$y=f'(x)$（下に凸の放物線）の頂点の y 座標が 0 以上.

(2)　$f'(x)=3x^2-6ax+3a=3(x-a)^2-3a^2+3a$

極値をもつ条件は，$f'(x)$ の符号が変化することであるから

$$-3a^2+3a<0 \iff 3a(a-1)>0$$

$$\iff \boldsymbol{a<0,\ a>1}$$

⬅$y=f'(x)$ 頂点の y 座標が負.

(3)　$f'(x)=6x^2+6x-12=6(x+2)(x-1)$

$f(1)=0 \iff a=\boldsymbol{7}$

x		-2		1	
$f'(x)$	$+$	0	$-$	0	$+$
$f(x)$	↗	極大	↘	極小	↗

(4)　$f'(x)=3ax^2+2bx-3$

$x=-1$ で極大，$x=1$ で極小となるから

$$\begin{cases} f'(-1)=3a-2b-3=0 \\ f'(1)=3a+2b-3=0 \end{cases} \iff \begin{cases} a=1 \\ b=0 \end{cases}$$

このとき $f(x)=x^3-3x+c$ であり

$f(-1)=3 \iff c=1$

$f'(x)=3(x+1)(x-1)$ であり

$x=-1$ で極大，$x=1$ で極小となる.

$\boldsymbol{a=1,\ b=0,\ c=1}$

⬅$x=-1$ で極大, $x=1$ で極小であることを確かめる.

§18 微分法の応用

149

(1) $y' = 3x^2 - 6x = 3x(x-2)$

最大値 2 ($x = 3$ のとき)

最小値 −2 ($x = 2$ のとき)

x	1		2		3
y'		−	0	+	
y	0	↘	−2	↗	2

(2) $y' = -3x^2 - 3 = -3(x^2+1) < 0$ ⬅ 単調に減少する.

最大値 15 ($x = -2$ のとき)

最小値 1 ($x = 0$ のとき)

(3) $y' = 6x^2 - 18x + 12$

$= 6(x-1)(x-2)$

最大値 15 ($x = 3$ のとき)

最小値 6 ($x = 0$ のとき)

x	0		1		2		3
y'		+	0	−	0	+	
y	6	↗	11	↘	10	↗	15

(4) $y' = -4x^3 + 12x^2 + 4x - 12$

$= -4(x+1)(x-1)(x-3)$

最大値 9 ($x = -1$ のとき)

最小値 −16 ($x = -2$ のとき)

x	−2		−1		1		2
y'		+	0	−	0	+	
y	−16	↗	9	↘	−7	↗	0

(5) $y' = 2x^3 - 10x^2 + 16x - 8$

$= 2(x-1)(x-2)^2$

最大値 3 ($x = 0$ のとき)

最小値 $\frac{1}{6}$ ($x = 1$ のとき)

x	0		1		2		3
y'		−	0	+	0	+	
y	3	↘	$\frac{1}{6}$	↗	$\frac{1}{3}$	↗	$\frac{3}{2}$

150

(1) $\mathrm{C}(t, 9-t^2)$ であり $\mathrm{D}(-t, 9-t^2)$ より

$\mathrm{CD} = t - (-t) = \boldsymbol{2t}$

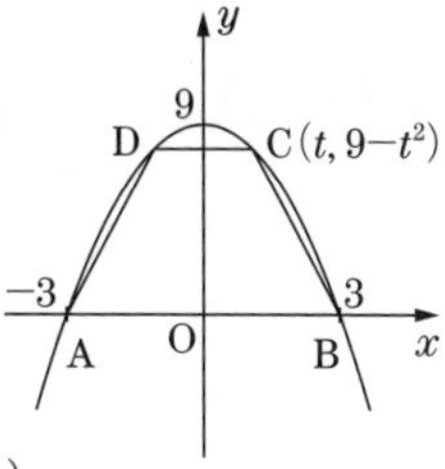

⬅ AB = 6

(2) $\boldsymbol{S} = \frac{1}{2}(2t+6)(9-t^2)$

$\boldsymbol{= -t^3 - 3t^2 + 9t + 27}$

$S' = -3t^2 - 6t + 9 = -3(t+3)(t-1)$

$0 < t < 3$ であるから

t	0		1		3
S'		+	0	−	
S		↗	32	↘	

最大値は **32** ($t = 1$ のとき)

151　与式の左辺を $f(x)$ とおく.

(1)　$f'(x)=3x^2-3=3(x+1)(x-1)$

x		-1		1	
$f'(x)$	$+$	0	$-$	0	$+$
$f(x)$	↗	1	↘	-3	↗

$f(-2)=-3<0,\ f(2)=1>0$

異なる実数解は **3 個**

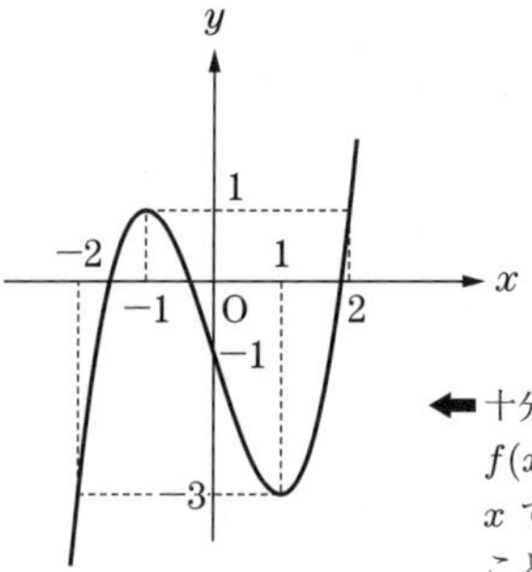

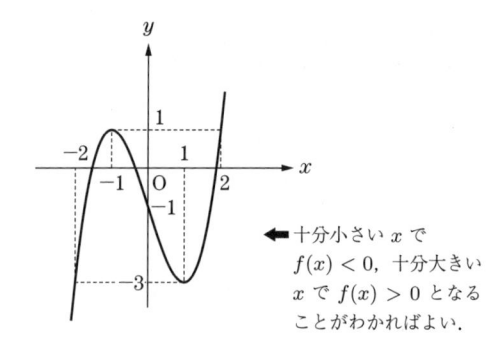

⬅十分小さい x で $f(x)<0$，十分大きい x で $f(x)>0$ となることがわかればよい.

(2)　$f'(x)=3x^2-8x+5=(3x-5)(x-1)$

x		1		$\frac{5}{3}$	
$f'(x)$	$+$	0	$-$	0	$+$
$f(x)$	↗	0	↘	$-\frac{4}{27}$	↗

$f(0)=-2<0,\ f(3)=4>0$

異なる実数解は **2 個**

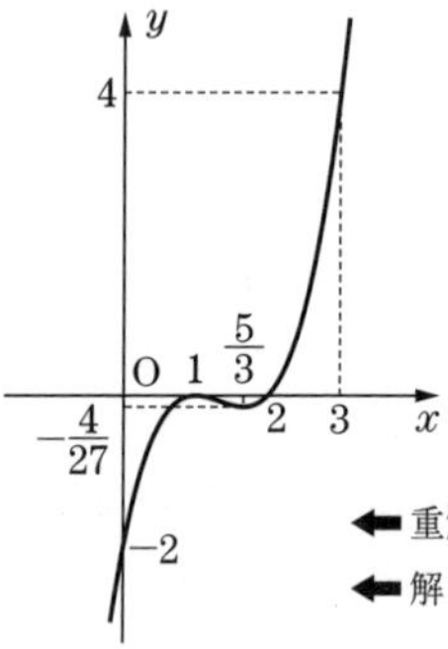

⬅重解は 1 つと数える.

⬅解は $x=1,\ 2$

(3)　$f'(x)=3x^2-8x+6$

$$=3\left(x-\frac{4}{3}\right)^2+\frac{2}{3}>0$$

$f(x)$ は単調に増加し

$f(-1)=-10<0,\ f(0)=1>0$

異なる実数解は **1 個**

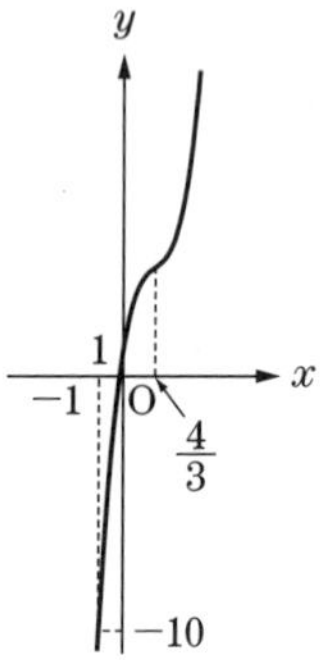

⬅$x=\frac{4}{3}$ で接線の傾きは最小となる.

(4)　$f'(x)=x^3+3x^2-2x-6=(x+3)(x^2-2)$

x		-3		$-\sqrt{2}$		$\sqrt{2}$	
$f'(x)$	$-$	0	$+$	0	$-$	0	$+$
$f(x)$	↘	$-\frac{3}{4}$	↗	$4\sqrt{2}-4$	↘	$-4\sqrt{2}-4$	↗

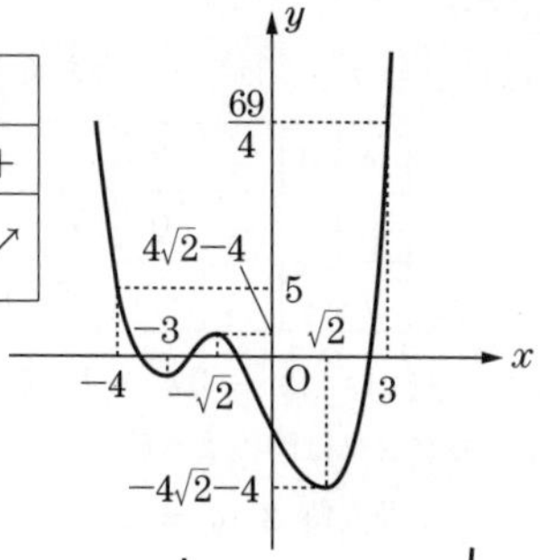

$f(-4)=5>0$，$f(3)=\frac{69}{4}>0$

異なる実数解は **4** 個

(5)　$f'(x)=4x^3+12x^2-16=4(x+2)^2(x-1)$

x		-2		1	
$f'(x)$	$-$	0	$-$	0	$+$
$f(x)$	↘	28	↘	1	↗

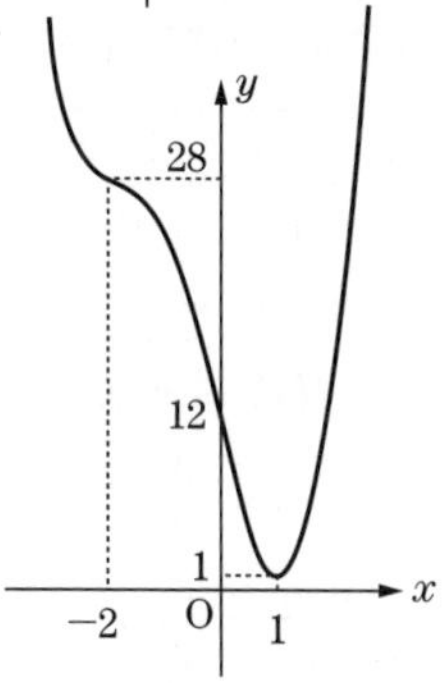

異なる実数解は **0** 個

152

(1)　$f(x)=x^3-3x^2+6x-8$ とおくと

$$f'(x)=3x^2-6x+6=3(x-1)^2+3>0$$

$f(x)$ は単調に増加し，$f(2)=0$

ゆえに $x>2$ のとき　$x^3-3x^2+6x-8>0$

(2)　$f(x)=x^3-(3x-2)$ とおくと

$$f'(x)=3x^2-3=3(x+1)(x-1)$$

$x>0$ では $f(x)\geqq f(1)=0$

ゆえに $x>0$ のとき　$f(x)\geqq 0 \iff x^3\geqq 3x-2$

x	0		1	
$f'(x)$		$-$	0	$+$
$f(x)$		↘	0	↗

(3)　$f(x)=\frac{1}{4}x^4-2x^3+6x^2-8x+5$ とおくと

$$f'(x)=x^3-6x^2+12x-8=(x-2)^3$$

$$f(x)\geqq f(2)=1$$

ゆえに　$f(x)>0$

$$\iff \frac{1}{4}x^4-2x^3+6x^2-8x+5>0$$

x		2	
$f'(x)$	$-$	0	$+$
$f(x)$	↘	1	↗

⬅ $f(x)\geqq f(1)=1>0$

153

(1)　$y = x^3 - 3x^2 + 1$ とおくと，$y' = 3x^2 - 6x = 3x(x-2)$

x	0		2		3
y'		$-$	0	$+$	
y	1	↘	-3	↗	1

$f(x) = |x^3 - 3x^2 + 1|$ より，$0 \leqq x \leqq 3$ における $y = f(x)$ のグラフは図のようになる．

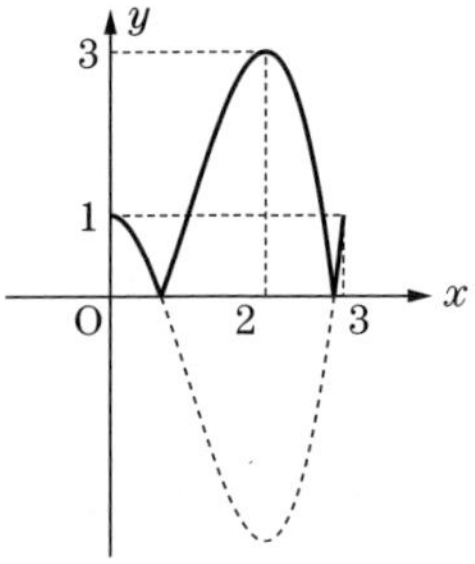

最大値 **3** $(x = 2)$

(2)　$y = 2x^3 - 3x^2$ とおくと，$y' = 6x^2 - 6x = 6x(x-1)$

x	-1		0		1		2
y'		$+$	0	$-$	0	$+$	
y	-5	↗	0	↘	-1	↗	4

$f(x) = x^2|2x-3|$ より

$x < \dfrac{3}{2}$ のとき $f(x) = -(2x^3 - 3x^2)$

$x \geqq \dfrac{3}{2}$ のとき $f(x) = 2x^3 - 3x^2$

$-1 \leqq x \leqq 2$ における $y = f(x)$ のグラフは図のようになる．

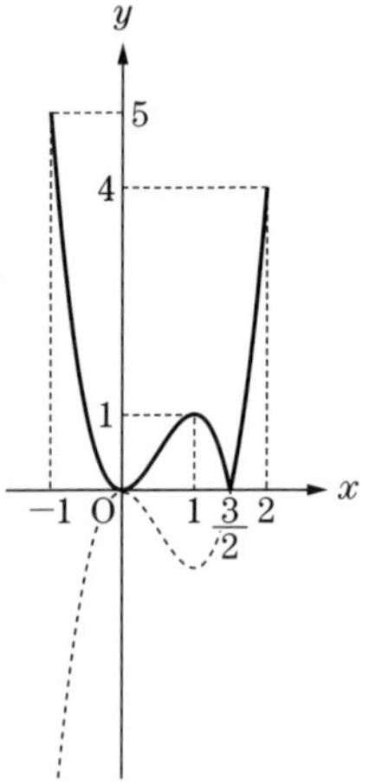

最大値 5 $(x = -1)$

最小値 0 $\left(x = 0,\ x = \dfrac{3}{2}\right)$

154　$f'(x) = -3x^2 + 6ax = -3x(x-2a)$

(i)　$a \leqq 0$ のとき

←$2a \leqq 0$

x	0		2
$f'(x)$		$-$	
$f(x)$	0	↘	$12a-8$

最大値 0 $(x = 0)$

最小値 $12a - 8$ $(x = 2)$

(ii)　$0 < a < 1$ のとき

←$0 < 2a < 2$

x	0		$2a$		2
$f'(x)$	0	$+$	0	$-$	
$f(x)$	0	↗	$4a^3$	↘	$12a-8$

最大値 $4a^3$ $(x = 2a)$

最小値 $\begin{cases} 0 < a < \dfrac{2}{3} \text{ のとき} & 12a - 8 \ (x = 2) \\ \dfrac{2}{3} \leqq a < 1 \text{ のとき} & 0 \quad (x = 0) \end{cases}$

←0 と $12a - 8$ の大小で分類．

(iii)　$a \geqq 1$ のとき

最大値　$12a-8$ $(x=2)$

最小値　0 $(x=0)$

x	0		2
$f'(x)$	0	$+$	
$f(x)$	0	↗	$12a-8$

⬅ $2a \geqq 2$

(i), (ii), (iii) より

$$\text{最大値}\begin{cases} \boldsymbol{a \leqq 0} \text{ のとき} & \boldsymbol{0} \\ \boldsymbol{0 < a < 1} \text{ のとき} & \boldsymbol{4a^3} \\ \boldsymbol{1 \leqq a} \text{ のとき} & \boldsymbol{12a-8} \end{cases}$$

$$\text{最小値}\begin{cases} \boldsymbol{a < \dfrac{2}{3}} \text{ のとき} & \boldsymbol{12a-8} \\ \boldsymbol{\dfrac{2}{3} \leqq a} \text{ のとき} & \boldsymbol{0} \end{cases}$$

155　$x^2+2y^2=1 \iff 2y^2=1-x^2$

$y^2 \geqq 0$ より $1-x^2 \geqq 0 \iff -1 \leqq x \leqq 1$

$f(x)=x^2+2xy^2$ とおくと

$$f(x)=x^2+x(1-x^2)=-x^3+x^2+x$$

$$f'(x)=-3x^2+2x+1=-(3x+1)(x-1)$$

x	-1		$-\dfrac{1}{3}$		1
$f'(x)$		$-$	0	$+$	0
$f(x)$	1	↘	$-\dfrac{5}{27}$	↗	1

⬅ $-1 \leqq x \leqq 1$ で考える.

最大値　$\boldsymbol{1}$　$(x=\pm 1,\ y=0)$

最小値　$\boldsymbol{-\dfrac{5}{27}}$　$\left(x=-\dfrac{1}{3},\ y=\pm\dfrac{2}{3}\right)$

156

(1)　(与式)　$\iff -x^3-5x^2-3x=a$

⬅ 定数を分離する.

$f(x)=-x^3-5x^2-3x$ とおいて $y=f(x)$, $y=a$ のグラフが異なる3点を共有するような a の値の範囲を求める.

$f'(x)=-3x^2-10x-3=-(3x+1)(x+3)$

x		-3		$-\frac{1}{3}$	
$f'(x)$	$-$	0	$+$	0	$-$
$f(x)$	↘	-9	↗	$\frac{13}{27}$	↘

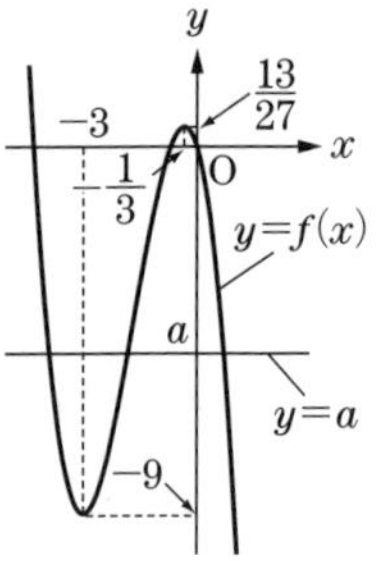

グラフより　$\boldsymbol{-9<a<\frac{13}{27}}$

(2)　(与式)　$\iff$　$-x^3+6x=a$

$f(x)=-x^3+6x$ とおいて，$y=f(x)$，$y=a$ のグラフが $x>0$ で共有点を 2 個，$x<0$ で共有点を 1 個もつような a の値の範囲を求める．

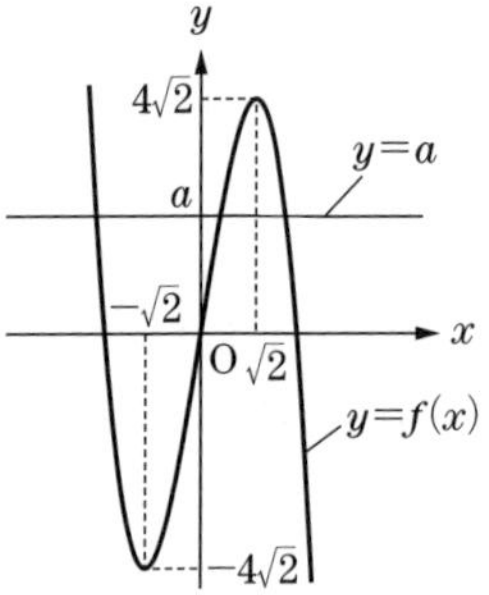

$f'(x)=-3x^2+6=-3(x+\sqrt{2})(x-\sqrt{2})$

x		$-\sqrt{2}$		$\sqrt{2}$	
y'	$-$	0	$+$	0	$-$
y	↘	$-4\sqrt{2}$	↗	$4\sqrt{2}$	↘

グラフより　$\boldsymbol{0<a<4\sqrt{2}}$

157

(1)　$y=x^3-2x+1$，$y=x+k$ より y を消去して

$x^3-3x+1=k$

$f(x)=x^3-3x+1$ とおいて，$y=f(x)$，$y=k$ のグラフが異なる 3 点を共有するような k の値の範囲を求める．

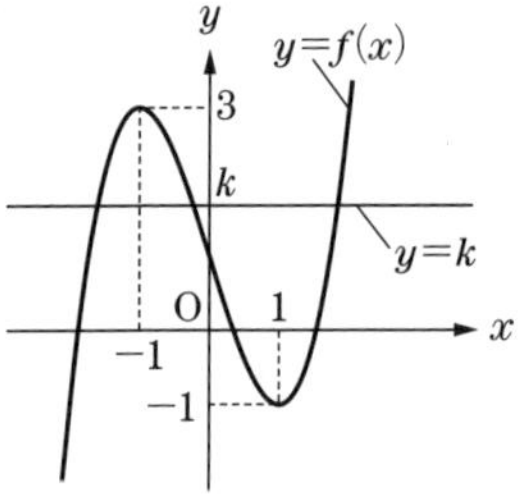

$f'(x)=3x^2-3=3(x+1)(x-1)$

x		-1		1	
$f'(x)$	$+$	0	$-$	0	$+$
$f(x)$	↗	3	↘	-1	↗

グラフより　$\boldsymbol{-1<k<3}$

(2)　$y=4x+a$ と $y=x^3-6x^2+13x+2$ より y を消去して

$x^3-6x^2+9x+2=a$

$f(x)=x^3-6x^2+9x+2$ とおいて，$y=f(x)$，$y=a$ のグラフの共有点の個数を調べる．

$f'(x) = 3x^2 - 12x + 9 = 3(x-1)(x-3)$

x		1		3	
$f'(x)$	$+$	0	$-$	0	$+$
$f(x)$	↗	6	↘	2	↗

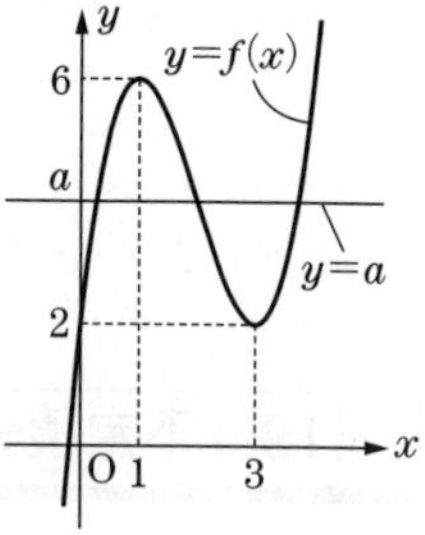

グラフより共有点の個数は

$$\begin{cases} a < 2,\ 6 < a \text{ のとき} & 1\text{ 個} \\ a = 2,\ 6 \text{ のとき} & 2\text{ 個} \\ 2 < a < 6 \text{ のとき} & 3\text{ 個} \end{cases}$$

158 $f(x) = \left(x + \dfrac{1}{2}\right)^3 - 3x^2$ とおく.

$f(x) = x^3 - \dfrac{3}{2}x^2 + \dfrac{3}{4}x + \dfrac{1}{8}$ より

$$f'(x) = 3x^2 - 3x + \frac{3}{4} = 3\left(x - \frac{1}{2}\right)^2 \geqq 0$$

よって，$f(x)$ は単調に増加し，$f(0) = \dfrac{1}{8} > 0$ であるから

$x \geqq 0$ で $f(x) > 0$

ゆえに $x \geqq 0$ のとき $\left(x + \dfrac{1}{2}\right)^3 > 3x^2$

⬅ $x \geqq 0$ のとき $f(x) \geqq f(0) = \dfrac{1}{8} > 0$

159 $f(x) = (x^3 + 16) - ax$ とおく.

$f(x) = x^3 - ax + 16$，$f'(x) = 3x^2 - a$

$x \geqq 0$ における $f(x)$ の最小値を m として，$m \geqq 0$ となる条件を求める.

⬅ 不等式の問題を最小値の問題として考える.

(i) $a \leqq 0$ のとき

つねに $f'(x) \geqq 0$ であり，$f(x)$ は $x \geqq 0$ で増加するから

$m = f(0) = 16 > 0$

(ii) $a > 0$ のとき

$$f'(x) = 3\left(x + \sqrt{\frac{a}{3}}\right)\left(x - \sqrt{\frac{a}{3}}\right)$$

$$m = f\left(\sqrt{\frac{a}{3}}\right) = 16 - \frac{2a}{3}\sqrt{\frac{a}{3}}$$

x	0		$\sqrt{\dfrac{a}{3}}$	
$f'(x)$		$-$	0	$+$
$f(x)$		↘		↗

$$m \geqq 0 \iff 16 - \frac{2a}{3}\sqrt{\frac{a}{3}} \geqq 0$$

$$\iff \left(\sqrt{\frac{a}{3}}\right)^3 \leqq 8 \iff \sqrt{\frac{a}{3}} \leqq 2$$

であり，$a > 0$ より $0 < a \leqq 12$

(i)，(ii) より　$\boldsymbol{a \leqq 12}$

§19　不定積分，定積分

160　積分定数を C とする．

(1)　(与式) $= \boldsymbol{2x^2 + x + C}$

(2)　(与式) $= \boldsymbol{-x^3 + 2x^2 + C}$

(3)　(与式) $= \boldsymbol{\frac{1}{3}x^3 + x^2 - x + C}$

(4)　(与式) $= \boldsymbol{\frac{1}{2}y^4 + \frac{3}{2}y^2 + 4y + C}$

(5)　(与式) $= \int(7 + 5t - 2t^2)dt = \boldsymbol{-\frac{2}{3}t^3 + \frac{5}{2}t^2 + 7t + C}$

161

(1)　(与式) $= \Big[x^3 - x^2 + x\Big]_0^2 = \boldsymbol{6}$

(2)　(与式) $= 2\int_0^2(-y^2 - 1)dy = 2\left[-\frac{1}{3}y^3 - y\right]_0^2 = \boldsymbol{-\frac{28}{3}}$

162　積分定数を C とする．

(1)　(与式) $= \int(-2x^2 + 7x - 6)dx = \boldsymbol{-\frac{2}{3}x^3 + \frac{7}{2}x^2 - 6x + C}$

(2)　(与式) $= \int(y^2 - 2y - 3)dy = \boldsymbol{\frac{1}{3}y^3 - y^2 - 3y + C}$

(3)　(与式) $= \int(4x^2 - 12x + 9)dx = \boldsymbol{\frac{4}{3}x^3 - 6x^2 + 9x + C}$

⬅ $\frac{1}{-2\cdot 3}\times(-2x+3)^3 + C = -\frac{1}{6}(-2x+3)^3+C$ とすることもできる．

(4) (与式) $= \int (8t^3 + 12t^2 + 6t + 1)dt$

$= \boldsymbol{2t^4 + 4t^3 + 3t^2 + t + C}$

⬅ $\frac{1}{2\cdot 4}(2t+1)^4 + C$
$= \frac{1}{8}(2t+1)^4 + C$
とすることもできる.

163

(1) (与式) $= \int_1^3 (4x^2 - 4x + 1)dx = \left[\frac{4}{3}x^3 - 2x^2 + x\right]_1^3 = \boldsymbol{\frac{62}{3}}$

⬅ $\left[\frac{1}{6}(2x-1)^3\right]_1^3 = \frac{62}{3}$

(2) (与式) $= 2\int_0^1 x^2 dx = 2\left[\frac{1}{3}x^3\right]_0^1 = \boldsymbol{\frac{2}{3}}$

(3) (与式) $= \int_{-2}^2 (x^2 - 3x - 1)dx$

$= 2\int_0^2 (x^2 - 1)dx = 2\left[\frac{1}{3}x^3 - x\right]_0^2 = \boldsymbol{\frac{4}{3}}$

(4) (与式) $= -\frac{1}{6}(3-1)^3 = \boldsymbol{-\frac{4}{3}}$

⬅ $\left[\frac{1}{3}t^3 - 2t^2 + 3t\right]_1^3 = -\frac{4}{3}$
として直接計算してもよい（(5)(6) も同様).

(5) (与式) $= \int_{-1}^2 (x-2)(x+1)dx = -\frac{1}{6}(2+1)^3 = \boldsymbol{-\frac{9}{2}}$

(6) (与式) $= \int_{-\frac{2}{3}}^{-1} 3\left(x + \frac{2}{3}\right)(x+1)dx$

$= -\frac{3}{6}\left(-1 + \frac{2}{3}\right)^3 = \boldsymbol{\frac{1}{54}}$

(7) (与式) $= \int_{-1}^3 (2x^3 + 6x^2 + 2x - 4)dx$

$= 2\left[\frac{1}{4}x^4 + x^3 + \frac{1}{2}x^2 - 2x\right]_{-1}^3 = \boldsymbol{88}$

(8) (与式) $= \int_2^{-2} (x^2 + 1)(x - 1)dx = \int_2^{-2} (x^3 - x^2 + x - 1)dx$

$= 2\int_0^{-2} (-x^2 - 1)dx$

$= 2\left[-\frac{1}{3}x^3 - x\right]_0^{-2} = \boldsymbol{\frac{28}{3}}$

⬅ (与式)
$= 2\int_0^2 (x^2 + 1)dx$
$= 2\left[\frac{1}{3}x^3 + x\right]_0^2$
$= \frac{28}{3}$
として求めてもよい.

164

(1)　$|x-2|=\begin{cases} x-2 & (x \geqq 2) \\ -(x-2) & (x<2) \end{cases}$

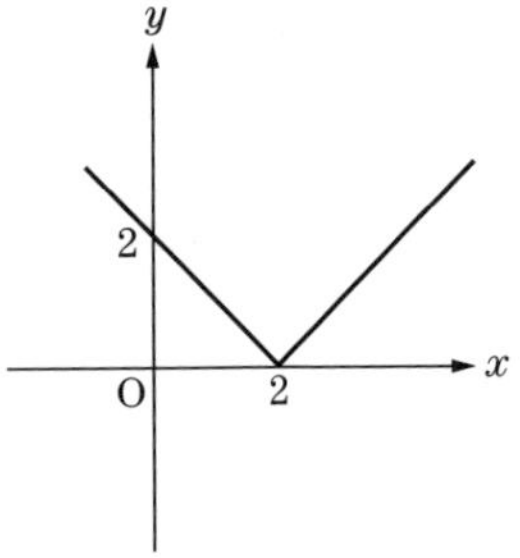

$$(\text{与式})=-\int_0^2 (x-2)dx+\int_2^3 (x-2)dx$$
$$=-\left[\frac{1}{2}x^2-2x\right]_0^2+\left[\frac{1}{2}x^2-2x\right]_2^3$$
$$=2+\frac{1}{2}=\boldsymbol{\frac{5}{2}}$$

(2)　$|x^2-2x|=\begin{cases} x^2-2x & (x \leqq 0,\ x \geqq 2) \\ -(x^2-2x) & (0<x<2) \end{cases}$

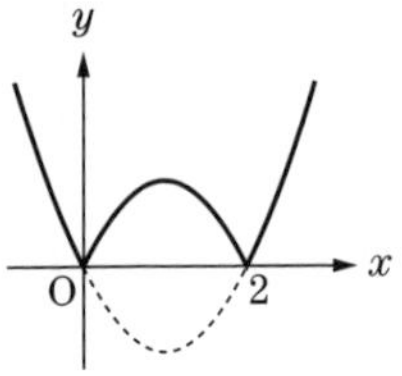

$$(\text{与式})=\int_{-1}^0 (x^2-2x)dx-\int_0^2 (x^2-2x)dx$$
$$+\int_2^4 (x^2-2x)dx$$
$$=\left[\frac{1}{3}x^3-x^2\right]_{-1}^0-\left[\frac{1}{3}x^3-x^2\right]_0^2+\left[\frac{1}{3}x^3-x^2\right]_2^4$$
$$=\frac{4}{3}+\frac{4}{3}+\frac{20}{3}=\boldsymbol{\frac{28}{3}}$$

(3)　$x^2-3|x|+2=\begin{cases} x^2-3x+2 & (x \geqq 0) \\ x^2+3x+2 & (x<0) \end{cases}$

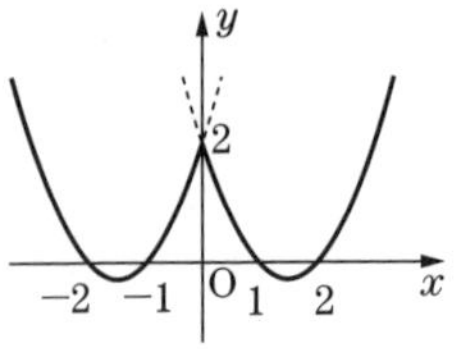

$$(\text{与式})=\int_{-2}^0 (x^2+3x+2)dx+\int_0^3 (x^2-3x+2)dx$$
$$=\left[\frac{1}{3}x^3+\frac{3}{2}x^2+2x\right]_{-2}^0+\left[\frac{1}{3}x^3-\frac{3}{2}x^2+2x\right]_0^3$$
$$=\frac{2}{3}+\frac{3}{2}=\boldsymbol{\frac{13}{6}}$$

(4)　$|-x^3+5x^2-3x-9|=|-(x+1)(x-3)^2|$

$$=\begin{cases} -x^3+5x^2-3x-9 & (x \leqq -1) \\ -(-x^3+5x^2-3x-9) & (x>-1) \end{cases}$$

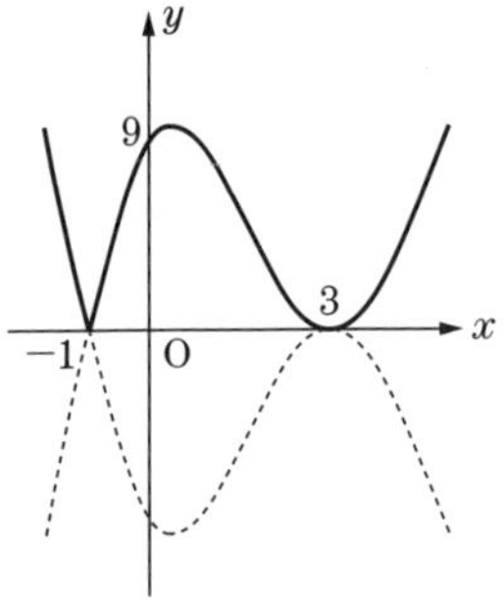

$$(\text{与式})=\int_{-2}^{-1} (-x^3+5x^2-3x-9)dx$$
$$-\int_{-1}^4 (-x^3+5x^2-3x-9)dx$$

$$= \left[-\frac{1}{4}x^4 + \frac{5}{3}x^3 - \frac{3}{2}x^2 - 9x\right]_{-2}^{-1}$$

$$- \left[-\frac{1}{4}x^4 + \frac{5}{3}x^3 - \frac{3}{2}x^2 - 9x\right]_{-1}^{4}$$

$$= \frac{131}{12} + \frac{275}{12} = \mathbf{\frac{203}{6}}$$

165

(1)　$f(x) = 2x^3 - x^2 - 3x + C$　　⬅ $f(x) = \int f'(x)dx$

$f(1) = 2$ より $C = 4$

$$\boldsymbol{f(x) = 2x^3 - x^2 - 3x + 4}$$

(2)　$f(x) = \frac{1}{2}x^4 - 7x^2 - 12x + C$　　⬅ $f'(x) = 2x^3 - 14x - 12$

$f(-2) = -1$ より $C = -5$

$$\boldsymbol{f(x) = \frac{1}{2}x^4 - 7x^2 - 12x - 5}$$

166　$f'(x) = 2ax + b$ より，$f'(1) = 2a + b$

$f(2) = 4a + 2b + c$

$$\int_{-1}^{0} f(x)dx = \left[\frac{a}{3}x^3 + \frac{b}{2}x^2 + cx\right]_{-1}^{0} = \frac{a}{3} - \frac{b}{2} + c$$

$$\begin{cases} 2a + b = 2 \\ 4a + 2b + c = 5 \\ \dfrac{a}{3} - \dfrac{b}{2} + c = \dfrac{8}{3} \end{cases} \iff \begin{cases} \boldsymbol{a = 2} \\ \boldsymbol{b = -2} \\ \boldsymbol{c = 1} \end{cases}$$

⬅ $f(x) = 2x^2 - 2x + 1$

§20　積分法の応用

167

(1)　$S = \int_1^2 (x^2 + 2x)dx = \left[\frac{1}{3}x^3 + x^2\right]_1^2 = \mathbf{\frac{16}{3}}$

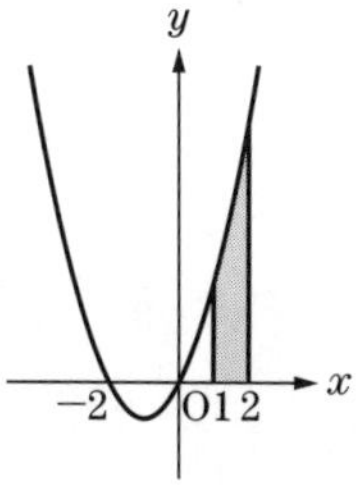

(2) $S=\int_1^3 (x-1)^2 dx=\int_1^3 (x^2-2x+1)dx$

$=\left[\frac{1}{3}x^3-x^2+x\right]_1^3=\mathbf{\frac{8}{3}}$

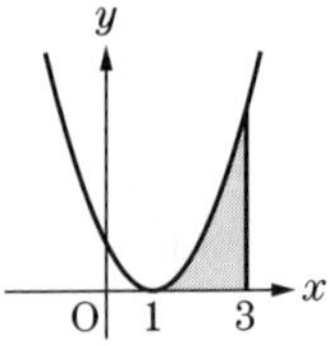

⬅ $\left[\frac{1}{3}(x-1)^3\right]_1^3=\frac{8}{3}$

(3) $S=-\int_1^3 (x^2-4x+3)dx$

$=-\left[\frac{1}{3}x^3-2x^2+3x\right]_1^3=\mathbf{\frac{4}{3}}$

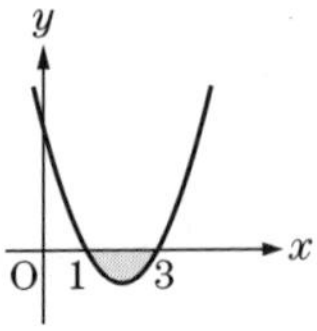

⬅ $-\int_1^3 (x-1)(x-3)dx$
$=\frac{1}{6}(3-1)^3=\frac{4}{3}$

(4) $S=\int_1^2 (-x^2+3x-2)dx$

$=\left[-\frac{1}{3}x^3+\frac{3}{2}x^2-2x\right]_1^2=\mathbf{\frac{1}{6}}$

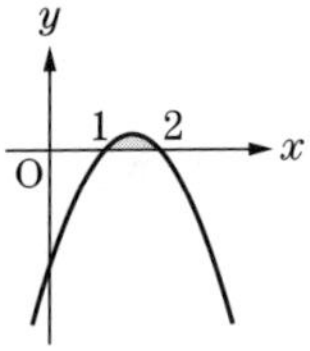

⬅ $-\int_1^2 (x-1)(x-2)dx$
$=\frac{1}{6}(2-1)^3=\frac{1}{6}$

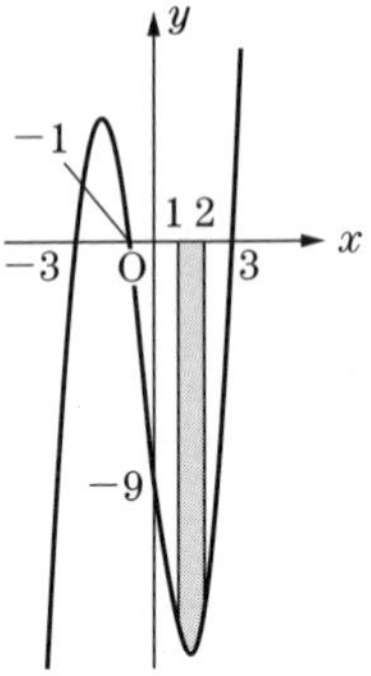

(5) $S=-\int_1^2 (x^3+x^2-9x-9)dx$

$=-\left[\frac{1}{4}x^4+\frac{1}{3}x^3-\frac{9}{2}x^2-9x\right]_1^2=\mathbf{\frac{197}{12}}$

(6) $S=\int_0^2 (x^3-5x^2+6x)dx-\int_2^3 (x^3-5x^2+6x)dx$

$=\left[\frac{1}{4}x^4-\frac{5}{3}x^3+3x^2\right]_0^2-\left[\frac{1}{4}x^4-\frac{5}{3}x^3+3x^2\right]_2^3$

$=\frac{8}{3}-\left(-\frac{5}{12}\right)=\mathbf{\frac{37}{12}}$

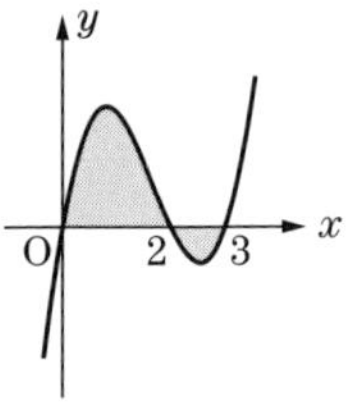

168

(1) $\dfrac{d}{dx}\displaystyle\int_0^x (3t^2+4)dt = \boldsymbol{3x^2+4}$

(2) $\dfrac{d}{dx}\displaystyle\int_1^x (2t^3-3t+1)dt = \boldsymbol{2x^3-3x+1}$

169

(1) $\displaystyle\int_0^1 f(t)dt = a$ とおくと $f(x) = x+2a$

← $\displaystyle\int_0^1 f(t)dt$ は定数.

$$a = \int_0^1 (t+2a)dt = \frac{1}{2}+2a$$

これより $a = -\dfrac{1}{2}$　$\boldsymbol{f(x) = x-1}$

(2) $\displaystyle\int_{-1}^1 f(t)dt = a$ とおくと $f(x) = x^2-2x+a$

$$a = \int_{-1}^1 (t^2-2t+a)dt = 2\int_0^1 (t^2+a)dt = 2\left(\frac{1}{3}+a\right)$$

これより $a = -\dfrac{2}{3}$　$\boldsymbol{f(x) = x^2-2x-\dfrac{2}{3}}$

170

(1) 交点の x 座標は $x^2+2x-5 = -x-1 \iff x = -4,\ 1$

← (1)(2)(3) では
$\displaystyle\int_\alpha^\beta (x-\alpha)(x-\beta)dx = -\frac{1}{6}(\beta-\alpha)^3$
が使える.

$$S = \int_{-4}^1 \{(-x-1)-(x^2+2x-5)\}dx$$
$$= \int_{-4}^1 (-x^2-3x+4)dx$$
$$= \left[-\frac{1}{3}x^3-\frac{3}{2}x^2+4x\right]_{-4}^1 = \boldsymbol{\frac{125}{6}}$$

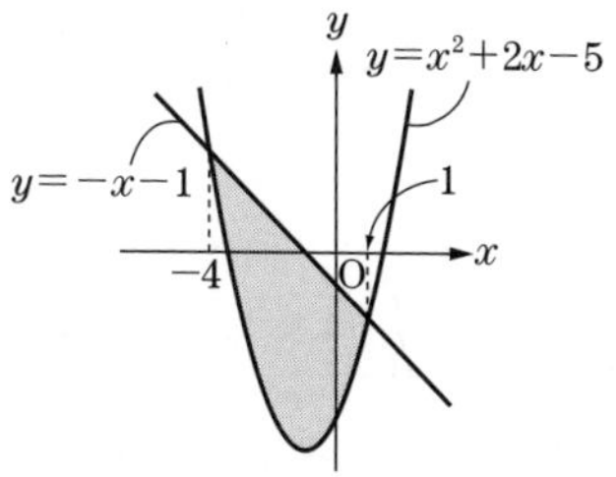

(2)　交点の x 座標は $x^2-4x+1=-x^2-2x+5 \iff x=-1,\ 2$

$$S=\int_{-1}^{2}\{(-x^2-2x+5)-(x^2-4x+1)\}dx$$

$$=\int_{-1}^{2}(-2x^2+2x+4)dx=\left[-\frac{2}{3}x^3+x^2+4x\right]_{-1}^{2}$$

$$=\mathbf{9}$$

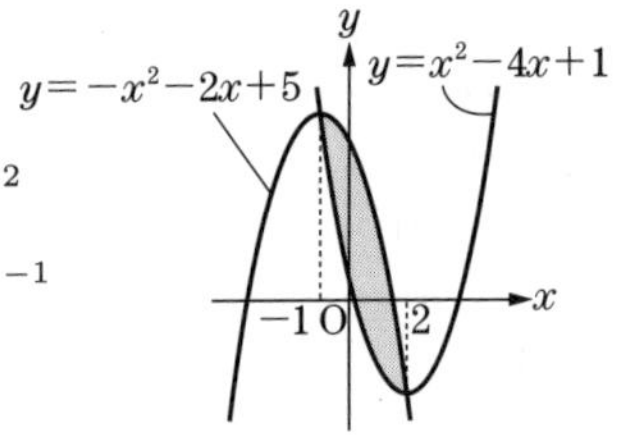

(3)　交点の x 座標は $x^2+2x-3=-x^2+2x+3 \iff x=\pm\sqrt{3}$

$$S=\int_{-\sqrt{3}}^{\sqrt{3}}\{(-x^2+2x+3)-(x^2+2x-3)\}dx$$

$$=\int_{-\sqrt{3}}^{\sqrt{3}}(-2x^2+6)dx=2\int_{0}^{\sqrt{3}}(-2x^2+6)dx$$

$$=2\left[-\frac{2}{3}x^3+6x\right]_{0}^{\sqrt{3}}=\mathbf{8\sqrt{3}}$$

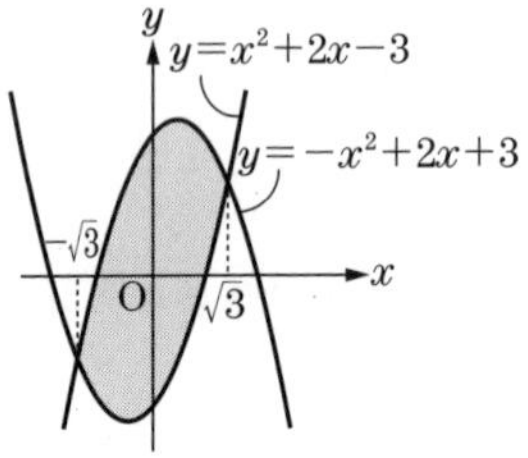

(4)　交点の x 座標は $x^3-3x^2+2x+5=2x+1$

$$\iff (x+1)(x-2)^2=0$$

$$\iff x=-1,\ 2$$

⬅$x=2$ の点は接点.

$$S=\int_{-1}^{2}\{(x^3-3x^2+2x+5)-(2x+1)\}dx$$

$$=\int_{-1}^{2}(x^3-3x^2+4)dx$$

$$=\left[\frac{1}{4}x^4-x^3+4x\right]_{-1}^{2}=\mathbf{\frac{27}{4}}$$

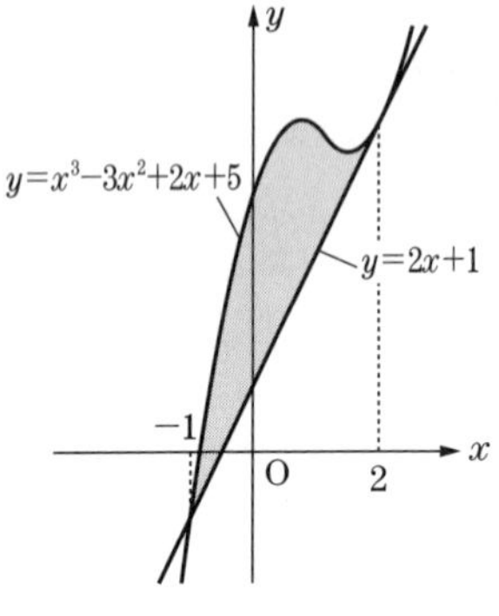

171

(1)　$S=\int_{0}^{1}(x-1)(x-4)dx-\int_{1}^{3}(x-1)(x-4)dx$

$$=\int_{0}^{1}(x^2-5x+4)dx-\int_{1}^{3}(x^2-5x+4)dx$$

$$=\left[\frac{1}{3}x^3-\frac{5}{2}x^2+4x\right]_{0}^{1}-\left[\frac{1}{3}x^3-\frac{5}{2}x^2+4x\right]_{1}^{3}$$

$$=\frac{11}{6}-\left(-\frac{10}{3}\right)=\mathbf{\frac{31}{6}}$$

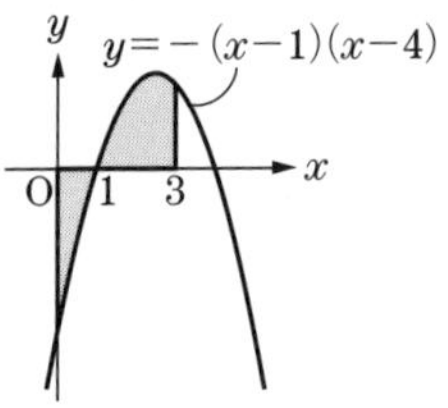

(2) $S=\int_{-2}^{-1}(2x^2+x-1)dx-\int_{-1}^{\frac{1}{2}}(2x^2+x-1)dx$

$+\int_{\frac{1}{2}}^{1}(2x^2+x-1)dx$

$=\left[\frac{2}{3}x^3+\frac{1}{2}x^2-x\right]_{-2}^{-1}-\left[\frac{2}{3}x^3+\frac{1}{2}x^2-x\right]_{-1}^{\frac{1}{2}}$

$+\left[\frac{2}{3}x^3+\frac{1}{2}x^2-x\right]_{\frac{1}{2}}^{1}$

$=\frac{13}{6}-\left(-\frac{9}{8}\right)+\frac{11}{24}=\mathbf{\frac{15}{4}}$

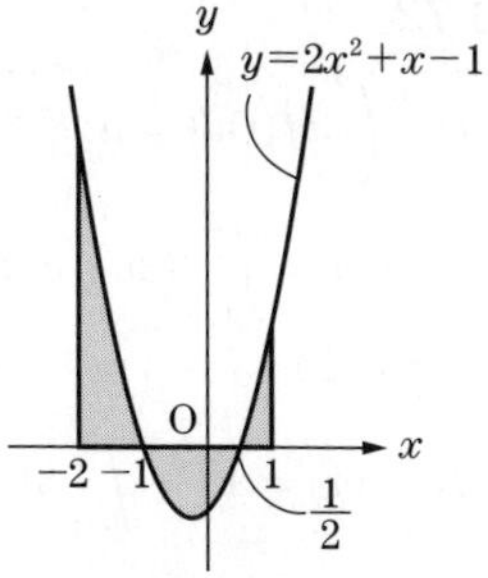

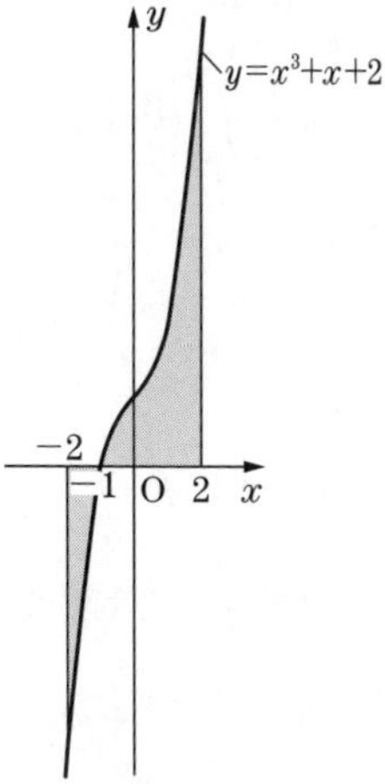

(3) $S=-\int_{-2}^{-1}(x^3+x+2)dx+\int_{-1}^{2}(x^3+x+2)dx$

$=-\left[\frac{1}{4}x^4+\frac{1}{2}x^2+2x\right]_{-2}^{-1}+\left[\frac{1}{4}x^4+\frac{1}{2}x^2+2x\right]_{-1}^{2}$

$=-\left(-\frac{13}{4}\right)+\frac{45}{4}=\mathbf{\frac{29}{2}}$

(4) 交点の x 座標は $-x^3+4x^2-9=x^2-4x+3$

$\iff\quad(x+2)(x-2)(x-3)=0$

$\iff\quad x=-2,\ 2,\ 3$

$S=\int_{-2}^{2}\{(x^2-4x+3)-(-x^3+4x^2-9)\}dx$

$+\int_{2}^{3}\{(-x^3+4x^2-9)-(x^2-4x+3)\}dx$

$=\int_{-2}^{2}(x^3-3x^2-4x+12)dx$

$+\int_{2}^{3}(-x^3+3x^2+4x-12)dx$

$=2\int_{0}^{2}(-3x^2+12)dx+\int_{2}^{3}(-x^3+3x^2+4x-12)dx$

$=2\left[-x^3+12x\right]_{0}^{2}+\left[-\frac{x^4}{4}+x^3+2x^2-12x\right]_{2}^{3}$

$=32+\frac{3}{4}=\mathbf{\frac{131}{4}}$

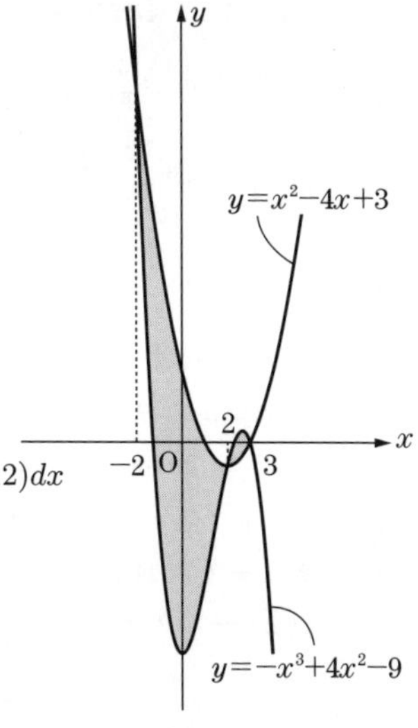

172

(1) $\displaystyle\int_0^2 tf(t)dt = a$ とおくと $f(x) = 3x + a$

$$a = \int_0^2 t(3t + a)dt = \int_0^2 (3t^2 + at)dt = 8 + 2a$$

これより $a = -8$ 　　$\boldsymbol{f(x) = 3x - 8}$

(2) $\displaystyle f(x) = x^2 + \int_{-1}^1 3t^2 dt - \int_{-1}^1 f(t)dt = x^2 + 2 - \int_{-1}^1 f(t)dt$

$\displaystyle\int_{-1}^1 f(t)dt = a$ とおくと $f(x) = x^2 + 2 - a$

$$a = \int_{-1}^1 (t^2 + 2 - a)dt = 2\int_0^1 (t^2 + 2 - a)dt = \frac{2}{3} + 2(2 - a)$$

これより $a = \dfrac{14}{9}$ 　　$\boldsymbol{f(x) = x^2 + \dfrac{4}{9}}$

⬅ $\displaystyle\int_{-1}^1 \{3t^2 - f(t)\}dt$ $= k$ とおくと $f(t) = t^2 + k$ で $\displaystyle k = \int_{-1}^1 (2t^2 - k)dt$ より $k = \dfrac{4}{9}$

(3) $\displaystyle f(x) = x^3 + x\int_0^2 f(t)dt + 3\int_0^1 f(t)dt$

$\displaystyle\int_0^2 f(t)dt = a,\ \int_0^1 f(t)dt = b$ とおくと $f(x) = x^3 + ax + 3b$

$$a = \int_0^2 (t^3 + at + 3b)dt = 2a + 6b + 4$$

$$b = \int_0^1 (t^3 + at + 3b)dt = \frac{a}{2} + 3b + \frac{1}{4}$$

$$\begin{cases} a + 6b + 4 = 0 \\ \dfrac{a}{2} + 2b + \dfrac{1}{4} = 0 \end{cases} \iff \begin{cases} a = \dfrac{13}{2} \\ b = -\dfrac{7}{4} \end{cases}$$

$$\boldsymbol{f(x) = x^3 + \frac{13}{2}x - \frac{21}{4}}$$

173

(1) 両辺を x で微分すると　$f(x) = 2x + 1$

与式で $x = a$ とおくと　$a^2 + a - 2 = 0$ 　$\iff$ 　$a = -2,\ 1$

$\boldsymbol{f(x) = 2x + 1,\ a = -2}$ **または 1**

(2) 両辺を x で微分すると　$f(x) = -3x^2 + 4x - 3a$

与式で $x = 1$ とおくと　$a + 1 = 0$ 　$\iff$ 　$a = -1$

$\boldsymbol{f(x) = -3x^2 + 4x + 3,\ a = -1}$

174

(1) $f(x)=\left[t^3-\frac{1}{2}t^2-2t\right]_{-1}^{x}=x^3-\frac{1}{2}x^2-2x-\frac{1}{2}$

⬅ $f'(x)$ だけならすぐに求まるが極値の計算に $f(x)$ が必要.

$f'(x)=3x^2-x-2=(3x+2)(x-1)$

x		$-\frac{2}{3}$		1	
$f'(x)$	$+$	0	$-$	0	$+$
$f(x)$	↗	極大	↘	極小	↗

極大値 $f\left(-\frac{2}{3}\right)=\mathbf{\frac{17}{54}}$

極小値 $f(1)=\mathbf{-2}$

(2) $f(x)=\left[\frac{1}{3}t^3-3t^2+8t\right]_{1}^{x}=\frac{1}{3}x^3-3x^2+8x-\frac{16}{3}$

$f'(x)=x^2-6x+8=(x-2)(x-4)$

x		2		4	
$f'(x)$	$+$	0	$-$	0	$+$
$f(x)$	↗	極大	↘	極小	↗

極大値 $f(2)=\mathbf{\frac{4}{3}}$

極小値 $f(4)=\mathbf{0}$

175

$f(x)=2+\left[t^3+xt^2-x^2t\right]_{1}^{x}=x^3+x^2-x+1$

$f'(x)=3x^2+2x-1=(3x-1)(x+1)$

x	-2		-1		$\frac{1}{3}$		1
$f'(x)$		$+$	0	$-$	0	$+$	
$f(x)$	-1	↗	2	↘	$\frac{22}{27}$	↗	2

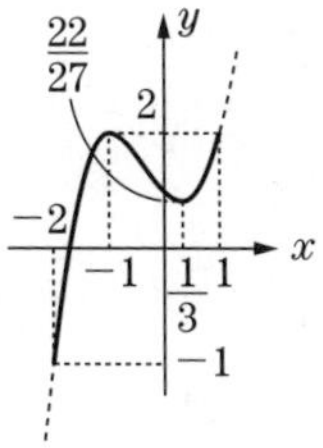

最大値 **2** $(x=\pm1)$, 最小値 **−1** $(x=-2)$

§21 等差数列, 等比数列

176

(1) **3, 5, 7, 9, 11**

(2) **3, 6, 12, 24, 48**

(3) **1, 7, 17, 31, 49**

177

(1) $\mathbf{(2n-1)^2}$　⬅ 奇数の平方.

(2) $\mathbf{(-2)^n}$　⬅ -2 を掛ける.

(3) $\mathbf{\frac{(-1)^{n-1}}{n}}$　⬅ 分子は $1, -1, 1, -1\cdots$ 分母は自然数.

(4) $\boldsymbol{\dfrac{4n-1}{3n+1}}$

⬅分子は 4 ずつ，分母は 3 ずつ増える．

178

(1) $50 = 1 + 14d \iff d = \boldsymbol{\dfrac{7}{2}}$

(2) $\begin{cases} 8 = a_1 + 2d \\ 110 = a_1 + 19d \end{cases} \iff \begin{cases} a_1 = -4 \\ d = 6 \end{cases}$

$a_n = -4 + (n-1)\cdot 6 = \boldsymbol{6n - 10}$

(3) $S_{13} = \dfrac{13(a_1 + a_{13})}{2} = \dfrac{13(10-20)}{2} = \boldsymbol{-65}$

(4) $\begin{cases} -40 = a_1 + 4d \\ -70 = a_1 + 9d \end{cases} \iff \begin{cases} a_1 = -16 \\ d = -6 \end{cases}$

$S_n = \dfrac{n}{2}\{2\cdot(-16) + (n-1)(-6)\} = \boldsymbol{-3n^2 - 13n}$

(5) 初項 10，末項 -6，項数 6 の等差数列の和として求めればよい．

⬅最後の項を末項という．

$\dfrac{6\{10 + (-6)\}}{2} = \boldsymbol{12}$

179

(1) $64 = 1\cdot r^6 \iff r^6 = 64$ から $r = \boldsymbol{\pm 2}$

⬅r は実数．

(2) $\begin{cases} 12 = a_1 r^2 \\ 72 = a_1 r^4 \end{cases} \iff \begin{cases} a_1 = 2 \\ r = \pm\sqrt{6} \end{cases}$

$a_n = \boldsymbol{2(\pm\sqrt{6})^{n-1}}$

(3) $\dfrac{4}{25} = 100\cdot r^4 \iff r^4 = \dfrac{1}{625}$ から $r = \pm\dfrac{1}{5}$

$\boldsymbol{r = \dfrac{1}{5}}$ のとき $S_5 = \boldsymbol{\dfrac{3124}{25}}$

⬅$S_5 = \dfrac{a_1(1-r^5)}{1-r}$

$\boldsymbol{r = -\dfrac{1}{5}}$ のとき $S_5 = \boldsymbol{\dfrac{2084}{25}}$

(4) $\begin{cases} 1 = a_1 r \\ 9 = a_1 r^3 \end{cases} \iff \begin{cases} a_1 = \pm\dfrac{1}{3} \\ r = \pm 3 \end{cases}$ （複号同順）

$\boldsymbol{r = 3}$ のとき $S_n = \boldsymbol{\dfrac{3^n - 1}{6}}$

$\boldsymbol{r = -3}$ のとき $S_n = \boldsymbol{\dfrac{(-3)^n - 1}{12}}$

(5) $16=2r^3$ から $r=2$

求める和を S とすると

$$S=S_{10}-S_4=2(2^{10}-1)-2(2^4-1)=\mathbf{2016}$$

← 初項 2^5，公比 2，項数 6 の等比数列の和と考えてもよい．

180

(1) $a-2=6-a=b-6 \iff \boldsymbol{a=4,\ b=8}$

← 公差 2

(2) $\dfrac{a}{2}=\dfrac{6}{a}=\dfrac{b}{6}$

$\iff \boldsymbol{a=\pm 2\sqrt{3},\ b=\pm 6\sqrt{3}}$ **（複号同順）**

← 公比 $\pm\sqrt{3}$

181 初項を a，公差を d とする．

(1) $\dfrac{5}{2}\{2a+(5-1)d\}=125,\ \dfrac{10}{2}\{2a+(10-1)d\}=500$

$\iff a+2d=25,\ 2a+9d=100$

$\iff a=5,\ d=10$

初項 5，公差 10

(2) $\begin{cases} a+52d=-47 \\ a+76d=-95 \end{cases} \iff \begin{cases} a=57 \\ d=-2 \end{cases}$

第 n 項が負になるとすると

$$-2n+59<0 \iff n>\frac{59}{2}\ (=29.5)$$

← $a_n=-2n+59$

初めて負になる項は　**第 30 項**

182

(1) 初項を a，公差を d とすると

$\begin{cases} a+2d=70 \\ a+7d=55 \end{cases} \iff \begin{cases} a=76 \\ d=-3 \end{cases}$　**初項 76，公差 − 3**

(2) $a_n=76+(n-1)\cdot(-3)=-3n+79$

$$a_n>0 \iff -3n+79>0 \iff n<\frac{79}{3}\ (=26.\cdots)$$

S_n が最大になるのは $\boldsymbol{n=26}$ のときで

$$\boldsymbol{S_{26}}=\frac{26\{76\cdot 2+25\cdot(-3)\}}{2}=\mathbf{1001}$$

← $S_n=\dfrac{1}{2}n(155-3n)=-\dfrac{3}{2}\left(n-\dfrac{155}{6}\right)^2+\dfrac{155^2}{24}$ の最大を考えてもよい．

183

(1)　公比を r とする．

$$7r^{n-1}=896 \iff r^{n-1}=128 \quad \cdots\cdots①$$

$$\frac{7(r^n-1)}{r-1}=1785 \iff r^n=255r-254 \quad \cdots\cdots②$$

⬅ $r \neq 1$

①を②に代入して　$128r=255r-254 \iff r=\mathbf{2}$

⬅ $n=8$

(2)　初項を a，公比を r とする．

$$a\cdot\frac{r^{10}-1}{r-1}=2,\ a\cdot\frac{r^{20}-1}{r-1}=6$$

⬅ $r=1$ とすると矛盾するから $r \neq 1$

$$\iff a(r^{10}-1)=2(r-1),\ r^{10}+1=3$$

⬅ $r^{20}-1=(r^{10}+1)(r^{10}-1)$

$$\iff a=2(r-1),\ r^{10}=2$$

初項から第 30 項までの和は

$$a\cdot\frac{r^{30}-1}{r-1}=2(r-1)\cdot\frac{2^3-1}{r-1}=\mathbf{14}$$

184

$2b=a+c,\ c^2=ab$

⬅ 等差中項，等比中項の関係．

$$\iff a=2b-c,\ c^2=b(2b-c)$$

$$\iff a=2b-c,\ (c+2b)(c-b)=0$$

a，b，c は異なる数であるから

$$a=2b-c,\ c+2b=0$$

ゆえに，$a=4b,\ c=-2b\ (b \neq 0)$

(1)　$a+b+c=18$ のとき　$3b=18 \iff b=6$

$\boldsymbol{a=24,\ b=6,\ c=-12}$

(2)　$abc=125$ のとき

$$-8b^3=125 \iff b=-\frac{5}{2}$$

⬅ b は実数．

$\boldsymbol{a=-10,\ b=-\frac{5}{2},\ c=5}$

§22　いろいろな数列

185

(1)　(与式) $=3\cdot\dfrac{1}{6}n(n+1)(2n+1)-2\cdot\dfrac{1}{2}n(n+1)$

$$=\boldsymbol{\frac{1}{2}n(n+1)(2n-1)}$$

(2)　(与式) $=\sum_{k=1}^{n}(k^2-1)=\frac{1}{6}n(n+1)(2n+1)-n$

$$=\boldsymbol{\frac{1}{6}n(n-1)(2n+5)}$$

(3)　(与式) $=\frac{3}{2}\cdot\frac{1-\left(\frac{1}{2}\right)^n}{1-\frac{1}{2}}=\boldsymbol{3\left(1-\frac{1}{2^n}\right)}$

⬅初項 $\frac{3}{2}$，公比 $\frac{1}{2}$ の等比数列の和．

186　一般項を a_n，第 n 項までの和を S_n とする．

(1)　$\boldsymbol{a_n}=(2n)^2=\boldsymbol{4n^2}$

$$\boldsymbol{S_n}=\sum_{k=1}^{n}4k^2=\boldsymbol{\frac{2}{3}n(n+1)(2n+1)}$$

(2)　$\boldsymbol{a_n=n(2n+1)}$

$$\boldsymbol{S_n}=\sum_{k=1}^{n}k(2k+1)=\sum_{k=1}^{n}(2k^2+k)$$

$$=\frac{1}{3}n(n+1)(2n+1)+\frac{1}{2}n(n+1)$$

$$=\boldsymbol{\frac{1}{6}n(n+1)(4n+5)}$$

187　もとの数列を $\{a_n\}$，その階差数列を $\{b_n\}$ とする．

(1)　a_n : 1，2，4，7，11，$\cdots\cdots$

b_n : 　1，2，3，4，$\cdots\cdots$

よって $b_n=n$ であり，$n\geqq 2$ のとき

$$a_n=1+\sum_{k=1}^{n-1}k=\frac{1}{2}(n^2-n+2)$$

⬅$n=1$ のときは別に調べる．

⬅$a_n=1+\sum_{k=1}^{n-1}b_k$ $(n\geqq 2)$

この結果は $n=1$ のときも正しい．

$$a_n=\boldsymbol{\frac{1}{2}(n^2-n+2)}\quad(n=1,2,3,\cdots\cdots)$$

(2)　a_n : 2，3，5，9，17，$\cdots\cdots$

b_n : 　1，2，4，8，$\cdots\cdots$

よって $b_n=2^{n-1}$ であり，$n\geqq 2$ のとき

$$a_n=2+\sum_{k=1}^{n-1}2^{k-1}=2+\frac{2^{n-1}-1}{2-1}$$

$$=2^{n-1}+1$$

この結果は $n=1$ のときも正しい.

$$a_n = \mathbf{2^{n-1}+1} \quad (n=1,2,3,\cdots\cdots)$$

188

(1)　$a_1 = 5$

← $a_n = \begin{cases} S_1 & (n=1) \\ S_n - S_{n-1} & (n \geqq 2) \end{cases}$

$n \geqq 2$ のとき

$$\begin{aligned} a_n &= (n^2+4n) - \{(n-1)^2 + 4(n-1)\} \\ &= 2n+3 \end{aligned}$$

$$a_n = \mathbf{2n+3} \quad (n=1,2,3,\cdots\cdots)$$

(2)　$a_1 = 2$

$n \geqq 2$ のとき

$$a_n = (n^3+1) - \{(n-1)^3+1\} = 3n^2 - 3n + 1$$

$$a_n = \begin{cases} \mathbf{2} & \mathbf{(n=1)} \\ \mathbf{3n^2-3n+1} & \mathbf{(n \geqq 2)} \end{cases}$$

(3)　$a_1 = 7$

$n \geqq 2$ のとき

$$a_n = (3^{n+1}-2) - (3^n-2) = 2\cdot 3^n$$

← $3^{n+1} - 3^n$
$= 3^n(3-1) = 3^n \cdot 2$

$$a_n = \begin{cases} \mathbf{7} & \mathbf{(n=1)} \\ \mathbf{2\cdot 3^n} & \mathbf{(n \geqq 2)} \end{cases}$$

189　和を S とおく.

$$S = 1\cdot 2^0 + 2\cdot 2^1 + 3\cdot 2^2 + \cdots\cdots + n\cdot 2^{n-1}$$

$$2S = \qquad 1\cdot 2^1 + 2\cdot 2^2 + \cdots\cdots + (n-1)\cdot 2^{n-1} + n\cdot 2^n$$

であるから, この 2 式を引き算して

$$\begin{aligned} -S &= 2^0 + 2^1 + 2^2 + \cdots\cdots + 2^{n-1} - n\cdot 2^n \\ &= 2^n - 1 - n\cdot 2^n \end{aligned}$$

← $2^0 + 2^1 + 2^2 + \cdots +$ 2^{n-1} は等比数列の和.

$$S = \mathbf{(n-1)2^n + 1}$$

190

(1)　$\dfrac{1}{k(k+2)} = \dfrac{1}{2}\left(\dfrac{1}{k} - \dfrac{1}{k+2}\right)$

← 部分分数分解.

$$(\text{与式}) = \sum_{k=1}^{n} \frac{1}{2}\left(\frac{1}{k} - \frac{1}{k+2}\right)$$

$$= \frac{1}{2}\left\{\left(1-\frac{1}{3}\right)+\left(\frac{1}{2}-\frac{1}{4}\right)+\left(\frac{1}{3}-\frac{1}{5}\right)+\cdots\right.$$
$$\left.+\left(\frac{1}{n-1}-\frac{1}{n+1}\right)+\left(\frac{1}{n}-\frac{1}{n+2}\right)\right\}$$
$$= \frac{1}{2}\left(1+\frac{1}{2}-\frac{1}{n+1}-\frac{1}{n+2}\right)$$
$$= \boldsymbol{\frac{n(3n+5)}{4(n+1)(n+2)}}$$

(2) $$\frac{1}{k(k+1)(k+2)} = \frac{1}{2}\left\{\frac{1}{k(k+1)}-\frac{1}{(k+1)(k+2)}\right\}$$

⬅ $\frac{1}{2}\left(\frac{1}{k}-\frac{2}{k+1}+\frac{1}{k+2}\right)$ とすると面倒.

$$(与式) = \frac{1}{2}\left[\left(\frac{1}{1\cdot 2}-\frac{1}{2\cdot 3}\right)+\left(\frac{1}{2\cdot 3}-\frac{1}{3\cdot 4}\right)+\cdots\right.$$
$$\left.+\left\{\frac{1}{(n-1)n}-\frac{1}{n(n+1)}\right\}+\left\{\frac{1}{n(n+1)}-\frac{1}{(n+1)(n+2)}\right\}\right]$$
$$= \frac{1}{2}\left\{\frac{1}{2}-\frac{1}{(n+1)(n+2)}\right\} = \boldsymbol{\frac{n(n+3)}{4(n+1)(n+2)}}$$

(3) $$\frac{1}{\sqrt{k+1}+\sqrt{k}} = \sqrt{k+1}-\sqrt{k}$$

⬅ 分母の有理化.

$$(与式) = \sum_{k=1}^{n}(\sqrt{k+1}-\sqrt{k})$$
$$= (\sqrt{2}-1)+(\sqrt{3}-\sqrt{2})+\cdots\cdots+(\sqrt{n+1}-\sqrt{n})$$
$$= \boldsymbol{\sqrt{n+1}-1}$$

(4) $$\frac{1}{\sqrt{2k+1}+\sqrt{2k-1}} = \frac{1}{2}(\sqrt{2k+1}-\sqrt{2k-1})$$

$$(与式) = \frac{1}{2}\sum_{k=1}^{n}(\sqrt{2k+1}-\sqrt{2k-1})$$
$$= \frac{1}{2}\left\{(\sqrt{3}-1)+(\sqrt{5}-\sqrt{3})+\cdots\cdots+(\sqrt{2n+1}-\sqrt{2n-1})\right\}$$
$$= \boldsymbol{\frac{1}{2}(\sqrt{2n+1}-1)}$$

191

(1) $$(与式) = \sum_{k=1}^{n-1}k(n-k) = \sum_{k=1}^{n}k(n-k) = n\sum_{k=1}^{n}k-\sum_{k=1}^{n}k^2$$
$$= n\cdot\frac{1}{2}n(n+1)-\frac{1}{6}n(n+1)(2n+1)$$

⬅ $k=n$ のとき $k(n-k)=0$
なお, $n-1$ のままで計算してもそんなに面倒ではない.

$$= \boldsymbol{\frac{1}{6}n(n+1)(n-1)}$$

(2)　$(\text{与式}) = \sum_{k=1}^{n} k(n-k+1)^2$

$$= \sum_{k=1}^{n} k\{(n+1)^2 - 2(n+1)k + k^2\}$$

$$= (n+1)^2 \sum_{k=1}^{n} k - 2(n+1)\sum_{k=1}^{n} k^2 + \sum_{k=1}^{n} k^3$$

$$= (n+1)^2 \cdot \frac{1}{2}n(n+1) - 2(n+1)\cdot\frac{1}{6}n(n+1)(2n+1) + \frac{1}{4}n^2(n+1)^2$$

$$= \boldsymbol{\frac{1}{12}n(n+1)^2(n+2)}$$

192　一般項を a_n，第 n 項までの和を S_n とする．

(1)　$\boldsymbol{a_n = (3n-2)^2}$

$$\boldsymbol{S_n} = \sum_{k=1}^{n}(3k-2)^2 = \sum_{k=1}^{n}(9k^2 - 12k + 4)$$

$$= 9\cdot\frac{1}{6}n(n+1)(2n+1) - 12\cdot\frac{1}{2}n(n+1) + 4n$$

$$= \boldsymbol{\frac{1}{2}n(6n^2-3n-1)}$$

(2)　$\boldsymbol{a_n} = 3\cdot 10^{n-1} + 3\cdot 10^{n-2} + \cdots\cdots + 3\cdot 10 + 3$

$$= \frac{3(10^n-1)}{10-1} = \boldsymbol{\frac{1}{3}(10^n-1)}$$

⬅逆にして加える．
$(3+3{\cdot}10+\cdots$
$+3{\cdot}10^{n-2}+3{\cdot}10^{n-1})$

$$\boldsymbol{S_n} = \frac{1}{3}\sum_{k=1}^{n}(10^k-1) = \frac{1}{3}\left\{\frac{10(10^n-1)}{10-1} - n\right\}$$

$$= \boldsymbol{\frac{1}{27}(10^{n+1}-9n-10)}$$

(3)　$\boldsymbol{a_n = n(2n-1)(2n+1)}$

$$\boldsymbol{S_n} = \sum_{k=1}^{n} k(2k-1)(2k+1) = \sum_{k=1}^{n}(4k^3-k)$$

$$= 4\cdot\frac{1}{4}n^2(n+1)^2 - \frac{1}{2}n(n+1)$$

$$= \boldsymbol{\frac{1}{2}n(n+1)(2n^2+2n-1)}$$

193

(1)　もとの数列を $\{a_n\}$，その階差数列を $\{b_n\}$ とする．

$a_n : 5,\ 11,\ 21,\ 35,\ 53,\ \cdots\cdots$

$b_n : \quad 6,\ 10,\ 14,\ 18,\ \cdots\cdots$

$b_n = 4n + 2$ であり，$n \geqq 2$ のとき

$$a_n = 5 + \sum_{k=1}^{n-1}(4k+2)$$

$$= 5 + 4 \cdot \frac{1}{2}(n-1)n + 2(n-1) = 2n^2 + 3$$

この結果は $n = 1$ のときも正しい．

$a_n = \boldsymbol{2n^2 + 3} \quad (n = 1, 2, 3, \cdots\cdots)$

←$\{b_n\}$ は初項 6，公差 4 の等差数列．

(2)　もとの数列を $\{a_n\}$，$\{a_n\}$ の階差数列を $\{b_n\}$，$\{b_n\}$ の階差数列を $\{c_n\}$ とする．

$a_n : 2,\ 3,\ 9,\ 18,\ 28,\ 37,\ 43,\ 44,\ \cdots\cdots$

$b_n : \quad 1,\ 6,\ 9,\ 10,\ 9,\ 6,\ 1,\ \cdots\cdots$

$c_n : \quad 5,\ 3,\ 1,\ -1,\ -3,\ -5,\ \cdots\cdots$

←$b_n = a_{n+1} - a_n$
$c_n = b_{n+1} - b_n$

$c_n = -2n + 7$ であり，$n \geqq 2$ のとき

$$b_n = b_1 + \sum_{k=1}^{n-1} c_k = 1 + \sum_{k=1}^{n-1}(-2k+7) = -n^2 + 8n - 6$$

これは $b_1 = 1$ も満たす．

よって $n \geqq 2$ のとき

$$a_n = a_1 + \sum_{k=1}^{n-1} b_k = 2 + \sum_{k=1}^{n-1}(-k^2 + 8k - 6)$$

$$= \frac{1}{6}(-2n^3 + 27n^2 - 61n + 48)$$

この結果は $n = 1$ のときも正しい．

$a_n = \boldsymbol{-\frac{1}{3}n^3 + \frac{9}{2}n^2 - \frac{61}{6}n + 8} \quad (n = 1, 2, 3, \cdots\cdots)$

194　与式を S とおく．

(1)　$S = 2 \cdot 1 + 4 \cdot 3 + 6 \cdot 3^2 + 8 \cdot 3^3 + \cdots\cdots + 2n \cdot 3^{n-1}$

$3S = \quad 2 \cdot 3 + 4 \cdot 3^2 + 6 \cdot 3^3 + \cdots\cdots + 2(n-1) \cdot 3^{n-1} + 2n \cdot 3^n$

$$S - 3S = 2(1 + 3 + 3^2 + \cdots\cdots + 3^{n-1}) - 2n \cdot 3^n$$

$$= 2 \cdot \frac{3^n - 1}{2} - 2n \cdot 3^n$$

$$S=\mathbf{\frac{1}{2}\{(2n-1)\cdot 3^n+1\}}$$

(2)
$$S=1\cdot\frac{1}{2}+3\cdot\left(\frac{1}{2}\right)^2+5\cdot\left(\frac{1}{2}\right)^3+\cdots\cdots+(2n-1)\cdot\left(\frac{1}{2}\right)^n$$
$$\frac{1}{2}S=\quad 1\cdot\left(\frac{1}{2}\right)^2+3\cdot\left(\frac{1}{2}\right)^3+\cdots\cdots+(2n-3)\cdot\left(\frac{1}{2}\right)^n+(2n-1)\cdot\left(\frac{1}{2}\right)^{n+1}$$
$$S-\frac{1}{2}S=\frac{1}{2}+2\left\{\left(\frac{1}{2}\right)^2+\left(\frac{1}{2}\right)^3+\cdots\cdots+\left(\frac{1}{2}\right)^n\right\}-(2n-1)\left(\frac{1}{2}\right)^{n+1}$$
$$=\frac{1}{2}+2\cdot\frac{\left(\frac{1}{2}\right)^2\left\{1-\left(\frac{1}{2}\right)^{n-1}\right\}}{\frac{1}{2}}-(2n-1)\left(\frac{1}{2}\right)^{n+1}$$
$$=\frac{3}{2}-\left(\frac{1}{2}\right)^{n-1}-(2n-1)\left(\frac{1}{2}\right)^{n+1}$$
$$S=\mathbf{3-(2n+3)\left(\frac{1}{2}\right)^n}$$

195

(1)　1 | 2, 2 | 3, 3, 3 | 4, 4, 4, 4 | 5, ……

と群に分けて考えると最後の 20 は第 20 群の 20 番目に現れる．

⬅ k 個の k を第 k 群とする．

第 k 群の項数は k であるから，最後の 20 は

$$1+2+3+\cdots\cdots+20=\frac{1}{2}\cdot 20\cdot 21=\mathbf{210}\ (\text{項})$$

(2)　第 k 群は k が k 個あるから，第 k 群のすべての項の和は k^2

よって，求める和は

$$\sum_{k=1}^{20}k^2=\frac{1}{6}\cdot 20\cdot 21\cdot 41=\mathbf{2870}$$

(3)　第 50 項が n とすると，最後の n までの項数は

$$1+2+3+\cdots\cdots+n=\frac{1}{2}n(n+1)$$

であるから

$$\frac{1}{2}(n-1)n<50\leqq\frac{1}{2}n(n+1)$$
$$\iff\quad (n-1)n<100\leqq n(n+1)$$

⬅ 第 50 項は最後の $n-1$ よりあとに現れる．

これを満たす n はただ 1 つであり，$9\cdot 10=90$，$10\cdot 11=110$

より　$n=\mathbf{10}$

§23　漸化式，数学的帰納法

196

(1)　$a_1=0$，$a_2=3$，$a_3=6$，$a_4=9$，$a_5=\mathbf{12}$

⬅等差数列.

(2)　$a_1=2$，$a_2=-4$，$a_3=8$，$a_4=-16$，$a_5=\mathbf{32}$

⬅等比数列.

(3)　$a_1=1$，$a_2=5$，$a_3=13$，$a_4=29$，$a_5=\mathbf{61}$

(4)　$a_1=2$，$a_2=\dfrac{2}{3}$，$a_3=\dfrac{2}{5}$，$a_4=\dfrac{2}{7}$，$a_5=\dfrac{\mathbf{2}}{\mathbf{9}}$

197

(1)　$a_n=0+(n-1)\cdot 2$

$\iff\quad a_n=\mathbf{2n-2}\quad(n=1,2,3,\cdots\cdots)$

⬅初項 0，公差 2 の等差数列.

(2)　$a_n=\mathbf{2\cdot 3^{n-1}}\quad(n=1,2,3,\cdots\cdots)$

⬅初項 2，公比 3 の等比数列.

(3)　$n\geqq 2$ のとき

$$a_n=1+\sum_{k=1}^{n-1}3k=\frac{1}{2}(3n^2-3n+2)$$

⬅$a_n=a_1+\displaystyle\sum_{k=1}^{n-1}(a_{k+1}-a_k)$

この結果は $n=1$ のときも正しい.

$$a_n=\boldsymbol{\frac{1}{2}(3n^2-3n+2)}\quad(n=1,2,3\cdots\cdots)$$

(4)　$a_{n+1}=2a_n+1$ より $a_{n+2}=2a_{n+1}+1$ であるから

$$a_{n+2}-a_{n+1}=2(a_{n+1}-a_n)$$

$a_{n+1}-a_n=b_n$ とおくと，$b_{n+1}=2b_n$，$b_1=2$

⬅数列 $\{b_n\}$ は公比 2 の等比数列.

ゆえに $b_n=2\cdot 2^{n-1}=2^n$ であり，$n\geqq 2$ のとき

$$a_n=1+\sum_{k=1}^{n-1}2^k=2^n-1$$

⬅(5) のようにしても解ける（数列 $\{a_n+1\}$ は公比 2 の等比数列）.

この結果は $n=1$ のときも正しい.

$$a_n=\mathbf{2^n-1}\quad(n=1,2,3,\cdots\cdots)$$

(5)　$a_{n+1}-3a_n+2=0\iff a_{n+1}-1=3(a_n-1)$

⬅数列 $\{a_n-1\}$ は公比 3 の等比数列.

$a_n-1=(a_1-1)\cdot 3^{n-1}$ から

$$a_n=\mathbf{3^{n-1}+1}\quad(n=1,2,3,\cdots\cdots)$$

⬅(4) のようにしても解ける.

198

(1)　〔1〕 $n=1$ のとき

$$(\text{左辺})=1\cdot 2=2,\ (\text{右辺})=\frac{1}{3}\cdot 1\cdot 2\cdot 3=2$$

であるから成り立つ．

〔2〕 $n=k$ のとき成り立つと仮定する．すなわち

$$1\cdot 2+2\cdot 3+3\cdot 4+\cdots\cdots+k(k+1)=\frac{1}{3}k(k+1)(k+2)$$

とする．このとき

$$1\cdot 2+2\cdot 3+3\cdot 4+\cdots\cdots+k(k+1)+(k+1)(k+2)$$
$$=\frac{1}{3}k(k+1)(k+2)+(k+1)(k+2)$$
$$=\frac{1}{3}(k+1)(k+2)(k+3)$$

であるから，$n=k+1$ のときも成り立つ．

〔1〕,〔2〕から，すべての自然数 n について成り立つ．

(2) 〔1〕 $n=1$ のとき $2>1$ であるから成り立つ．

〔2〕 $n=k$ のとき成り立つと仮定する．

すなわち $2^k>k$ とする．このとき，$k\geqq 1$ を用いて $2^{k+1}>2k\geqq k+1$ となるから，$n=k+1$ のときも成り立つ．

〔1〕,〔2〕から，すべての自然数 n について成り立つ．

199

(1) $a_{n+1}=2a_n+2^{n+2} \iff \dfrac{a_{n+1}}{2^{n+1}}=\dfrac{a_n}{2^n}+2$

⬅両辺を 2^{n+1} で割る．

$\dfrac{a_n}{2^n}=b_n$ とおくと，　$b_{n+1}=b_n+2$

$b_1=\dfrac{a_1}{2}=3$ より，$b_n=2n+1$

⬅数列 $\{b_n\}$ は初項 3，公差 2 の等差数列．

$a_n=\boldsymbol{(2n+1)\cdot 2^n}$　$(n=1,2,3,\cdots\cdots)$

(2) $a_{n+1}=3a_n+2^n \iff \dfrac{a_{n+1}}{2^{n+1}}=\dfrac{3}{2}\cdot\dfrac{a_n}{2^n}+\dfrac{1}{2}$

⬅両辺を 3^{n+1} で割って $\dfrac{a_n}{3^n}=c_n$ とおき $c_{n+1}=c_n+\dfrac{2^n}{3^{n+1}}$ と階差数列にすることもできる．

$\dfrac{a_n}{2^n}=b_n$ とおくと，$b_{n+1}=\dfrac{3}{2}b_n+\dfrac{1}{2}$，$b_1=\dfrac{a_1}{2}=\dfrac{1}{2}$

$b_{n+1}+1=\dfrac{3}{2}(b_n+1)$ より

$$b_n+1=(b_1+1)\left(\frac{3}{2}\right)^{n-1}=\left(\frac{3}{2}\right)^n$$

$$\iff\quad b_n=\left(\frac{3}{2}\right)^n-1$$

$a_n=2^nb_n$ より

$a_n=\boldsymbol{3^n-2^n}$　$(n=1,2,3,\cdots\cdots)$

(3)　$a_{n+1}=2a_n+(-1)^{n+1} \iff \dfrac{a_{n+1}}{(-1)^{n+1}}=-\dfrac{2a_n}{(-1)^n}+1$

⬅ $\dfrac{a_n}{2^n}=c_n$ とおいてもよい．

$\dfrac{a_n}{(-1)^n}=b_n$ とおくと

$$b_{n+1}=-2b_n+1,\ b_1=0$$

$b_{n+1}-\dfrac{1}{3}=-2\left(b_n-\dfrac{1}{3}\right)$ より

$$b_n-\frac{1}{3}=\left(b_1-\frac{1}{3}\right)(-2)^{n-1}=-\frac{1}{3}(-2)^{n-1}$$

$$\iff \quad b_n=\frac{1}{3}\left\{1-(-2)^{n-1}\right\}$$

$a_n=(-1)^n b_n$ より

$$a_n=\boldsymbol{\frac{1}{3}\left\{2^{n-1}+(-1)^n\right\}}$$

200

(1)　(与式)　$\iff \quad b_{n+1}+(n+1)=3(b_n+n)-2n+1$

⬅ $a_n=b_n+n$

$$\iff \quad \boldsymbol{b_{n+1}=3b_n}$$

(2)　$a_1=2$ より $b_1=1$ であり $b_n=3^{n-1}$

⬅ 数列 $\{b_n\}$ は初項 1, 公比 3 の等比数列.

$$a_n=\boldsymbol{3^{n-1}+n} \quad (n=1,2,3,\cdots\cdots)$$

(3)　$\displaystyle\sum_{k=1}^{n} a_k=\sum_{k=1}^{n}(3^{k-1}+k)=\frac{3^n-1}{2}+\frac{1}{2}n(n+1)$

$$=\boldsymbol{\frac{1}{2}(3^n+n^2+n-1)}$$

201

(1)　(与式)　$\iff \quad a_{n+2}-a_{n+1}=2(a_{n+1}-a_n)$

$$b_{n+1}=2b_n,\ b_1=a_2-a_1=2$$

$$b_n=\boldsymbol{2^n} \quad (n=1,2,3,\cdots\cdots)$$

(2)　$a_{n+1}-a_n=2^n$　……①

(与式)　$\iff \quad a_{n+2}-2a_{n+1}=a_{n+1}-2a_n$ より

⬅ 数列 $\{a_{n+1}-2a_n\}$ はすべての項が 1 に等しい定数数列.

$a_{n+1}-2a_n=a_2-2a_1=1$　……②

①，②より

$$\boldsymbol{a_n = 2^n - 1} \quad (n = 1, 2, 3, \cdots\cdots)$$

$$\sum_{k=1}^{n} \boldsymbol{a_k} = \sum_{k=1}^{n}(2^k - 1) = \frac{2(2^n - 1)}{2 - 1} - n$$

$$\boldsymbol{= 2^{n+1} - n - 2}$$

⬅①より $n \geqq 2$ のとき

$$a_n = 1 + \sum_{k=1}^{n-1} 2^k$$

$$= 2^n - 1$$

としてもよい．

202

(1)〔1〕 $n = 1$ のとき

$$(左辺) = 1^3 = 1 \qquad (右辺) = \frac{1}{4} \cdot 1^2 \cdot 2^2 = 1$$

であるから成り立つ．

〔2〕 $n = k$ のとき成り立つと仮定する．すなわち

$$1^3 + 2^3 + 3^3 + \cdots\cdots + k^3 = \frac{1}{4}k^2(k+1)^2$$

とする．このとき

$$1^3 + 2^3 + 3^3 + \cdots\cdots + k^3 + (k+1)^3$$

$$= \frac{1}{4}k^2(k+1)^2 + (k+1)^3 = \frac{1}{4}(k+1)^2(k+2)^2$$

であるから，$n = k + 1$ のときも成り立つ．

〔1〕,〔2〕から，すべての自然数 n について成り立つ．

(2)〔1〕 $n = 1$ のとき

$$(右辺) = 1 \qquad (左辺) = 1$$

であるから（等号が）成り立つ．

〔2〕 $n = k$ のとき成り立つと仮定する．すなわち

$$1 + \frac{1}{2} + \frac{1}{3} + \cdots\cdots + \frac{1}{k} \geqq \frac{2k}{k+1}$$

とする．このとき

$$1 + \frac{1}{2} + \frac{1}{3} + \cdots\cdots + \frac{1}{k} + \frac{1}{k+1} \geqq \frac{2k}{k+1} + \frac{1}{k+1}$$

であり

$$\frac{2k}{k+1} + \frac{1}{k+1} - \frac{2(k+1)}{k+2} = \frac{2k+1}{k+1} - \frac{2(k+1)}{k+2}$$

$$= \frac{k}{(k+1)(k+2)} > 0$$

⬅ $\dfrac{2k}{k+1} + \dfrac{1}{k+1} > \dfrac{2(k+1)}{k+2}$

よって

$$1 + \frac{1}{2} + \frac{1}{3} + \cdots\cdots + \frac{1}{k} + \frac{1}{k+1} > \frac{2(k+1)}{k+2}$$

であるから，$n=k+1$ のときも成り立つ．

〔1〕，〔2〕から，すべての自然数 n について成り立つ．

⬅等号は $n=1$ のときに限り成り立つ．

203

(1)　$a_2=2-\dfrac{1}{a_1}=\dfrac{3}{2}$，$a_3=2-\dfrac{1}{a_2}=\dfrac{4}{3}$，……

から $\boldsymbol{a_n=\dfrac{n+1}{n}}$ と推定できる．

〔1〕　$n=1$ のとき $a_1=\dfrac{1+1}{1}=2$ であるから成り立つ．

⬅数学的帰納法で証明する．

〔2〕　$n=k$ のとき $a_k=\dfrac{k+1}{k}$ と仮定すると

$$a_{k+1}=2-\frac{1}{a_k}=2-\frac{k}{k+1}=\frac{k+2}{k+1}$$

となり，$n=k+1$ のときも成り立つ．

〔1〕，〔2〕から $a_n=\dfrac{n+1}{n}$　$(n=1,2,3,\cdots\cdots)$

(2)　$a_2=\dfrac{1}{2-a_1}=\dfrac{2}{3}$，$a_3=\dfrac{1}{2-a_2}=\dfrac{3}{4}$，……

から $\boldsymbol{a_n=\dfrac{n}{n+1}}$ と推定できる．

〔1〕　$n=1$ のとき $a_1=\dfrac{1}{1+1}=\dfrac{1}{2}$ であるから成り立つ．

〔2〕　$n=k$ のとき $a_k=\dfrac{k}{k+1}$ と仮定すると

$$a_{k+1}=\frac{1}{2-a_k}=\frac{1}{2-\dfrac{k}{k+1}}=\frac{k+1}{k+2}$$

となり，$n=k+1$ のときも成り立つ．

〔1〕，〔2〕から $a_n=\dfrac{n}{n+1}$　$(n=1,2,3,\cdots\cdots)$

§24　ベクトルの演算

204

(1)　$\overrightarrow{\mathrm{ED}}=\overrightarrow{\mathrm{AB}}=\boldsymbol{\vec{a}}$

(2)　$\overrightarrow{\mathrm{AO}}=\overrightarrow{\mathrm{AB}}+\overrightarrow{\mathrm{AF}}=\boldsymbol{\vec{a}+\vec{b}}$

(3)　$\overrightarrow{\mathrm{BF}}=\overrightarrow{\mathrm{AF}}-\overrightarrow{\mathrm{AB}}=\vec{b}-\vec{a}=\boldsymbol{-\vec{a}+\vec{b}}$

(4)　$\overrightarrow{\mathrm{FC}}=2\overrightarrow{\mathrm{FO}}=\boldsymbol{2\vec{a}}$

⬅$\overrightarrow{\mathrm{FO}}=\overrightarrow{\mathrm{AB}}$

(5) $\overrightarrow{\mathrm{BD}}=\overrightarrow{\mathrm{AD}}-\overrightarrow{\mathrm{AB}}$

$=2(\vec{a}+\vec{b})-\vec{a}=\boldsymbol{\vec{a}+2\vec{b}}$　　⬅ $\overrightarrow{\mathrm{AD}}=2\overrightarrow{\mathrm{AO}}$

205

(1) (与式) $\iff$ $\vec{x}=\boldsymbol{\vec{a}+\frac{5}{2}\vec{b}}$

(2) (与式) $\iff$ $\vec{x}=\boldsymbol{\frac{1}{3}\vec{a}-\frac{1}{2}\vec{b}}$

206

(1) $\boldsymbol{(-21,-22)}$, $\boldsymbol{5\sqrt{37}}$

(2) $\boldsymbol{(1,2,-2)}$, $\boldsymbol{3}$

207

(1) $\boldsymbol{(-3,-2,-1)}$, $\boldsymbol{\sqrt{14}}$

(2) $\boldsymbol{(2,2,3)}$, $\boldsymbol{\sqrt{17}}$

(3) $\boldsymbol{(-1,-1,2)}$, $\boldsymbol{\sqrt{6}}$

208

$$\begin{cases} 6(1-p)=4q \\ 3p=2q \end{cases} \iff \begin{cases} \boldsymbol{p=\frac{1}{2}} \\ \boldsymbol{q=\frac{3}{4}} \end{cases}$$

⬅ $\vec{a}$, $\vec{b}$ は 1 次独立.

209

$\overrightarrow{\mathrm{DC}}=\overrightarrow{\mathrm{AC}}-\overrightarrow{\mathrm{AD}}=(\overrightarrow{\mathrm{AB}}+\overrightarrow{\mathrm{BC}})-\overrightarrow{\mathrm{AD}}=(a-3,-2a+1)$

$(a-3,-2a+1)=k(a,2)$　　⬅ $\overrightarrow{\mathrm{AB}}\,/\!/\,\overrightarrow{\mathrm{CD}}$ より $\overrightarrow{\mathrm{DC}}=k\overrightarrow{\mathrm{AB}}$

$$\iff \begin{cases} a-3=ka \\ -2a+1=2k \end{cases}$$

k を消去すると

$a(-2a+1)=2(a-3)$

$\iff 2a^2+a-6=0 \iff a=\boldsymbol{-2,\ \frac{3}{2}}$

⬅ $a=-2$ のとき $k=\frac{5}{2}$
$a=\frac{3}{2}$ のとき $k=-1$

210 原点を O とする．

$\overrightarrow{AB}=(1,3,4)$，$\overrightarrow{AD}=(2,-2,2)$，$\overrightarrow{AE}=(-2,-1,5)$

$\overrightarrow{OC}=\overrightarrow{OD}+\overrightarrow{DC}=\overrightarrow{OD}+\overrightarrow{AB}$

$=(4,0,5)$

$\overrightarrow{OF}=\overrightarrow{OE}+\overrightarrow{EF}=\overrightarrow{OE}+\overrightarrow{AB}$

$=(0,1,8)$

$\overrightarrow{OH}=\overrightarrow{OE}+\overrightarrow{EH}=\overrightarrow{OE}+\overrightarrow{AD}$

$=(1,-4,6)$

$\overrightarrow{OG}=\overrightarrow{OC}+\overrightarrow{CG}=\overrightarrow{OC}+\overrightarrow{AE}$

$=(2,-1,10)$

C(4, 0, 5)，F(0, 1, 8)，G(2, −1, 10)，H(1, −4, 6)

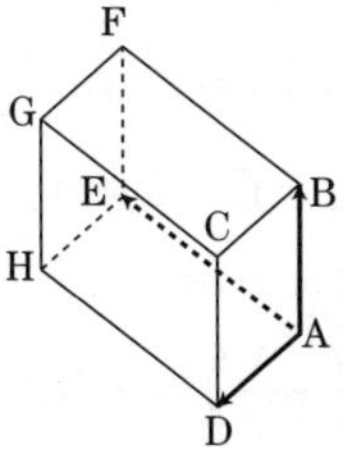

⬅ $\overrightarrow{DC}=\overrightarrow{AB}$ から C
$\overrightarrow{BF}=\overrightarrow{AE}$ から F
$\overrightarrow{DH}=\overrightarrow{AE}$ から H
を求め，
$\overrightarrow{CG}=\overrightarrow{AE}$ から G
を求めることもできる．

⬅ 四角形ABCD, ABFE, AEHD，DCGH は平行四辺形．

211

(1) $\begin{cases} 2\vec{a}-\vec{b}=(3,-1) \\ \vec{a}+3\vec{b}=(5,10) \end{cases} \iff \begin{cases} \boldsymbol{\vec{a}=(2,1)} \\ \boldsymbol{\vec{b}=(1,3)} \end{cases}$

⬅ $\vec{a}$，$\vec{b}$ について解く．

(2) $\vec{a}+\vec{b}=(3,4)$ であるから，$|\vec{a}+\vec{b}|=5$

求める単位ベクトルは

$$\pm\frac{\vec{a}+\vec{b}}{|\vec{a}+\vec{b}|}=\boldsymbol{\pm\left(\frac{3}{5},\frac{4}{5}\right)}$$

⬅ 向きを考える．

(3) $\vec{x}=k\vec{a}+\vec{b}=(2k+1,k+3)$

⬅ $\vec{x}-\vec{b}=k\vec{a}$

$|\vec{x}|=5 \iff (2k+1)^2+(k+3)^2=25$

⬅ $|\vec{x}|^2=5^2$

$\iff k^2+2k-3=0 \iff k=-3,\ 1$

$\vec{x}=\boldsymbol{(-5,0)}$，$\boldsymbol{(3,4)}$

§25　ベクトルの内積

212

(1) $\vec{a}\cdot\vec{b}=3\cdot2\cdot\cos45^\circ=\boldsymbol{3\sqrt{2}}$

(2) $\vec{a}\cdot\vec{b}=3\cdot2\cdot\cos120^\circ=\boldsymbol{-3}$

(3) $\vec{a}\cdot\vec{b}=3\cdot2\cdot\cos90^\circ=\boldsymbol{0}$

(4) $\vec{a}\cdot\vec{b}=3\cdot2\cdot\cos180^\circ=\boldsymbol{-6}$

213

(1) $\overrightarrow{\mathrm{AD}}\cdot\overrightarrow{\mathrm{BF}}=\mathbf{0}$ 　⬅ $\overrightarrow{\mathrm{AD}}\perp\overrightarrow{\mathrm{BF}}$

(2) $|\overrightarrow{\mathrm{AD}}|=2a$, $|\overrightarrow{\mathrm{BD}}|=\sqrt{3}\,a$, $\overrightarrow{\mathrm{AD}}$ と $\overrightarrow{\mathrm{BD}}$ のなす角は 30°

$$\overrightarrow{\mathrm{AD}}\cdot\overrightarrow{\mathrm{BD}}=|\overrightarrow{\mathrm{AD}}||\overrightarrow{\mathrm{BD}}|\cos 30^\circ=2a\cdot\sqrt{3}\,a\cdot\frac{\sqrt{3}}{2}=\boldsymbol{3a^2}$$

(3) $|\overrightarrow{\mathrm{AD}}|=2a$, $|\overrightarrow{\mathrm{CF}}|=2a$, $\overrightarrow{\mathrm{AD}}$ と $\overrightarrow{\mathrm{CF}}$ のなす角は 120°

$$\overrightarrow{\mathrm{AD}}\cdot\overrightarrow{\mathrm{CF}}=|\overrightarrow{\mathrm{AD}}||\overrightarrow{\mathrm{CF}}|\cos 120^\circ$$
$$=2a\cdot 2a\cdot\left(-\frac{1}{2}\right)=\boldsymbol{-2a^2}$$

(4) $|\overrightarrow{\mathrm{AC}}|=\sqrt{3}\,a$, $|\overrightarrow{\mathrm{BD}}|=\sqrt{3}\,a$, $\overrightarrow{\mathrm{AC}}$ と $\overrightarrow{\mathrm{BD}}$ のなす角は 60°

$$\overrightarrow{\mathrm{AC}}\cdot\overrightarrow{\mathrm{BD}}=|\overrightarrow{\mathrm{AC}}||\overrightarrow{\mathrm{BD}}|\cos 60^\circ=\sqrt{3}\,a\cdot\sqrt{3}\,a\cdot\frac{1}{2}=\boldsymbol{\frac{3}{2}a^2}$$

214

(1) $|\vec{a}+\vec{b}|=\sqrt{5}$

$$\iff\ |\vec{a}+\vec{b}|^2=5\ \iff\ |\vec{a}|^2+2\vec{a}\cdot\vec{b}+|\vec{b}|^2=5$$
$$\iff\ 2\vec{a}\cdot\vec{b}=-8\ \iff\ \vec{a}\cdot\vec{b}=\boldsymbol{-4}$$

⬅ $|\vec{a}|=2$, $|\vec{b}|=3$

(2) (与式) $=4|\vec{a}|^2-4\vec{a}\cdot\vec{b}+|\vec{b}|^2=16+16+9=\mathbf{41}$

(3) (与式) $=3|\vec{a}|^2+5\vec{a}\cdot\vec{b}+2|\vec{b}|^2=12-20+18=\mathbf{10}$

(4) (与式) $=\sqrt{9|\vec{a}|^2+12\vec{a}\cdot\vec{b}+4|\vec{b}|^2}$

$$=\sqrt{36-48+36}=\boldsymbol{2\sqrt{6}}$$

215

(1) $\vec{\boldsymbol{a}}\cdot\vec{\boldsymbol{b}}=1\cdot 6+3\cdot(-2)=\mathbf{0}$ 　⬅ $\cos\theta=\dfrac{\vec{a}\cdot\vec{b}}{|\vec{a}||\vec{b}|}$

$$\cos\theta=\frac{0}{\sqrt{10}\cdot 2\sqrt{10}}=0\qquad \boldsymbol{\theta=90^\circ}$$

(2) $\vec{\boldsymbol{a}}\cdot\vec{\boldsymbol{b}}=1\cdot(-3)+2\cdot(-1)=\mathbf{-5}$

$$\cos\theta=\frac{-5}{\sqrt{5}\cdot\sqrt{10}}=-\frac{1}{\sqrt{2}}\qquad \boldsymbol{\theta=135^\circ}$$

(3) $\vec{\boldsymbol{a}}\cdot\vec{\boldsymbol{b}}=2\cdot(1+\sqrt{3})+2\cdot(-1+\sqrt{3})=\boldsymbol{4\sqrt{3}}$

$$\cos\theta=\frac{4\sqrt{3}}{2\sqrt{2}\cdot 2\sqrt{2}}=\frac{\sqrt{3}}{2}\qquad \boldsymbol{\theta=30^\circ}$$

(4) $\vec{\boldsymbol{a}}\cdot\vec{\boldsymbol{b}}=1\cdot 1+1\cdot(-1)+2\cdot\sqrt{6}=\boldsymbol{2\sqrt{6}}$

$$\cos\theta = \frac{2\sqrt{6}}{\sqrt{6}\cdot 2\sqrt{2}} = \frac{1}{\sqrt{2}} \qquad \boldsymbol{\theta = 45^\circ}$$

(5) $\overrightarrow{\boldsymbol{a}} \cdot \overrightarrow{\boldsymbol{b}} = 1\cdot(-4) + (-1)\cdot 4 + (-2)\cdot 8 = \boldsymbol{-24}$

$$\cos\theta = \frac{-24}{\sqrt{6}\cdot 4\sqrt{6}} = -1 \qquad \boldsymbol{\theta = 180^\circ}$$

⬅ $\overrightarrow{b} = -4\overrightarrow{a}$

216

(1) 平行　$2\cdot 1 - k\cdot k = 0 \iff k = \boldsymbol{\pm\sqrt{2}}$

垂直　$2\cdot k + k\cdot 1 = 0 \iff k = \boldsymbol{0}$

(2) 平行　$k\cdot 2 - (k-1)\cdot(2k+1) = 0 \iff 2k^2 - 3k - 1 = 0$

$$\iff k = \boldsymbol{\frac{3\pm\sqrt{17}}{4}}$$

垂直　$k\cdot(2k+1) + (k-1)\cdot 2 = 0 \iff 2k^2 + 3k - 2 = 0$

$$\iff k = \boldsymbol{\frac{1}{2}},\ \boldsymbol{-2}$$

⬅いずれの場合も $\overrightarrow{a} \neq \overrightarrow{0}$, $\overrightarrow{b} \neq \overrightarrow{0}$

217

(1) $\overrightarrow{p} = (t+2, 3t-1, -4t+3)$ より

$$|\overrightarrow{p}|^2 = (t+2)^2 + (3t-1)^2 + (-4t+3)^2$$

$$= 26t^2 - 26t + 14 = 26\left(t - \frac{1}{2}\right)^2 + \frac{15}{2}$$

⬅ $|\overrightarrow{p}|^2$ の最小値を調べる．

$\boldsymbol{t = \frac{1}{2}}$ **のとき最小値** $\boldsymbol{\frac{\sqrt{30}}{2}}$

(2) $\overrightarrow{p} = (t+2, 2t+1, -t+1)$ より

$$|\overrightarrow{p}|^2 = (t+2)^2 + (2t+1)^2 + (-t+1)^2$$

$$= 6t^2 + 6t + 6 = 6\left(t + \frac{1}{2}\right)^2 + \frac{9}{2}$$

$\boldsymbol{t = -\frac{1}{2}}$ **のとき最小値** $\boldsymbol{\frac{3\sqrt{2}}{2}}$

218

求めるベクトルを $\overrightarrow{p} = (x, y, z)$ とする．

$$\begin{cases} \overrightarrow{a}\cdot\overrightarrow{p} = 0 \\ \overrightarrow{b}\cdot\overrightarrow{p} = 0 \end{cases} \iff \begin{cases} x + 2z = 0 \\ -x + y + z = 0 \end{cases} \iff \begin{cases} x = -2z \\ y = -3z \end{cases}$$

$$|\overrightarrow{p}| = \sqrt{14} \iff x^2 + y^2 + z^2 = 14$$

ゆえに　$14z^2 = 14 \iff z = \pm 1$

$\boldsymbol{(2, 3, -1)}$，$\boldsymbol{(-2, -3, 1)}$

219 $\overrightarrow{a}$，$\overrightarrow{b}$ のなす角を θ とする．

(1) $|\overrightarrow{a} - \overrightarrow{b}|^2 = |\overrightarrow{a}|^2 - 2\overrightarrow{a}\cdot\overrightarrow{b} + |\overrightarrow{b}|^2 = 3$ より $\overrightarrow{a}\cdot\overrightarrow{b} = -\dfrac{1}{2}$

$\cos\theta = -\dfrac{1}{2}$　　$\theta = \mathbf{120^\circ}$

(2) $|2\overrightarrow{a} - \overrightarrow{b}|^2 = 4|\overrightarrow{a}|^2 - 4\overrightarrow{a}\cdot\overrightarrow{b} + |\overrightarrow{b}|^2 = 13$ より $\overrightarrow{a}\cdot\overrightarrow{b} = 0$

$\cos\theta = 0$　　$\theta = \mathbf{90^\circ}$

(3) $(3\overrightarrow{a} - 2\overrightarrow{b})\cdot(15\overrightarrow{a} + 4\overrightarrow{b}) = 0$

$\iff 45|\overrightarrow{a}|^2 - 18\overrightarrow{a}\cdot\overrightarrow{b} - 8|\overrightarrow{b}|^2 = 0$

$3|\overrightarrow{a}| = |\overrightarrow{b}|$ より $\overrightarrow{a}\cdot\overrightarrow{b} = -\dfrac{3}{2}|\overrightarrow{a}|^2$

$$\cos\theta = \frac{-\dfrac{3}{2}|\overrightarrow{a}|^2}{3|\overrightarrow{a}|^2} = -\frac{1}{2} \qquad \theta = \mathbf{120^\circ}$$

220

(1) $-a + 4 = \dfrac{1}{2}\cdot\sqrt{6}\sqrt{a^2+5}$

$\iff 2(-a+4)^2 = 3(a^2+5),\quad a < 4$

$\iff a^2 + 16a - 17 = 0,\quad a < 4$

$\iff a = \mathbf{-17},\quad \mathbf{1}$

← $\overrightarrow{a}\cdot\overrightarrow{b} = |\overrightarrow{a}||\overrightarrow{b}|\cos 60^\circ$

← (右辺) > 0 より $-a + 4 > 0$

(2) $3a - 4 = -\dfrac{1}{2}\cdot\sqrt{14}\sqrt{a^2+13}$

$\iff 2(3a-4)^2 = 7(a^2+13),\quad 3a - 4 < 0$

$\iff 11a^2 - 48a - 59 = 0,\quad 3a - 4 < 0$

$\iff a = \mathbf{-1}$

← $\overrightarrow{a}\cdot\overrightarrow{b} = |\overrightarrow{a}||\overrightarrow{b}|\cos 120^\circ$

← (右辺) < 0 より $3a - 4 < 0$

221

(1) $|\overrightarrow{a} + \overrightarrow{b}|^2 = |\overrightarrow{a}|^2 + 2\overrightarrow{a}\cdot\overrightarrow{b} + |\overrightarrow{b}|^2 = 9$

$\boldsymbol{|\overrightarrow{a} + \overrightarrow{b}| = 3}$

$|\overrightarrow{a} - \overrightarrow{b}|^2 = |\overrightarrow{a}|^2 - 2\overrightarrow{a}\cdot\overrightarrow{b} + |\overrightarrow{b}|^2 = 1$

$\boldsymbol{|\overrightarrow{a} - \overrightarrow{b}| = 1}$

(2) $\overrightarrow{a}\cdot\overrightarrow{b} = |\overrightarrow{a}||\overrightarrow{b}|\cos 60^\circ = |\overrightarrow{a}|^2$ より

$$|\vec{a}-\vec{b}|^2=|\vec{a}|^2-2\vec{a}\cdot\vec{b}+|\vec{b}|^2=3|\vec{a}|^2=3$$

ゆえに $|\vec{a}|=1$, $|\vec{b}|=2$, $\vec{a}\cdot\vec{b}=1$ であるから

$$|\vec{a}+\vec{b}|^2=|\vec{a}|^2+2\vec{a}\cdot\vec{b}+|\vec{b}|^2=7$$

$$|\vec{a}+\vec{b}|=\boldsymbol{\sqrt{7}}$$

(3) $|2\vec{a}+\vec{b}|=3\sqrt{2}$

$$\iff\quad 4|\vec{a}|^2+4\vec{a}\cdot\vec{b}+|\vec{b}|^2=18 \qquad \cdots\cdots①$$

$$|\vec{a}-2\vec{b}|=2\sqrt{3}$$

$$\iff\quad |\vec{a}|^2-4\vec{a}\cdot\vec{b}+4|\vec{b}|^2=12 \qquad \cdots\cdots②$$

$$(2\vec{a}+\vec{b})\cdot(\vec{a}-2\vec{b})=4$$

$$\iff\quad 2|\vec{a}|^2-3\vec{a}\cdot\vec{b}-2|\vec{b}|^2=4 \qquad \cdots\cdots③$$

①, ②, ③より

⬅ $\vec{a}\cdot\vec{b}$ を消去する.

$$\begin{cases}|\vec{a}|^2+|\vec{b}|^2=6\\ 4|\vec{a}|^2-|\vec{b}|^2=14\end{cases}\iff\quad |\vec{a}|^2=4,\ |\vec{b}|^2=2$$

$$|\vec{a}|=\mathbf{2},\ |\vec{b}|=\boldsymbol{\sqrt{2}}$$

⬅ このとき $\vec{a}\cdot\vec{b}=0$

§26　平面ベクトルと図形

222

(1) $\overrightarrow{AD}=\dfrac{\mathbf{2\vec{b}+\vec{c}}}{\mathbf{3}}$

(2) $\overrightarrow{AE}=\mathbf{3\vec{b}-2\vec{c}}$

(3) $\overrightarrow{AG}=\dfrac{\mathbf{\vec{b}+\vec{c}}}{\mathbf{3}}$

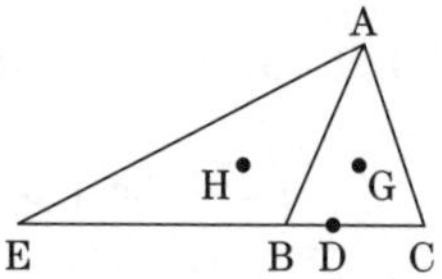

(4) $\overrightarrow{AH}=\dfrac{\overrightarrow{AD}+\overrightarrow{AE}}{3}=\dfrac{\mathbf{11\vec{b}-5\vec{c}}}{\mathbf{9}}$

(5) $\overrightarrow{GH}=\overrightarrow{AH}-\overrightarrow{AG}=\dfrac{8}{9}\vec{b}-\dfrac{8}{9}\vec{c}=\dfrac{\mathbf{8}}{\mathbf{9}}\mathbf{(\vec{b}-\vec{c})}$

⬅ GH // BC
GH : BC = 8 : 9 がわかる.

223

(1) (i) $\overrightarrow{OC}=\dfrac{\vec{a}}{\mathbf{2}}$

(ii) $\overrightarrow{OE}=\dfrac{\vec{b}}{\mathbf{4}}$

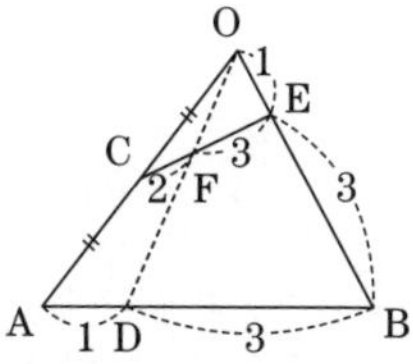

(iii)　$\overrightarrow{\mathrm{OD}} = \dfrac{\boldsymbol{3\vec{a} + \vec{b}}}{\boldsymbol{4}}$

(iv)　$\overrightarrow{\mathrm{OF}} = \dfrac{3\overrightarrow{\mathrm{OC}} + 2\overrightarrow{\mathrm{OE}}}{5} = \dfrac{\boldsymbol{3\vec{a} + \vec{b}}}{\boldsymbol{10}}$

(2)　$\overrightarrow{\mathrm{OF}} = \dfrac{2}{5}\overrightarrow{\mathrm{OD}}$　よって 3 点 O，F，D は一直線上にある．

⬅(1) より．

224

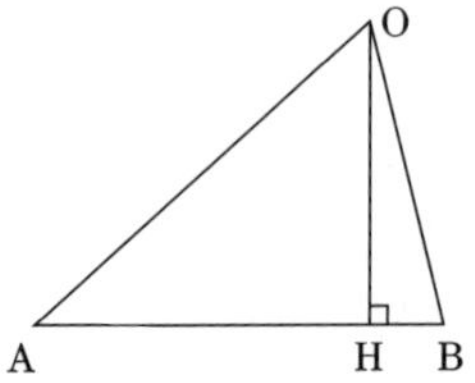

(1)　$\overrightarrow{\mathrm{OA}} \cdot \overrightarrow{\mathrm{OB}} = 3 \cdot 2 \cdot \cos 60^\circ = \mathbf{3}$

⬅$\overrightarrow{\mathrm{OA}} \cdot \overrightarrow{\mathrm{OB}}$
$= |\overrightarrow{\mathrm{OA}}|\,|\overrightarrow{\mathrm{OB}}| \cos \angle\mathrm{AOB}$

(2)　$\overrightarrow{\mathrm{OH}} = (1-t)\overrightarrow{\mathrm{OA}} + t\overrightarrow{\mathrm{OB}}$ とおく．

⬅AB 上の点は $(1-t)\overrightarrow{\mathrm{OA}} + t\overrightarrow{\mathrm{OB}}$ と表すことができる．

OH ⊥ AB より

$$((1-t)\overrightarrow{\mathrm{OA}} + t\overrightarrow{\mathrm{OB}}) \cdot (\overrightarrow{\mathrm{OB}} - \overrightarrow{\mathrm{OA}}) = 0$$

$$\iff \quad -(1-t)|\overrightarrow{\mathrm{OA}}|^2 + t|\overrightarrow{\mathrm{OB}}|^2 + (1-2t)\overrightarrow{\mathrm{OA}} \cdot \overrightarrow{\mathrm{OB}} = 0$$

⬅$|\overrightarrow{\mathrm{OA}}|^2 = 9$
$|\overrightarrow{\mathrm{OB}}|^2 = 4$

$$\iff \quad t = \frac{6}{7}$$

$$\overrightarrow{\mathrm{OH}} = \frac{\boldsymbol{\overrightarrow{\mathrm{OA}} + 6\overrightarrow{\mathrm{OB}}}}{\boldsymbol{7}}$$

225　求める図形上の点を P(x, y) とする．

(1)　$(x, y) = (1, 2) + t(-1, 3) \quad \iff \quad \begin{cases} x = -t + 1 \\ y = 3t + 2 \end{cases}$

$\boldsymbol{y = -3x + 5}$

⬅t を消去する．

(2)　$\overrightarrow{\mathrm{BP}} = (x+3, y+2)$ であり，$\overrightarrow{\mathrm{BP}} \perp \vec{u}$ より

$\overrightarrow{\mathrm{BP}} \cdot \vec{u} = 0 \quad \iff \quad -(x+3) + 3(y+2) = 0$

$\boldsymbol{y = \dfrac{1}{3}x - 1}$

(3)　$\overrightarrow{\mathrm{OP}} = (1-t)\overrightarrow{\mathrm{OA}} + t\overrightarrow{\mathrm{OB}}$ より

⬅$\overrightarrow{\mathrm{OP}} = \overrightarrow{\mathrm{OA}} + t\overrightarrow{\mathrm{AB}}$
$= (1, 2) + t(-4, -4)$
としてもよい．

$(x, y) = (1-t)(1, 2) + t(-3, -2) \quad \iff \quad \begin{cases} x = -4t + 1 \\ y = -4t + 2 \end{cases}$

$\boldsymbol{y = x + 1}$

(4) 線分 AB の中点 M の座標は $(-1,0)$ であり

$\overrightarrow{\mathrm{MP}}=(x+1,y)$, $\overrightarrow{\mathrm{AB}}=(-4,-4)$, $\overrightarrow{\mathrm{MP}}\perp\overrightarrow{\mathrm{AB}}$ より

$$\overrightarrow{\mathrm{MP}}\cdot\overrightarrow{\mathrm{AB}}=0 \iff -4(x+1)-4y=0$$

$$\boldsymbol{y=-x-1}$$

⬅ $\mathrm{PA}=\mathrm{PB}$ $\iff (x-1)^2+(y-2)^2=(x+3)^2+(y+2)^2$ でも求められる．

(5) $|\overrightarrow{\mathrm{AP}}|=|\overrightarrow{\mathrm{AB}}| \iff |\overrightarrow{\mathrm{AP}}|^2=|\overrightarrow{\mathrm{AB}}|^2$

$$\iff \boldsymbol{(x-1)^2+(y-2)^2=32}$$

⬅半径は $|\overrightarrow{\mathrm{AB}}|=4\sqrt{2}$

(6) $\overrightarrow{\mathrm{AP}}=(x-1,y-2)$, $\overrightarrow{\mathrm{BP}}=(x+3,y+2)$

P ≒ A, B のとき $\angle\mathrm{APB}=90^\circ$, P = A, B のときも合わせて

$$\overrightarrow{\mathrm{AP}}\cdot\overrightarrow{\mathrm{BP}}=0 \iff (x-1)(x+3)+(y-2)(y+2)=0$$

$$\boldsymbol{(x+1)^2+y^2=8}$$

226 P は BC, AD 上の点であるから

$$\overrightarrow{\mathrm{OP}}=(1-\alpha)\overrightarrow{\mathrm{OB}}+\alpha\overrightarrow{\mathrm{OC}}=\alpha\cdot\frac{3}{5}\vec{a}+(1-\alpha)\vec{b}$$

$$\overrightarrow{\mathrm{OP}}=(1-\beta)\overrightarrow{\mathrm{OA}}+\beta\overrightarrow{\mathrm{OD}}=(1-\beta)\vec{a}+\beta\cdot\frac{5}{6}\vec{b}$$

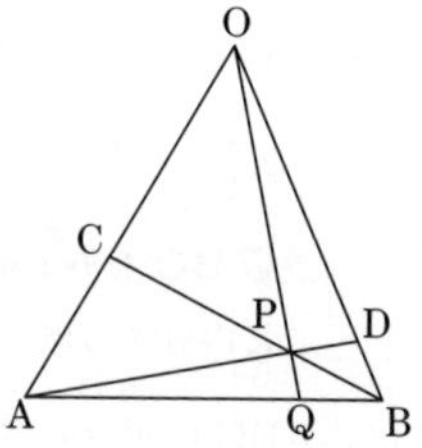

とかけて，$\overrightarrow{\mathrm{OA}}\neq\vec{0}$, $\overrightarrow{\mathrm{OB}}\neq\vec{0}$, $\overrightarrow{\mathrm{OA}}\not\parallel\overrightarrow{\mathrm{OB}}$ から

$$\begin{cases}\frac{3}{5}\alpha=1-\beta\\ 1-\alpha=\frac{5}{6}\beta\end{cases} \iff \begin{cases}\alpha=\frac{1}{3}\\ \beta=\frac{4}{5}\end{cases}$$

$$\boldsymbol{\overrightarrow{\mathrm{OP}}=\frac{1}{5}\vec{a}+\frac{2}{3}\vec{b}}$$

$$\overrightarrow{\mathrm{OQ}}=k\overrightarrow{\mathrm{OP}}=\frac{k}{5}\vec{a}+\frac{2}{3}k\vec{b}$$

⬅ Q は直線 OP 上の点.

$$\overrightarrow{\mathrm{OQ}}=(1-l)\overrightarrow{\mathrm{OA}}+l\overrightarrow{\mathrm{OB}}=(1-l)\vec{a}+l\vec{b}$$

⬅ Q は直線 AB 上の点.

とかけるから

$$\begin{cases}\frac{k}{5}=1-l\\ \frac{2}{3}k=l\end{cases} \iff \begin{cases}k=\frac{15}{13}\\ l=\frac{10}{13}\end{cases}$$

$$\boldsymbol{\overrightarrow{\mathrm{OQ}}=\frac{3}{13}\vec{a}+\frac{10}{13}\vec{b}}$$

227

(1) (与式) $\iff \overrightarrow{\mathrm{AP}}=(\overrightarrow{\mathrm{AB}}-\overrightarrow{\mathrm{AP}})+(\overrightarrow{\mathrm{AC}}-\overrightarrow{\mathrm{AP}})$

⬅始点を A に揃える.

$$\iff \quad \overrightarrow{AP} = \frac{\overrightarrow{AB}+\overrightarrow{AC}}{3}$$

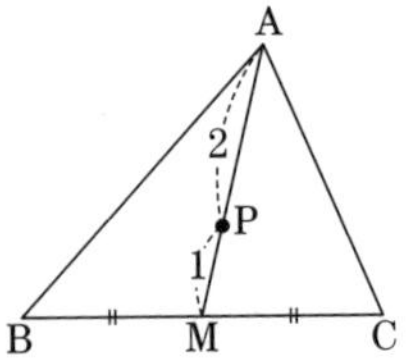

辺 BC の中点を M とすると

$$\overrightarrow{AM} = \frac{\overrightarrow{AB}+\overrightarrow{AC}}{2},\ \overrightarrow{AP} = \frac{2}{3}\overrightarrow{AM}$$

△ABC の重心

⬅ P は中線 AM を 2 : 1 に内分する．

△ABC の面積を S とすると $\triangle PBC = \frac{1}{3}S$

また $\triangle PCA = \frac{2}{3}\triangle ACM = \frac{2}{3}\cdot\frac{1}{2}S = \frac{1}{3}S$

$$\triangle PAB = \frac{2}{3}\triangle ABM = \frac{2}{3}\cdot\frac{1}{2}\cdot S = \frac{1}{3}S$$

△PBC : △PCA : △PAB = **1 : 1 : 1**

(2)　(与式)　$\iff \quad 3\overrightarrow{AP} + 4(\overrightarrow{AP}-\overrightarrow{AB}) + 5(\overrightarrow{AP}-\overrightarrow{AC}) = 0$

$$\iff \quad \overrightarrow{AP} = \frac{4\overrightarrow{AB}+5\overrightarrow{AC}}{12}$$

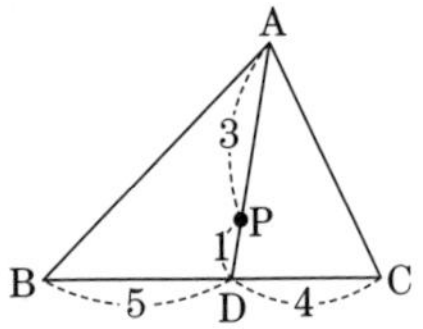

辺 BC を 5 : 4 に内分する点を D とすると

$$\overrightarrow{AD} = \frac{4\overrightarrow{AB}+5\overrightarrow{AC}}{9},\ \overrightarrow{AP} = \frac{3}{4}\overrightarrow{AD}$$

辺 BC を 5 : 4 に内分する点を D として，線分 AD を 3 : 1 に内分する点

⬅ B や C を始点に揃えると別の表現になる．

△ABC の面積を S とすると $\triangle PBC = \frac{1}{4}S$

$$\triangle PCA = \frac{3}{4}\triangle ACD = \frac{3}{4}\cdot\frac{4}{9}S = \frac{1}{3}S$$

$$\triangle PAB = \frac{3}{4}\triangle ABD = \frac{3}{4}\cdot\frac{5}{9}S = \frac{5}{12}S$$

△PBC : △PCA : △PAB $= \frac{1}{4}S : \frac{1}{3}S : \frac{5}{12}S =$ **3 : 4 : 5**

228

(1)　$\overrightarrow{OP} = s\overrightarrow{OA} + t\overrightarrow{OB} = s\overrightarrow{OA} + 2t\cdot\frac{1}{2}\overrightarrow{OB}$

OB の中点を B′ とし，$2t = u$ とおく．

$\overrightarrow{OP} = s\overrightarrow{OA} + u\overrightarrow{OB'},\ s+u=1,\ s \geqq 0$

$\overrightarrow{OP} = s\overrightarrow{OA} + (1-s)\overrightarrow{OB'} \quad \iff \quad \overrightarrow{B'P} = s\overrightarrow{B'A}$

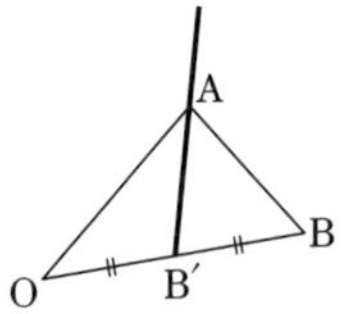

s は $s \geqq 0$ の範囲で変化する．

OB の中点を B′ とするとき，B′を始点とする半直線 B′A（点 **B′** を含む）

(2) $\overrightarrow{\mathrm{OP}} = 3s \cdot \dfrac{1}{3}\overrightarrow{\mathrm{OA}} + 2t \cdot \dfrac{1}{2}\overrightarrow{\mathrm{OB}}$

OA を 1:2 に内分する点を A′，OB の中点を B′ とし，$3s = u$，$2t = v$ とおく．

$\overrightarrow{\mathrm{OP}} = u\overrightarrow{\mathrm{OA'}} + v\overrightarrow{\mathrm{OB'}}$，$u + v = 1$，$u \geqq 0$，$v \geqq 0$

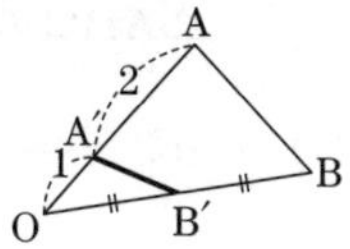

OA を 1 : 2 に内分する点を A′，OB の中点を B′ とするとき，線分 A′B′（両端を含む）

(3) $s + t = k$ とおく．

$s = t = 0$ のとき $k = 0$ で $\mathrm{P} = \mathrm{O}$

$s \neq 0$ または $t \neq 0$ のとき $0 < k \leqq 1$

$\overrightarrow{\mathrm{OA'}} = k\overrightarrow{\mathrm{OA}}$，$\overrightarrow{\mathrm{OB'}} = k\overrightarrow{\mathrm{OB}}$ となる点をそれぞれ A′，B′ とする．

$\overrightarrow{\mathrm{OP}} = \dfrac{s}{k}\overrightarrow{\mathrm{OA'}} + \dfrac{t}{k}\overrightarrow{\mathrm{OB'}}$

$\dfrac{s}{k} = u$，$\dfrac{t}{k} = v$ とおくと

$u + v = 1$，$u \geqq 0$，$v \geqq 0$

P は線分 A′B′ 上を動く．

A′B′ は $0 < k < 1$ のとき A′B′ $/\!/$ AB を保ちながら △OAB の内部を動く．

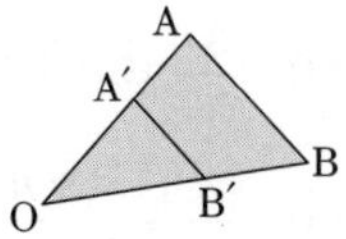

$k = 1$ のとき A′B′ = AB

△OAB の周と内部

229 $2\overrightarrow{\mathrm{AP}} + 3\overrightarrow{\mathrm{BP}} = 2(\overrightarrow{\mathrm{OP}} - \overrightarrow{\mathrm{OA}}) + 3(\overrightarrow{\mathrm{OP}} - \overrightarrow{\mathrm{OB}})$

$= 5\overrightarrow{\mathrm{OP}} - 5\left(\dfrac{2\overrightarrow{\mathrm{OA}} + 3\overrightarrow{\mathrm{OB}}}{5}\right)$

⬅点 O を始点とする．

線分 AB を 3:2 に内分する点を C とすると

$2\overrightarrow{\mathrm{AP}} + 3\overrightarrow{\mathrm{BP}} = 5(\overrightarrow{\mathrm{OP}} - \overrightarrow{\mathrm{OC}}) = 5\overrightarrow{\mathrm{CP}}$

⬅$\overrightarrow{\mathrm{OC}} = \dfrac{2\overrightarrow{\mathrm{OA}} + 3\overrightarrow{\mathrm{OB}}}{5}$

(与式) $\iff$ $|\overrightarrow{\mathrm{CP}}| = 1$

線分 AB を 3 : 2 に内分する点が中心で，半径 1 の円周

⬅P は円周上をくまなく動く．

230

(1) $\overrightarrow{\mathrm{PA}} + \overrightarrow{\mathrm{PB}} + \overrightarrow{\mathrm{PC}} = (\overrightarrow{\mathrm{OA}} - \overrightarrow{\mathrm{OP}}) + (\overrightarrow{\mathrm{OB}} - \overrightarrow{\mathrm{OP}}) + (\overrightarrow{\mathrm{OC}} - \overrightarrow{\mathrm{OP}})$

$= 3\left(\dfrac{\overrightarrow{\mathrm{OA}} + \overrightarrow{\mathrm{OB}} + \overrightarrow{\mathrm{OC}}}{3} - \overrightarrow{\mathrm{OP}}\right)$

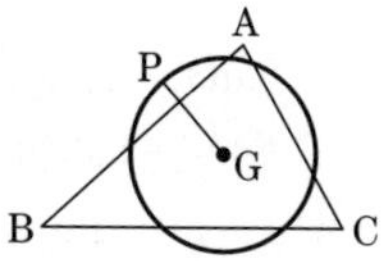

△ABC の重心を G とすると

(与式) $\iff$ $|3(\overrightarrow{OG}-\overrightarrow{OP})|=3$ $\iff$ $|\overrightarrow{PG}|=1$

△ABC の重心が中心で，半径 1 の円周

← $\overrightarrow{OG}=\dfrac{\overrightarrow{OA}+\overrightarrow{OB}+\overrightarrow{OC}}{3}$

(2) (与式) $\iff$ $(\overrightarrow{AB}-\overrightarrow{AC})\cdot\overrightarrow{AP}=0$ $\iff$ $\overrightarrow{CB}\cdot\overrightarrow{AP}=0$

$\iff$ $\overrightarrow{AP}=\vec{0}$ または $\overrightarrow{AP}\perp\overrightarrow{CB}$

点 **A** を通り **BC** に垂直な直線

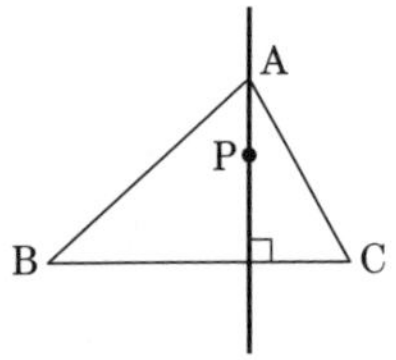

§27　空間ベクトルと図形

231

(1) $\overrightarrow{OG}=\dfrac{\overrightarrow{OA}+\overrightarrow{OB}+\overrightarrow{OC}}{3}=\dfrac{1}{3}\cdot(6,3,3)=\mathbf{(2,1,1)}$

(2) $\overrightarrow{OH}=\dfrac{\overrightarrow{OA}+\overrightarrow{OB}}{3}=\dfrac{1}{3}\cdot(5,-2,4)=\left(\mathbf{\dfrac{5}{3},-\dfrac{2}{3},\dfrac{4}{3}}\right)$

← $\overrightarrow{OA}=(3,0,-1)$
$\overrightarrow{OB}=(2,-2,5)$
$\overrightarrow{OC}=(1,5,-1)$

(3) $\dfrac{3}{2}\overrightarrow{OG}=\left(\mathbf{3,\dfrac{3}{2},\dfrac{3}{2}}\right)$

(4) $\dfrac{2\overrightarrow{OC}+3\overrightarrow{OH}}{5}=\dfrac{1}{5}\cdot\{(2,10,-2)+(5,-2,4)\}=\left(\mathbf{\dfrac{7}{5},\dfrac{8}{5},\dfrac{2}{5}}\right)$

232

(1) $\boldsymbol{\dfrac{x-2}{4}=\dfrac{y+3}{2}=\dfrac{z-5}{-1}}$

(2) $(-6,5,6)$ に平行な直線であるから

$$\boldsymbol{\frac{x-1}{-6}=\frac{y-2}{5}=\frac{z-3}{6}}$$

← $\dfrac{z-5}{-1}=5-z$ でもよい．他にもいろいろな表現ができる．たとえば
$\begin{cases} x=-4z+22 \\ y=-2z+7 \end{cases}$
など．(2) も同様．

233

(1) $2(x+1)-(y-0)+(z-3)=0$

$\iff$ $\boldsymbol{2x-y+z-1=0}$

(2) $(1,1,-1)$ を通る平面は

$$a(x-1)+b(y-1)+c(z+1)=0$$

これが $(-1,3,3)$，$(1,5,0)$ を通るから

← $ax+by+cz+d=0$ として与えられた 3 点を通ることから求めることもできる．

$$\begin{cases} a(-1-1)+b(3-1)+c(3+1)=0 \\ a(1-1)+b(5-1)+c(0+1)=0 \end{cases}$$

$$\iff \begin{cases} a-b-2c=0 \\ 4b+c=0 \end{cases} \iff \begin{cases} a=-7b \\ c=-4b \end{cases}$$

$$-7(x-1)+(y-1)-4(z+1)=0$$

←$b \neq 0$ としてよい.

$$\iff \boldsymbol{7x-y+4z-2=0}$$

234

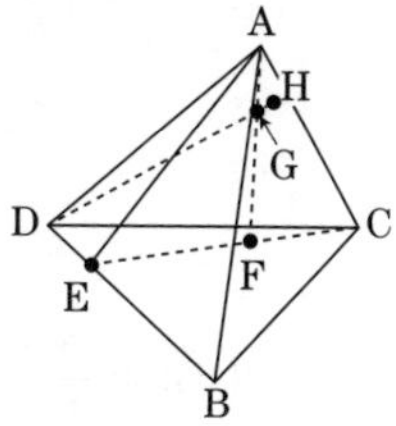

(1) $\overrightarrow{\mathrm{AE}}=\dfrac{3\overrightarrow{\mathrm{AD}}+\overrightarrow{\mathrm{AB}}}{4}=\dfrac{1}{4}\vec{b}+\dfrac{3}{4}\vec{d}$ より

$$\overrightarrow{\mathrm{AF}}=\frac{2\overrightarrow{\mathrm{AE}}+3\overrightarrow{\mathrm{AC}}}{5}=\boldsymbol{\frac{1}{10}\vec{b}+\frac{3}{5}\vec{c}+\frac{3}{10}\vec{d}}$$

(2) $\overrightarrow{\mathrm{DG}}=\overrightarrow{\mathrm{AG}}-\overrightarrow{\mathrm{AD}}=\dfrac{1}{3}\overrightarrow{\mathrm{AF}}-\overrightarrow{\mathrm{AD}}$

$$=\frac{1}{30}\vec{b}+\frac{1}{5}\vec{c}-\frac{9}{10}\vec{d}$$

←(1) より.

$\overrightarrow{\mathrm{DH}}=k\overrightarrow{\mathrm{DG}}$ とおけるから

$$\overrightarrow{\mathrm{AH}}=\overrightarrow{\mathrm{AD}}+\overrightarrow{\mathrm{DH}}=\frac{k}{30}\vec{b}+\frac{k}{5}\vec{c}+\left(1-\frac{9}{10}k\right)\vec{d}$$

$$1-\frac{9}{10}k=0 \iff k=\frac{10}{9}$$

←H は平面 ABC 上の点.

$$\overrightarrow{\mathrm{DH}}=\frac{1}{27}\vec{b}+\frac{2}{9}\vec{c}-\vec{d},\quad \mathrm{DG}:\mathrm{GH}=\boldsymbol{9:1}$$

←$\overrightarrow{\mathrm{DH}}=k\overrightarrow{\mathrm{DG}}$

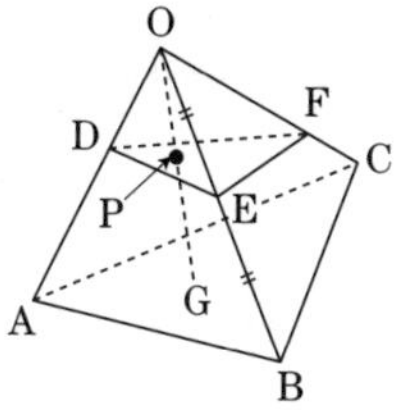

235

$\overrightarrow{\mathrm{OD}}=\dfrac{2}{5}\overrightarrow{\mathrm{OA}},\ \overrightarrow{\mathrm{OE}}=\dfrac{1}{2}\overrightarrow{\mathrm{OB}},\ \overrightarrow{\mathrm{OF}}=\dfrac{3}{4}\overrightarrow{\mathrm{OC}}$

であるから

$$\overrightarrow{\mathrm{OP}}=k\overrightarrow{\mathrm{OG}}=\frac{k}{3}(\overrightarrow{\mathrm{OA}}+\overrightarrow{\mathrm{OB}}+\overrightarrow{\mathrm{OC}})$$

←$\overrightarrow{\mathrm{OG}}=\dfrac{1}{3}(\overrightarrow{\mathrm{OA}}+\overrightarrow{\mathrm{OB}}+\overrightarrow{\mathrm{OC}})$

$$=\frac{5}{6}k\overrightarrow{\mathrm{OD}}+\frac{2}{3}k\overrightarrow{\mathrm{OE}}+\frac{4}{9}k\overrightarrow{\mathrm{OF}}$$

$$\frac{5}{6}k+\frac{2}{3}k+\frac{4}{9}k=1 \iff k=\frac{18}{35}$$

←P は D, E, F を含む平面上にある.

$$\overrightarrow{\mathrm{OP}} = \frac{\mathbf{6}}{\mathbf{35}}(\overrightarrow{\mathbf{OA}} + \overrightarrow{\mathbf{OB}} + \overrightarrow{\mathbf{OC}})$$

236 $\overrightarrow{\mathrm{OA}} = \vec{a}$，$\overrightarrow{\mathrm{OB}} = \vec{b}$，$\overrightarrow{\mathrm{OC}} = \vec{c}$ とおく．

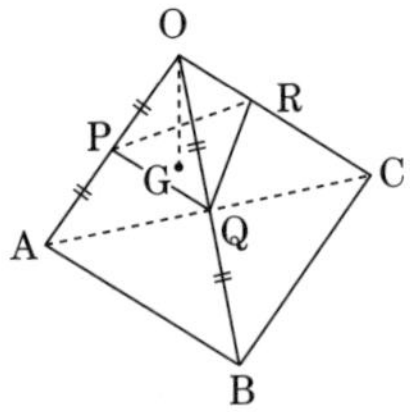

(1) $\overrightarrow{\mathrm{OP}} = \frac{1}{2}\vec{a}$，$\overrightarrow{\mathrm{OQ}} = \frac{1}{2}\vec{b}$，$\overrightarrow{\mathrm{OR}} = \frac{3}{8}\vec{c}$ であるから

$$\overrightarrow{\mathrm{OG}} = \frac{\overrightarrow{\mathrm{OP}} + \overrightarrow{\mathrm{OQ}} + \overrightarrow{\mathrm{OR}}}{3} = \frac{1}{6}\vec{a} + \frac{1}{6}\vec{b} + \frac{1}{8}\vec{c}$$

$$|\overrightarrow{\mathrm{OG}}|^2 = \left|\frac{1}{6}\vec{a} + \frac{1}{6}\vec{b} + \frac{1}{8}\vec{c}\right|^2$$

$$= \frac{1}{36}|\vec{a}|^2 + \frac{1}{36}|\vec{b}|^2 + \frac{1}{64}|\vec{c}|^2$$

$$+ \frac{1}{18}\vec{a}\cdot\vec{b} + \frac{1}{24}\vec{b}\cdot\vec{c} + \frac{1}{24}\vec{c}\cdot\vec{a} = \frac{9}{64}$$

⬅ $|\vec{a}| = |\vec{b}| = |\vec{c}| = 1$，$\vec{a}\cdot\vec{b} = \vec{b}\cdot\vec{c} = \vec{c}\cdot\vec{a} = \frac{1}{2}$

$$|\overrightarrow{\mathrm{OG}}| = \frac{\mathbf{3}}{\mathbf{8}}$$

(2) $\overrightarrow{\mathrm{OA}}\cdot\overrightarrow{\mathrm{OG}} = \vec{a}\cdot\left(\frac{1}{6}\vec{a} + \frac{1}{6}\vec{b} + \frac{1}{8}\vec{c}\right)$

$$= \frac{1}{6} + \frac{1}{12} + \frac{1}{16} = \frac{5}{16}$$

$$\cos\angle\mathrm{AOG} = \frac{\overrightarrow{\mathrm{OA}}\cdot\overrightarrow{\mathrm{OG}}}{|\overrightarrow{\mathrm{OA}}|\cdot|\overrightarrow{\mathrm{OG}}|} = \frac{\frac{5}{16}}{1\cdot\frac{3}{8}} = \frac{\mathbf{5}}{\mathbf{6}}$$

237 $\angle\mathrm{BAC} = \theta$ とおく．

(1) $\overrightarrow{\mathrm{AB}} = (-2, 1, -1)$，$\overrightarrow{\mathrm{AC}} = (-1, -1, 1)$ より

$$\boldsymbol{\cos\theta} = \frac{0}{\sqrt{6}\cdot\sqrt{3}} = \mathbf{0},\ \theta = 90^\circ$$

$$\boldsymbol{\triangle\mathrm{ABC}} = \frac{1}{2}|\overrightarrow{\mathrm{AB}}||\overrightarrow{\mathrm{AC}}| = \frac{1}{2}\sqrt{6}\cdot\sqrt{3} = \frac{\mathbf{3\sqrt{2}}}{\mathbf{2}}$$

⬅ △ABC は直角三角形．

(2) $\overrightarrow{\mathrm{AB}} = (-1, 1, 3)$，$\overrightarrow{\mathrm{AC}} = (1, -1, 3)$ より

$$\boldsymbol{\cos\theta} = \frac{7}{\sqrt{11}\cdot\sqrt{11}} = \frac{\mathbf{7}}{\mathbf{11}},\ \sin\theta = \frac{6\sqrt{2}}{11}$$

⬅ $\sin\theta = \sqrt{1 - \cos^2\theta}$

$$\boldsymbol{\triangle\mathrm{ABC}} = \frac{1}{2}|\overrightarrow{\mathrm{AB}}||\overrightarrow{\mathrm{AC}}|\sin\theta = \frac{1}{2}\cdot\sqrt{11}\cdot\sqrt{11}\cdot\frac{6\sqrt{2}}{11} = \mathbf{3\sqrt{2}}$$

238

(1) $\overrightarrow{\mathrm{AB}}=(-1,3,2)$ より

$$l:\boldsymbol{\frac{x-2}{-1}=\frac{y+1}{3}=\frac{z-1}{2}}$$

$\mathrm{C}(s,t,-1)$ を通るから

$$\frac{s-2}{-1}=\frac{t+1}{3}=\frac{-1-1}{2}\iff \boldsymbol{s=3,\ t=-4}$$

(2) $\overrightarrow{\mathrm{AB}}=(s-1,2,-2)$ より

$s\neq 1$ のとき

$$l:\frac{x-1}{s-1}=\frac{y+1}{2}=\frac{z+4}{-2}$$

$\mathrm{C}(3,-2,t)$ を通るから

$$\frac{3-1}{s-1}=\frac{-2+1}{2}=\frac{t+4}{-2}\iff s=-3,\ t=-3$$

$s=1$ のとき $l:x=1,\ y=-z+5$

これは C を通らない.

よって $\boldsymbol{s=-3,\ t=-3}$

$$l:\boldsymbol{\frac{x-1}{2}=\frac{y+1}{-1}=z+4}$$

239 A を通る平面 $a(x-1)+b(y-2)+c(z-3)=0$ ⬅α は A を通る.

が 2 点 B, C を通るから

$$\begin{cases}-2a+b-7c=0\\2a-6b+2c=0\end{cases}\iff\begin{cases}a=-4c\\b=-c\end{cases}$$

$4(x-1)+(y-2)-(z-3)=0$ ⬅$c\neq 0$ としてよい.

$\iff \boldsymbol{4x+y-z-3=0}$

原点 O から α に下ろした垂線の長さは

$$\frac{|0+0-0-3|}{\sqrt{4^2+1^2+(-1)^2}}=\frac{3}{\sqrt{18}}=\boldsymbol{\frac{\sqrt{2}}{2}}$$

カルキュール数学Ⅱ・B
基礎力・計算力アップ問題集 <改訂版>

著　者　上田惇巳
　　　　楠本正
　　　　阪本敦子
発行者　山﨑良子
印刷・製本　三美印刷株式会社
発行所　駿台文庫株式会社
〒101-0062　東京都千代田区神田駿河台1-7-4
小畑ビル内
TEL. 編集　03(5259)3302
販売　03(5259)3301
《改⑦－200pp.》

ISBN978－4－7961－1312－0　Printed in Japan

駿台文庫 Web サイト
https://www.sundaibunko.jp